Relativitätstheorie nur mit Matrizen

Günter Ludyk

Relativitätstheorie nur mit Matrizen

Eine exakte Herleitung ohne Tensoralgebra

Springer Spektrum

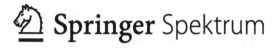

Günter Ludyk
Physics and Electrical Engineering
University of Bremen
Bremen, Deutschland

ISBN 978-3-662-60657-5 ISBN 978-3-662-60658-2 (eBook)
https://doi.org/10.1007/978-3-662-60658-2

Die Deutsche Nationalbibliothek verzeichnet diese Publikation in der Deutschen Nationalbibliografie; detaillierte bibliografische Daten sind im Internet über http://dnb.d-nb.de abrufbar.

Deutsche Übersetzung der englischen Originalausgabe erschienen bei Springer-Verlag Berlin Heidelberg, 2013

Planung/Lektorat: Margit Maly
Springer Spektrum ist ein Imprint der eingetragenen Gesellschaft Springer-Verlag GmbH, DE und ist ein Teil von Springer Nature.
Die Anschrift der Gesellschaft ist: Heidelberger Platz 3, 14197 Berlin, Germany

Für meine so geduldige Frau

Renate

Vorwort

Dieses Buch ist eine Einführung in die Spezielle und Allgemeine Relativitätstheorie. Es erschien zunächst 2013 in der Reihe *Graduate Texts in Physics* des Springer-Verlags in englischer Sprache unter dem Titel *Einstein in Matrix Form.* Geschrieben wurde es für Physiker, Ingenieure und Naturwissenschaftler, die nach einer verständlichen Einführung suchen, ohne zu viel neue Mathematik zu benötigen.

Die benötigte Mathematik wird entweder direkt im Text oder im Anhang angegeben. Der Anhang enthält auch eine Einführung in die Vektor- und Matrizenalgebra, erstens als Auffrischung bekannter Grundlagen der Algebra, und zweitens, um Neues zu erfahren, z. B. über das Kronecker-Produkt von Matrizen und die Differentiation nach Vektoren und Matrizen.

Einsteins grundlegende Gleichungen der Speziellen und Allgemeinen Relativitätstheorie werden das erste Mal für ein Lehrbuch der Relativitätstheorie, nur mittels der Matrizentheorie hergeleitet, ohne Tensortheorie. Das wird in allen anderen Lehrbüchern der Relativitätstheorie nicht so gehandhabt. Das ist eine Besonderheit dieses Buches, denn es ist eine Einführung für Naturwissenschaftler und Ingenieure ohne Kenntnisse der Tensortheorie. Physiker können in dem Buch entdecken, dass Einsteins Gleichungen für das Vakuum auch als ein System von Matrizen Differentialgleichungen erster Ordnung dargestellt werden können, worin die Unbekannte eine Matrix ist. Diese Matrizengleichungen können leicht mittels der Programmsysteme MAPLE oder MATHEMATICA gelöst werden.

In Kap. 1 werden die Grundlagen der Speziellen Relatvitätstheorie und in Kap. 2 die der Allgemeinen Relativitätstheorie hergeleitet. Die Schwarzschild-Lösung der Gravitation eines kugelförmigen Körpers wird im dritten Kapitel beschrieben, und damit werden dann „Schwarze Löcher" untersucht. In zwei Anhängen werden die Grundlagen der Matrizentheorie und der Differentialgeometrie dargestellt.

Bedanken möchte ich mich bei der Mitarbeiterin des Springer-Verlags, Frau Margit Maly, für die Unterstützung bei der Veröffentlichung dieses Buches. Ebenfalls bedanken möcht ich mich bei meiner Frau Renate für die von ihr aufgebrachte Geduld während der Erstellung dieser Rückübersetzung.

Bremen

Günter Ludyk

Inhaltsverzeichnis

Notations

Important definitions, facts and **theorems** are put in frames. Important **intermediate results** are double underlined.

Scalars are written in normal font:

$$a, b, c, \alpha, \beta, \gamma, \ldots$$

Vectors are written as lower case letters in bold font:

$$\boldsymbol{x}, \boldsymbol{p}, \boldsymbol{v}, \ldots$$

Vectors in 4-dimensional spacetime ($\mathbb{R}^4$) are written as bold lower case letters with an arrow:

$$\vec{\boldsymbol{x}}, \vec{\boldsymbol{v}}, \vec{\boldsymbol{u}}, \ldots$$

Matrices are written as upper case letters in bold font:

$$\boldsymbol{X}, \boldsymbol{P}, \boldsymbol{R}, \boldsymbol{I}, \ldots$$

Matrix vectors are written as upper case letters in bold Fraktur font:

$$\boldsymbol{\mathfrak{R}}, \boldsymbol{\mathfrak{X}}, \boldsymbol{\mathfrak{P}}, \ldots$$

Matrix vectors are block matrices, e.g.

$$\mathfrak{R} \stackrel{\text{def}}{=} \begin{pmatrix} \boldsymbol{X}_1 \\ \boldsymbol{X}_2 \\ \boldsymbol{X}_3 \end{pmatrix}.$$

The identity matrix $\boldsymbol{I}_n$ of size n is a n-by-n matrix in which all the elements on the main diagonal are equal to 1 and all other elements are equal to 0, e.g.

$$\mathbf{I}_4 = \begin{pmatrix} 1 & 0 & 0 & 0 \\ 0 & 1 & 0 & 0 \\ 0 & 0 & 1 & 0 \\ 0 & 0 & 0 & 1 \end{pmatrix}.$$

Der Ableitungsoperator ∇ ist ein dreidimensionaler Spaltenvektor

$$\nabla = \begin{pmatrix} \frac{\partial}{\partial x} \\ \frac{\partial}{\partial y} \\ \frac{\partial}{\partial z} \end{pmatrix}$$

und der Ableitungsoperator $\vec{\nabla}$ ist ein vierdimensionaler Spaltenvektor der Form

$$\vec{\nabla} = \frac{1}{\gamma} \begin{pmatrix} \frac{1}{c}\frac{\partial}{\partial t} \\ \frac{\partial}{\partial x} \\ \frac{\partial}{\partial y} \\ \frac{\partial}{\partial z} \end{pmatrix},$$

mit

$$\gamma = \frac{1}{\sqrt{1 - \frac{v^2}{c^2}}}.$$

Die Ableitungsoperatoren ∇ und $\vec{\nabla}$ sind Spaltenvektor-Operatoren, die sowohl von links als auch von rechts wirken können! *Beispiel:*

$$\vec{\nabla}^{\mathsf{T}} \boldsymbol{a} = \boldsymbol{a}^{\mathsf{T}} \vec{\nabla} = \gamma \left(\frac{1}{c} \frac{\partial \boldsymbol{a}_0}{\partial t} + \frac{\partial \boldsymbol{a}_1}{\partial x} + \frac{\partial \boldsymbol{a}_2}{\partial y} + \frac{\partial \boldsymbol{a}_3}{\partial z} \right).$$

Spezielle Relativitätstheorie

1

Das Kapitel beginnt mit den klassischen Sätzen von Gallilei und Newton und der Galilei-Transformation. Die Spezielle Relativitätstheorie, von Einstein 1905 entwickelt, führt zur vierdimensionalen Raumzeit von Minkowski und der Lorentz-Transformation. Danach wird die Relativität von gleichzeitigen Ereignissen, die Längenkontraktion von bewegten Körpern und die Zeitdilatation diskutiert. Darauf folgt die Formel für die Addition von Geschwindigkeiten in der relativistischen Mechanik. Das nächste Thema ist die Formel $E = mc^2$ für die Äquivalenz von Energie E und Masse m, wobei c die Lichtgeschwindigkeit ist. Die Invarianz besonderer Formen der Gleichungen der Dynamik und der Maxwellschen Elektrodynamik gegenüber einer Lorentz-Transformation wird gezeigt.

1.1 Galilei-Transformation

1.1.1 Relativitätsprinzip von Galilei

Ein *Ereignis* findet in Raum und Zeit statt, zum Beispiel ein Blitz in einer Raumecke. Ereignisse finden in einem einzigen Punkt statt. Wir ordnen jedem Ereignis eine Menge von vier Koordinaten t, x_1, x_2 und x_3 zu, oder t und den dreidimensionalen Ortsvektor

$$\boldsymbol{x} = \begin{pmatrix} x_1 \\ x_2 \\ x_3 \end{pmatrix} \in \mathrm{R}^3.$$

Die Zeit t und der Ortsvektor $\boldsymbol{x}$ bilden ein *Bezugssystem* $\mathcal{X}$. In ihm hat das Newtonsche Grundgesetz der Mechanik mit dem Impuls $\boldsymbol{p}$ und der Kraft $\boldsymbol{f}$ die Form

G. Ludyk, *Relativitätstheorie nur mit Matrizen*,
https://doi.org/10.1007/978-3-662-60658-2_1

$$\frac{\mathrm{d}\boldsymbol{p}}{\mathrm{d}t} = \boldsymbol{f}$$

oder, wenn die Masse m im Impuls

$$\boldsymbol{p} = m\frac{\mathrm{d}\boldsymbol{x}}{\mathrm{d}t}$$

konstant ist,

$$m\,\frac{\mathrm{d}^2\boldsymbol{x}}{\mathrm{d}t^2} = \boldsymbol{f}. \tag{1.1}$$

Es möge nun ein Beobachter selbst eine beliebige Bewegung ausführen. Gesucht ist die Gleichung, die an die Stelle von

$$\frac{\mathrm{d}\boldsymbol{p}}{\mathrm{d}t} = \boldsymbol{f}$$

für den bewegten Beobachter tritt. Mit dem bewegten Beobachter sei das Koordinatensystem $\mathcal{X}'$ fest verbunden. Es sei achsenparallele mit dem Koordinatensystem $\mathcal{X}$ (Abb. 1.1). $\boldsymbol{x}_o$ sei die Lage des Koordinatenursprungs von $\mathcal{X}'$ gemessen in $\mathcal{X}$. Dann ist

$$\boldsymbol{x}' = \boldsymbol{x} - \boldsymbol{x}_o.$$

oder

$$\boldsymbol{x} = \boldsymbol{x}' + \boldsymbol{x}_o. \tag{1.2}$$

$\boldsymbol{x}$ ist dabei der Ortsvektor des Ereignisses, der von einem Beobachter im ruhenden Bezugssystem $\mathcal{X}$ gemessen wird und $\boldsymbol{x}'$ ist das, was ein Beobachter im bewegten Bezugssystem $\mathcal{X}'$ misst. Gl. (1.2) nach der Zeit t differenziert,

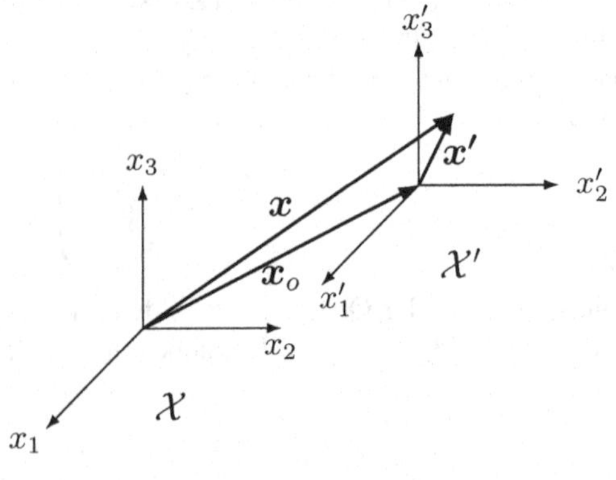

Abb. 1.1 Zwei gegeneinander verschobene Bezugssysteme

$$\frac{\mathrm{d}\boldsymbol{x}'}{\mathrm{d}t} = \frac{\mathrm{d}\boldsymbol{x}}{\mathrm{d}t} - \frac{\mathrm{d}\boldsymbol{x}_o}{\mathrm{d}t}, \tag{1.3}$$

ergibt das Additionstheorem der Geschwindigkeiten der klassischen Mechanik.

$$\boldsymbol{v}'(t) = \boldsymbol{v}(t) - \boldsymbol{v}_0(t).$$

Für die Beschleunigungen erhält man nach einer weiteren Differentiation nach der Zeit

$$\frac{\mathrm{d}^2\boldsymbol{x}'}{\mathrm{d}t^2} = \frac{\mathrm{d}^2\boldsymbol{x}}{\mathrm{d}t^2} - \frac{\mathrm{d}^2\boldsymbol{x}_o}{\mathrm{d}t^2}. \tag{1.4}$$

Die auf die Masse m wirkende Kraft $\boldsymbol{f}$ ist vom gewählten Koordinatensystem unabhängig, also ist $\boldsymbol{f}' = \boldsymbol{f}$. Dies und Gl. (1.3) in (1.1) eingesetzt, ergibt

$$\boldsymbol{f}' - m\,\frac{\mathrm{d}^2\boldsymbol{x}_o}{\mathrm{d}t^2} = m\,\frac{\mathrm{d}^2\boldsymbol{x}'}{\mathrm{d}t^2}. \tag{1.5}$$

Das mechanische Grundgesetz hat seine Gültigkeit verloren! Ist dem bewegten Beobachter die äußere Kraft $\boldsymbol{f}'$ bekannt, so kann er durch Messungen in $\mathcal{X}'$ seine Beschleunigung gegenüber dem ruhenden System $\mathcal{X}$ ermitteln. Wenn dagegen die Bewegung von $\mathcal{X}'$ gegenüber $\mathcal{X}$ geradlinig und gleichförmig ist, also $\boldsymbol{x}_o = \boldsymbol{v}\,t$ bei konstantem $\boldsymbol{v}$ (Abb. 1.2), dann wird aus (1.5)

$$\boldsymbol{f}' = m\,\frac{\mathrm{d}^2\boldsymbol{x}'}{\mathrm{d}t^2} \tag{1.6}$$

und das mechanische Grundgesetz hat in $\mathcal{X}'$ die gleiche Form wie in $\mathcal{X}$. Der bewegte Beobachter hat keine Möglichkeit seine eigene Bewegung gegenüber $\mathcal{X}$ durch ein mechanisches Experiment zu ermitteln. Galilei führte als Beispiel ein sich in einem Hafen gleichförmig bewegendes Schiff an, dessen Insassen nicht entscheiden können, ob sich das Schiff gegenüber dem Hafen oder ob sich der Hafen gegenüber dem Schiff bewegt. Heutzutage würde man als Beispiel einen ICE-Zug in einem Bahnhof nehmen. Wenn in einem Bezugssystem alle Bewegungen geradlinig und gleichförmig verlaufen, nennt man es *Inertialsystem.*

Man erhält so das *Relativitätsprinzip* von Galilei:

> Alle Naturgesetze sind in jedem Zeitpunkt in allen Inertialsystemen die gleichen.
> Alle Bezugssysteme, die sich gleichförmig linear gegenüber einem Inertialsystem bewegen, sind selbst Inertialsysteme.

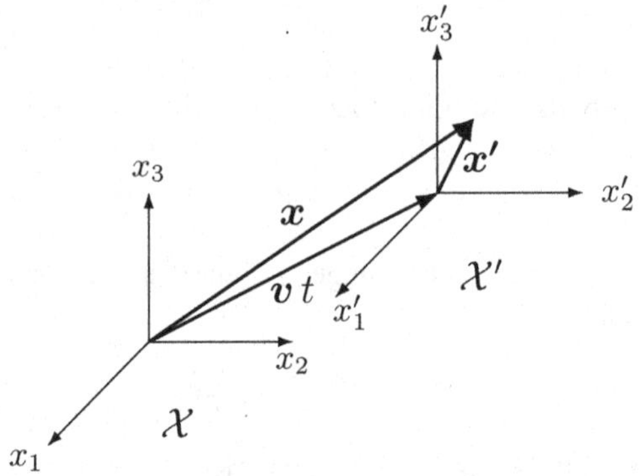

Abb. 1.2 Zwei gegeneinander bewegte Bezugssysteme

Bewegen sich zwei Bezugssysteme $\mathcal{X}$ und $\mathcal{X}'$ mit der konstanten Geschwindigkeit $\boldsymbol{v}$ gegeneinander, so gilt bei unbeschränkter Geschwindigkeit

$$\boldsymbol{x}' = \boldsymbol{x} - \boldsymbol{v}\,t \text{ und } t' = t. \tag{1.7}$$

Mit dem vierdimensionalen Spaltenvektor

$$\vec{\boldsymbol{x}} \overset{\text{def}}{=} \begin{pmatrix} t \\ \boldsymbol{x} \end{pmatrix} \in \mathbb{R}^4$$

kann man die beiden Gl. (1.7) zu einer Gleichung zusammenfassen und erhält die Galilei-Transformation in Matrizenschreibweise zu:

$$\vec{\boldsymbol{x}}' = \begin{pmatrix} 1 & \boldsymbol{o}^T \\ -\boldsymbol{v} & \boldsymbol{I} \end{pmatrix} \vec{\boldsymbol{x}} = \boldsymbol{T}_{Galilei}\,\vec{\boldsymbol{x}}.$$

Betrachtet man die umgekehrte Transformation von $\mathcal{X}'$ nach $\mathcal{X}$, dann gilt

$$t = t' \text{ und } \boldsymbol{x} = \boldsymbol{v}\,t + \boldsymbol{x}'.$$

bzw.

$$\vec{\boldsymbol{x}} = \begin{pmatrix} 1 & \boldsymbol{o}^T \\ \boldsymbol{v} & \boldsymbol{I} \end{pmatrix} \vec{\boldsymbol{x}}' = \boldsymbol{T}'_{Galilei}\vec{\boldsymbol{x}}'.$$

Beide Transformationen hintereinandergeschaltet, ergeben

$$\boldsymbol{T}_{Galilei}\boldsymbol{T}'_{Galilei}\vec{\boldsymbol{x}}' = \begin{pmatrix} 1 & \boldsymbol{o}^T \\ -\boldsymbol{v} & \boldsymbol{I} \end{pmatrix} \begin{pmatrix} 1 & \boldsymbol{o}^T \\ \boldsymbol{v} & \boldsymbol{I} \end{pmatrix} \vec{\boldsymbol{x}}' = \begin{pmatrix} 1 & \boldsymbol{o}^T \\ \boldsymbol{o} & \boldsymbol{I} \end{pmatrix} \vec{\boldsymbol{x}}' = \vec{\boldsymbol{x}}',$$

d. h., die Matrix $\boldsymbol{T}'_{Galilei}$ ist invers zu der Matrix $\boldsymbol{T}_{Galilei}$.

Für die zeitlichen Ableitungen des Vierervektors $\vec{x}$ erhält man

$$\frac{\mathrm{d}\vec{x}}{\mathrm{d}t} = \begin{pmatrix} 1 \\ \frac{\mathrm{d}x}{\mathrm{d}t} \end{pmatrix} \quad \text{und} \quad \frac{\mathrm{d}^2\vec{x}}{\mathrm{d}t^2} = \begin{pmatrix} 0 \\ \frac{\mathrm{d}^2 x}{\mathrm{d}t^2} \end{pmatrix}.$$

Mit $\vec{f} \stackrel{\text{def}}{=} \begin{pmatrix} 0 \\ f \end{pmatrix}$ kann man die Grundgleichung der Mechanik auch schreiben

$$\vec{f} = m \frac{\mathrm{d}^2\vec{x}}{\mathrm{d}\,t^2}. \tag{1.8}$$

Diese Gleichung von links mit der Transformationsmatrix $T_{Galilei}$ multipliziert, liefert in der Tat wieder die gleiche Form:

$$\underbrace{T_{Galilei}\vec{f}}_{\stackrel{\text{def}}{=} \vec{f}'} = m \underbrace{T_{Galilei}\frac{\mathrm{d}^2\vec{x}}{\mathrm{d}\,t^2}}_{\stackrel{\text{def}}{=} \frac{\mathrm{d}^2\vec{x}'}{\mathrm{d}\,t'^2}},$$

$$\vec{f}' = m \frac{\mathrm{d}^2\vec{x}'}{\mathrm{d}\,t'^2}. \tag{1.9}$$

Die Grundgleichung der Dynamik ist also bezüglich dieser Galilei-Transformation *invariant*, d. h., sie behält ihre Form unabhängig vom Bezugssystem. Darin enthalten ist natürlich das oben angegebene Newtonsche Axiom 1.1.

1.1.2 Allgemeine Galilei-Transformation

Bis hierher wurden in der Galilei-Transformation nur die gleichförmige Bewegung der beiden Inertialsysteme gegeneinander mit der Geschwindigkeit $\boldsymbol{v}$ und ein fester Anfangszeitpunkt $t = 0$, ein fester Anfangspunkt $\boldsymbol{x}_0 = \boldsymbol{0}$ des neuen Koordinatensystems $\mathcal{X}'$ und keine Drehung des Koordinatensystems berücksichtigt.

Man geht nun im Allgemeinen davon aus, dass alle Naturgesetze konstant bleiben, also *invariant* hinsichtlich einer *Zeitverschiebung* sind. Wenn $\boldsymbol{x}(t)$ eine Lösung von $m\ddot{\boldsymbol{x}} = \boldsymbol{f}$ ist, dann ist für alle $t_o \in \mathbb{R}$ auch $\boldsymbol{x}(t + t_o)$ eine Lösung.

Weiter geht man davon aus, dass die betrachteten Räume *homogen* sind, also die gleichen Eigenschaften an allen Punkten vorhanden sind. Ist also wieder $\boldsymbol{x}(t)$ eine Lösung von $m\ddot{\boldsymbol{x}} = \boldsymbol{f}$, dann ist auch $\boldsymbol{x}(t) + \boldsymbol{b}$ eine Lösung, jetzt aber für den Anfangsort $\boldsymbol{x}_0 + \boldsymbol{b}$.

Außerdem nimmt man an, dass die betrachteten Räume *isotrop* sind, d. h. keine Richtungsabhängigkeit von Eigenschaften besteht. Ist also wieder $\boldsymbol{x}(t)$ eine Lösung von $m\ddot{\boldsymbol{x}} = \boldsymbol{f}$, dann ist auch $\boldsymbol{D}\boldsymbol{x}(t)$ eine Lösung für den Anfangsort $\boldsymbol{D}\boldsymbol{x}_0$. Hierbei muss aber auch für die Abstände gelten

$$\rho(\boldsymbol{x}_1, \boldsymbol{x}_2) = \rho(\boldsymbol{D}\boldsymbol{x}_1, \boldsymbol{D}\boldsymbol{x}_2).$$

Das hat für die Drehmatrix $\boldsymbol{D}$ zur Folge, dass sie *orthogonal* sein muss; denn es soll sein

$$\begin{aligned}\rho(\boldsymbol{D}\boldsymbol{x}_1, \boldsymbol{D}\boldsymbol{x}_2) &= \sqrt{(\boldsymbol{D}\boldsymbol{x}_2 - \boldsymbol{D}\boldsymbol{x}_1)^{\mathsf{T}}(\boldsymbol{D}\boldsymbol{x}_2 - \boldsymbol{D}\boldsymbol{x}_1)}\\ &= \sqrt{(\boldsymbol{x}_2 - \boldsymbol{x}_1)^{\mathsf{T}}\boldsymbol{D}^{\mathsf{T}}\boldsymbol{D}(\boldsymbol{x}_2 - \boldsymbol{x}_1)} \overset{!}{=} \rho(\boldsymbol{x}_1, \boldsymbol{x}_2) = \sqrt{(\boldsymbol{x}_2 - \boldsymbol{x}_1)^{\mathsf{T}}(\boldsymbol{x}_2 - \boldsymbol{x}_1)},\end{aligned}$$

also

$$\boldsymbol{D}^{\mathsf{T}}\boldsymbol{D} \overset{!}{=} \boldsymbol{I}.$$

Die Zeitinvarianz, die Homogenität und die Isotropie kann man wie folgt in der *allgemeinen Galilei-Transformation,* zusammenfassen:

Ist t' gegenüber t um t_0 verschoben, d. h., gilt

$$t' = t_0 + t, \tag{1.10}$$

ist weiterhin das neue Koordinatensystem gegenüber dem alten um $\boldsymbol{x}_0$ verschoben und um die Drehmatrix $\boldsymbol{D}$ gedreht, so gilt, zunächst für $\boldsymbol{v} = \boldsymbol{0}$,

$$\boldsymbol{x}' = \boldsymbol{D}\boldsymbol{x} + \boldsymbol{x}_0, \tag{1.11}$$

also

$$\begin{pmatrix} t' \\ \boldsymbol{x}' \end{pmatrix} = \begin{pmatrix} 1 & \boldsymbol{o}^{\mathsf{T}} \\ \boldsymbol{o} & \boldsymbol{D} \end{pmatrix} \begin{pmatrix} t \\ \boldsymbol{x} \end{pmatrix} + \begin{pmatrix} t_o \\ \boldsymbol{x}_o \end{pmatrix}. \tag{1.12}$$

Bewegt sich auch noch wie oben der Koordinatenursprung des neuen Koordinatensystems mit der Geschwindigkeit $\boldsymbol{v}$, bekommt man schließlich die allgemeine Galilei-Transformation:

$$\vec{\boldsymbol{x}}' = \begin{pmatrix} 1 & \boldsymbol{o}^{\mathsf{T}} \\ -\boldsymbol{v} & \boldsymbol{D} \end{pmatrix} \vec{\boldsymbol{x}} + \vec{\boldsymbol{x}}_o, \tag{1.13}$$

mit

$$\vec{\boldsymbol{x}} \overset{\text{def}}{=} \begin{pmatrix} t \\ \boldsymbol{x} \end{pmatrix} \text{ und } \vec{\boldsymbol{x}}_o \overset{\text{def}}{=} \begin{pmatrix} t_o \\ \boldsymbol{x}_o \end{pmatrix}.$$

Das ist eine *affine Abbildung* oder *affine Transformation.*

Eine *lineare Transformation* bekommt man, in dem man den erweiterten Vektor einführt:

$$\begin{pmatrix} t \\ \boldsymbol{x} \\ 1 \end{pmatrix} \in \mathbb{R}^5, \tag{1.14}$$

nämlich

$$\begin{pmatrix} t' \\ \boldsymbol{x}' \\ 1 \end{pmatrix} = \begin{pmatrix} 1 & \boldsymbol{o}^{\mathsf{T}} & t_0 \\ -\boldsymbol{v} & \boldsymbol{D} & \boldsymbol{x}_0 \\ 0 & \boldsymbol{o}^{\mathsf{T}} & 1 \end{pmatrix} \begin{pmatrix} t \\ \boldsymbol{x} \\ 1 \end{pmatrix}. \tag{1.15}$$

Auch gegenüber einer solchen Transformation sind die Newtonschen Grundgesetze invariant. Eine allgemeine Galilei–Transformation ist durch die 10 Parameter $t_o, \boldsymbol{x}_o \in \mathbb{R}^3$, $\boldsymbol{v} \in \mathbb{R}^3$ und $\boldsymbol{D} \in \mathbb{R}^{3\times 3}$. bestimmt. Die Drehmatrix $\boldsymbol{D}$ hat in der Tat nur drei wesentliche Parameter, da jede allgemeine Drehung durch nacheinander ausgeführte Drehungen um die x_1-, x_2- und x_3-Achsen zusammengesetzt, also insgesamt durch die drei Winkel φ_1, φ_2 und φ_3 gekennzeichnet ist, wobei z. B. die Drehung um die x_1-Achse durch die Matrix

$$\begin{pmatrix} 1 & 0 & 0 \\ 0 & \cos\varphi_1 & \sin\varphi_1 \\ 0 & -\sin\varphi_1 & \cos\varphi_1 \end{pmatrix}$$

erreicht wird.

1.1.3 Maxwellsche Gleichungen und Galilei-Transformation

Ganz anders sieht es aber mit den Maxwellschen Gleichungen der Elektrodynamik aus. Sie sind nicht invariant gegenüber einer Galilei-Transformation! Denn eine in einem Inertialsystem $\mathcal{X}$ ruhende Ladung q erzeugt dort nur ein statisches elektrisches Feld; in einem sich dazu mit der Geschwindigkeit $\boldsymbol{v}$ bewegenden Inertialsystem stellt $q\boldsymbol{v}$ aber einen Strom dar, der dort auch ein magnetisches Feld erzeugt!

Im 19. Jahrhundert war man der Auffassung, dass alle physikalischen Erscheinungen mechanischer Natur sind und die elektromagnetischen Kräfte auf Spannungszustände eines Weltäthers, die Maxwellschen Spannungen, zurückgeführt werden können. Dieser Weltäther, der den Raum erfüllt, ist dann der Träger der elektromagnetischen Erscheinungen.

Wenn ein Bezugssystem ein Inertialsystem ist, in dem Galileis Trägheitsprinzip gilt, dann behauptet Einstein in seinem *allgemeinen Relativitätsprinzip:*

Die Naturgesetze nehmen in allen Inertialsystemen die gleiche Form an.

Für das Grundgesetz der Mechanik wurde das oben hergeleitet. Das Relativitätsprinzip gilt aber nicht für die Elektrodynamik, also auch nicht für die Optik. Wie müssen die Grundgleichungen der Elektrodynamik modifiziert werden, damit das Relativitätsprinzip gilt? Das ist der Inhalt von Einsteins *Spezieller Relativitätstheorie* aus dem Jahr 1905. Noch weiter geht Einstein in der *Allgemeinen Relativitätstheorie* von 1915. In ihr wird behandelt, wie die Naturgesetze modifiziert werden müssen, damit sie auch in *beschleunigten* oder gegeneinander nicht gleichförmig bewegten Bezugssystemen gelten.

1.2 Lorentz-Transformation

1.2.1 Einleitung

Am Ende des 19. Jahrhunderts wurden Experimente erdacht, die die Geschwindigkeit der Erde gegen den ruhenden Weltäther bestimmen sollten. Diese Relativgeschwindigkeit zum Äther kann nur durch einen elektromagnetischen Effekt, z. B. der Lichtausbreitung, gemessen werden. Mit dem Michelson-Morley-Experiment wurde aber 1881 und 1887 keine Driftgeschwindigkeit festgestellt. Einstein schloss daraus:

> Die Lichtgeschwindigkeit c ist immer konstant.

Unabhängig von der Bewegung der Lichtquelle und des Beobachters hat die Lichtgeschwindigkeit in jedem Bezugssystem den gleichen Wert.

Angenommen, es wird zum Zeitpunkt $t = t' = 0$ im dann gemeinsamen Ursprung der beiden achsenparallelen Bezugssysteme $\mathcal{X}$ und $\mathcal{X}'$ ein Lichtimpuls erzeugt. Wenn sich das Licht im Bezugssystem $\mathcal{X}'$ mit der Lichtgeschwindigkeit c ausbreitet, dann ist z. B. $x_1' = c\,t$. Aus Gl. (1.7) folgt dann für die x_1-Richtung, wenn $\boldsymbol{v}$ die x_1-Richtung hat,

$$x_1 = x_1' + v\,t = (c + v)t,$$

d. h. im Widerspruch zum Michelson-Morley-Versuch eine Ausbreitungsgeschwindigkeit für das Licht von $c + v > c$. Es muss also eine andere als die Galilei-Transformation gelten. Wir setzen eine lineare Transformation an:

$$t = f\,t' + \boldsymbol{e}^{\mathsf{T}}\boldsymbol{x}', \tag{1.16}$$

$$\boldsymbol{x} = \boldsymbol{b}\,t' + \boldsymbol{A}\,\boldsymbol{x}', \tag{1.17}$$

d. h.,

$$\vec{\boldsymbol{x}} = \hat{\boldsymbol{L}}'\,\vec{\boldsymbol{x}}'$$

mit

$$\hat{L}' \stackrel{\text{def}}{=} \begin{pmatrix} f & \boldsymbol{e}^{\mathsf{T}} \\ \boldsymbol{b} & \boldsymbol{A} \end{pmatrix}.$$

1.2.2 Ermittlung der Komponenten der Transformationsmatrix

Dass sich t' von t unterscheidet (bei Galilei war das ja nicht der Fall, sondern es war $t' = t$), geht aus der folgenden Betrachtung zweier Beobachter (siehe Abb. 1.3): Beobachter $\boldsymbol{A}$ bewegt sich relativ zu Beobachter $\boldsymbol{B}$, z. B. in einem Raumschiff, mit der Geschwindigkeit $\boldsymbol{v}$. Das Raumschiff mit Beobachter $\boldsymbol{A}$ hat das Bezugssystem $\mathcal{X}'$, und Beobachter $\boldsymbol{B}$ auf der Erde hat das Bezugssystem $\mathcal{X}$. Ein Lichtstrahl bewegt sich vom Ursprung $\boldsymbol{x} = \boldsymbol{x}' = \boldsymbol{o}$ der Bezugssysteme $\mathcal{X}$ und $\mathcal{X}'$ zum Zeitpunkt $t = t' = 0$ aus senkrecht zur Geschwindigkeit $\boldsymbol{v}$ und erreicht für den Beobachter $\boldsymbol{A}$ im bewegten Bezugssystem $\mathcal{X}'$ nach t' Sekunden einen Spiegel, der sich mit dem Bezugssystem $\mathcal{X}'$ bewegt. Für Beobachter $\boldsymbol{B}$ im ruhenden Bezugssystem $\mathcal{X}$ erreicht der Lichtstrahl den Spiegel nach t Sekunden, der inzwischen in $\boldsymbol{v}$-Richtung einen Weg von $v\,t$ zurückgelegt hat.

Da in allen Bezugssystemen die Lichtgeschwindigkeit gleich c ist, gilt nach dem Satz von Pythagoras

$$(c\,t)^2 = (v\,t)^2 + (c\,t')^2,$$

bzw. nach t aufgelöst

$$\underline{\underline{t = \gamma\, t'}} \tag{1.18}$$

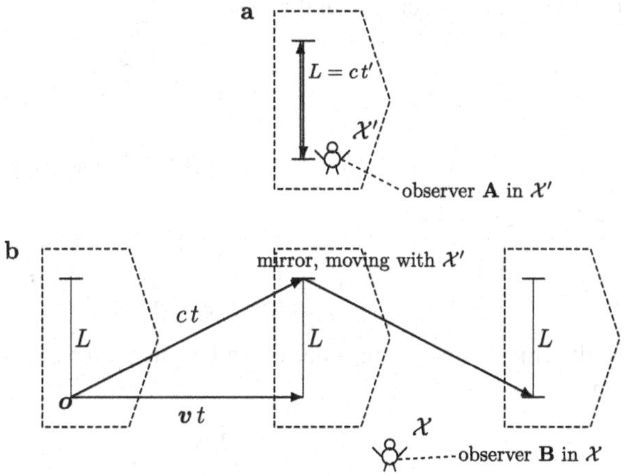

Abb. 1.3 Verschiedene Lichtwege: a) Gesehen von einem Beobachter $\boldsymbol{A}$ in $\mathcal{X}'$, b) Gesehen von einem Beobachter $\boldsymbol{B}$ in $\mathcal{X}$

mit

$$\gamma \overset{\text{def}}{=} \frac{1}{\sqrt{1-\frac{v^2}{c^2}}}. \tag{1.19}$$

Ein Vergleich von (1.18) mit (1.16) für $\boldsymbol{x}' = \boldsymbol{o}$ liefert

$$\underline{\underline{f = \gamma}}. \tag{1.20}$$

Für $\boldsymbol{x}' = \boldsymbol{o}$ ist $\boldsymbol{x} = \boldsymbol{v}\, t$ und aus (1.17) folgt: $\boldsymbol{x} = \boldsymbol{b}\, t'$. Also ist $\boldsymbol{b}\, t' = \boldsymbol{v}\, t$, d. h., $\boldsymbol{b} = \boldsymbol{v}\frac{t}{t'}$. Aus Gl. (1.18) folgt andererseits $\frac{t}{t'} = \gamma$, also ist

$$\underline{\underline{\boldsymbol{b} = \gamma\, \boldsymbol{v}}}. \tag{1.21}$$

Bisher wurden die folgenden Transformationsgleichungen ermittelt:

$$t = \gamma\, t' + \boldsymbol{e}^{\mathsf{T}} \boldsymbol{x}', \tag{1.22}$$

$$\boldsymbol{x} = \gamma\, \boldsymbol{v}\, t' + \boldsymbol{A}\, \boldsymbol{x}'. \tag{1.23}$$

(1.22 und 1.23) liefern eine Transformation von $\mathcal{X}'$ nach $\mathcal{X}$. Will man diese Transformation rückgängig machen, muss man $\boldsymbol{v}$ durch $-\boldsymbol{v}$, $\boldsymbol{x}$ durch $\boldsymbol{x}'$ usw. ersetzen, sowie t durch t' usw. umgekehrt ersetzen (da $\boldsymbol{A}$ und $\boldsymbol{e}$ von $\boldsymbol{v}$ abhängen können, wird im Folgenden zunächst $\tilde{\boldsymbol{A}}$ und $\tilde{\boldsymbol{e}}$ geschrieben):

$$t' = \gamma\, t + \tilde{\boldsymbol{e}}^{\mathsf{T}} \boldsymbol{x},$$

$$\boldsymbol{x}' = -\gamma\, \boldsymbol{v}\, t + \tilde{\boldsymbol{A}}\, \boldsymbol{x},$$

zusammengefasst zu

$$\vec{\boldsymbol{x}}' = \begin{pmatrix} \gamma & \tilde{\boldsymbol{e}}^{\mathsf{T}} \\ -\gamma\, \boldsymbol{v} & \tilde{\boldsymbol{A}} \end{pmatrix} \vec{\boldsymbol{x}} \overset{\text{def}}{=} \hat{\boldsymbol{L}}\, \vec{\boldsymbol{x}}. \tag{1.24}$$

Beide Transformationen hintereinander ausgeführt, muss die Einheitsmatrix ergeben:

$$\hat{\boldsymbol{L}}' \hat{\boldsymbol{L}} \overset{!}{=} \boldsymbol{I}. \tag{1.25}$$

Für das (1, 1)-Element des Matrizenprodukts $\hat{\boldsymbol{L}}'\hat{\boldsymbol{L}}$ folgt dann:

$$(\gamma\ ,\ \boldsymbol{e}^{\mathsf{T}})\begin{pmatrix}\gamma\\ -\gamma\boldsymbol{v}\end{pmatrix} = \gamma^2 - \gamma\,\boldsymbol{e}^{\mathsf{T}}\boldsymbol{v} \stackrel{!}{=} 1.$$

und daraus

$$\gamma\,\boldsymbol{e}^{\mathsf{T}}\boldsymbol{v} = \gamma^2 - 1. \tag{1.26}$$

Den Ansatz für $\boldsymbol{e}$

$$\boldsymbol{e}^{\mathsf{T}} = \alpha\,\boldsymbol{v}^{\mathsf{T}} \tag{1.27}$$

in (1.26) eingesetzt, ergibt

$$\gamma\,\alpha\,v^2 = \gamma^2 - 1$$

und weiter

$$\gamma\,\alpha = \left(\frac{c^2}{c^2 - v^2} - 1\right)/v^2 = \frac{1}{c^2 - v^2} = \frac{\gamma^2}{c^2},$$

d. h.,

$$\alpha = \frac{\gamma}{c^2}. \tag{1.28}$$

α nach (1.28) in Gl. (1.27) eingesetzt, ergibt schließlich

$$\underline{\underline{\boldsymbol{e}^{\mathsf{T}} = \frac{\gamma}{c^2}\boldsymbol{v}^{\mathsf{T}}.}} \tag{1.29}$$

Damit wurde bisher berechnet:

$$\hat{\boldsymbol{L}}' = \begin{pmatrix}\gamma & \frac{\gamma}{c^2}\boldsymbol{v}^{\mathsf{T}}\\ \gamma\,\boldsymbol{v} & \boldsymbol{A}\end{pmatrix}.$$

Offensichtlich ist

$$\tilde{\boldsymbol{e}}^{\mathsf{T}} = -\frac{\gamma}{c^2}\boldsymbol{v}^{\mathsf{T}}.$$

Nehmen wir jetzt an, dass in Gl. (1.24) die 3×3-Matrix $\tilde{\boldsymbol{A}} = \boldsymbol{A}$ ist. Dann erhält man für das Matrizenelement unten rechts in dem Matrizenprodukt $\hat{\boldsymbol{L}}'\hat{\boldsymbol{L}}$ in (1.25)

$$(\gamma\ \boldsymbol{v},\ \boldsymbol{A})\begin{pmatrix}-\frac{\gamma}{c^2}\boldsymbol{v}^{\mathsf{T}}\\ \boldsymbol{A}\end{pmatrix} = -\frac{\gamma^2}{c^2}\boldsymbol{v}\,\boldsymbol{v}^{\mathsf{T}} + \boldsymbol{A}^2 \stackrel{!}{=} \boldsymbol{I},$$

d. h.,

$$\boldsymbol{A}^2 = \boldsymbol{I} + \frac{\gamma^2}{c^2}\boldsymbol{v}\,\boldsymbol{v}^{\mathsf{T}}. \tag{1.30}$$

Aus Gl. (1.26) folgt durch Einsetzen von (1.29):

$$\frac{\gamma^2}{c^2}\, v^2 = \gamma^2 - 1.$$

Das in Gl. (1.30) eingesetzt liefert

$$\boldsymbol{A}^2 = \boldsymbol{I} + (\gamma^2 - 1)\frac{\boldsymbol{v}\,\boldsymbol{v}^{\mathsf{T}}}{v^2}. \tag{1.31}$$

Für $\gamma^2 - 1$ kann man schreiben

$$\gamma^2 - 1 = (\gamma - 1)^2 + 2(\gamma - 1). \tag{1.32}$$

(1.32) in Gl. (1.31) eingesetzt, ergibt

$$\boldsymbol{A}^2 = \boldsymbol{I} + 2(\gamma - 1)\frac{\boldsymbol{v}\,\boldsymbol{v}^{\mathsf{T}}}{v^2} + (\gamma - 1)^2\frac{\boldsymbol{v}\,\boldsymbol{v}^{\mathsf{T}}}{v^2} = \left(\boldsymbol{I} + (\gamma - 1)\frac{\boldsymbol{v}\,\boldsymbol{v}^{\mathsf{T}}}{v^2}\right)^2,$$

wobei

$$\frac{\boldsymbol{v}\,\boldsymbol{v}^{\mathsf{T}}\,\boldsymbol{v}\,\boldsymbol{v}^{\mathsf{T}}}{v^4} = \frac{\boldsymbol{v}\,\boldsymbol{v}^{\mathsf{T}}}{v^2}.$$

verwendet wurde. Es ist also

$$\underline{\underline{\boldsymbol{A} = \boldsymbol{I} + (\gamma - 1)\frac{\boldsymbol{v}\,\boldsymbol{v}^{\mathsf{T}}}{v^2}.}} \tag{1.33}$$

Tatsächlich ist $\boldsymbol{A}(-\boldsymbol{v}) = \boldsymbol{A}(\boldsymbol{v})$, d. h., die obige Annahme, daß $\tilde{\boldsymbol{A}} = \boldsymbol{A}$ ist, war richtig.

Damit wurde die Matrix $\hat{\boldsymbol{L}}$ der Lorentz-Transformation vollständig ermittelt:

$$\hat{\boldsymbol{L}} = \left(\begin{array}{c|c} \gamma & -\frac{\gamma}{c^2}\,\boldsymbol{v}^{\mathsf{T}} \\ \hline -\gamma\,\boldsymbol{v} & \boldsymbol{I} + (\gamma - 1)\frac{\boldsymbol{v}\,\boldsymbol{v}^{\mathsf{T}}}{v^2} \end{array}\right). \tag{1.34}$$

Für $c \to \infty$ wird $\gamma = 1$ und die Lorentz-Transformation geht in die Galilei–Transformation über. Für den Sonderfall, dass die Geschwindigkeit $\boldsymbol{v}$ in Richtung der x_1-Achse verläuft, d. h.,

$$\boldsymbol{v} = \begin{pmatrix} v \\ 0 \\ 0 \end{pmatrix}$$

ist, erhält man

$$\hat{\boldsymbol{L}} = \left(\begin{array}{c|c} \gamma & -\frac{\gamma}{c^2}(v,\ 0,\ 0) \\ \hline -\gamma \begin{pmatrix} v \\ 0 \\ 0 \end{pmatrix} & \boldsymbol{I} + \frac{(\gamma-1)}{v^2} \begin{pmatrix} v^2 & 0 & 0 \\ 0 & 0 & 0 \\ 0 & 0 & 0 \end{pmatrix} \end{array}\right) = \begin{pmatrix} \gamma & -\frac{\gamma\, v}{c^2} & 0 & 0 \\ -\gamma\, v & \gamma & 0 & 0 \\ 0 & 0 & 1 & 0 \\ 0 & 0 & 0 & 1 \end{pmatrix},$$

also

$$\begin{aligned} t' &= \gamma\, t - \tfrac{\gamma}{c^2}\, v\, x_1, \\ x_1' &= -\gamma\, v\, t + \gamma\, x_1, \\ x_2' &= x_2, \\ x_3' &= x_3. \end{aligned} \tag{1.35}$$

Führt man als vierte Komponente in dem Vektor $\vec{x}$ die mit der Lichtgeschwindigkeit c multiplizierte Zeit, also $c\,t$ ein, dann erhält man aus (1.34) die Transformation

$$\vec{x}' \stackrel{\text{def}}{=} \begin{pmatrix} c\,t' \\ \boldsymbol{x}' \end{pmatrix} = \left(\begin{array}{c|c} \gamma & -\frac{\gamma}{c}\, \boldsymbol{v}^{\mathsf{T}} \\ \hline -\frac{\gamma}{c}\, \boldsymbol{v} & \boldsymbol{I} + (\gamma - 1)\frac{\boldsymbol{v}\,\boldsymbol{v}^{\mathsf{T}}}{v^2} \end{array}\right) \begin{pmatrix} c\,t \\ \boldsymbol{x} \end{pmatrix}, \tag{1.36}$$

d. h., die neue Transformationsmatrix

$$\boldsymbol{L}(\boldsymbol{v}) \stackrel{\text{def}}{=} \left(\begin{array}{c|c} \gamma & -\frac{\gamma}{c}\, \boldsymbol{v}^{\mathsf{T}} \\ \hline -\frac{\gamma}{c}\, \boldsymbol{v} & \boldsymbol{I} + (\gamma - 1)\frac{\boldsymbol{v}\,\boldsymbol{v}^{\mathsf{T}}}{v^2} \end{array}\right) \tag{1.37}$$

ist jetzt eine *symmetrische* Matrix und im Einzelnen gilt nach Division der ersten Gleichung durch c

$$\begin{aligned} t' &= \gamma\, t - \frac{\gamma}{c^2}\, \boldsymbol{v}^{\mathsf{T}} \boldsymbol{x}, \\ \boldsymbol{x}' &= \boldsymbol{x} + (\gamma - 1)\frac{\boldsymbol{v}^{\mathsf{T}} \boldsymbol{x}}{v^2}\, \boldsymbol{v} - \gamma\, \boldsymbol{v}\, t. \end{aligned} \tag{1.38}$$

1.2.3 Gleichzeitigkeit an verschiedenen Orten

Ereignisse an verschiedenen Orten, die gleichzeitig für einen Beobachter in $\mathcal{X}$ sind, sind für einen bewegten Beobachter in $\mathcal{X}'$ im Allgemeinen nicht gleichzeitig. Das wird durch die endliche Lichtgeschwindigkeit verursacht. Das Bezugssystem $\mathcal{X}'$ bewege sich gegenüber dem ruhenden Bezugssystem $\mathcal{X}$ mit der Geschwindigkeit $\boldsymbol{v}$. Wenn die beiden Ereignisse (1) und (2) in $\mathcal{X}$ die Koordinaten $\vec{x}_1$ und $\vec{x}_2$ haben, dann sind sie *gleichzeitig*, wenn $t_1 = t_2$ ist. Sind diese beiden Ereignisse dann aber auch für einen Beobachter im Bezugssystem $\mathcal{X}'$ gleichzeitig? Es ist nach Gl. (1.36)

$$ct_1' = \gamma c t_1 - \frac{\gamma}{c}\boldsymbol{v}^\mathsf{T}\boldsymbol{x}_1$$

und

$$ct_2' = \gamma c t_2 - \frac{\gamma}{c}\boldsymbol{v}^\mathsf{T}\boldsymbol{x}_2.$$

Beide Gleichungen durch c dividiert und voneinander subtrahiert, ergibt

$$t_1' - t_2' = \gamma(t_1 - t_2) + \frac{\gamma}{c^2}\boldsymbol{v}^\mathsf{T}(\boldsymbol{x}_1 - \boldsymbol{x}_2),$$

also

$$\underline{\underline{t_1' - t_2' = \frac{\gamma}{c^2}\boldsymbol{v}^\mathsf{T}(\boldsymbol{x}_1 - \boldsymbol{x}_2).}}$$

Die ortsverschiedenen Ereignisse $\vec{x}_1'$ und $\vec{x}_2'$ sind nur dann ebenfalls gleichzeitig, wenn die Geschwindigkeit $\boldsymbol{v}$ senkrecht zur Ortsdifferenz $\boldsymbol{x}_1 - \boldsymbol{x}_2$ ist. Schlussfolgerung:

> Ereignisse an verschiedenen Orten, die im Bezugssystem $\mathcal{X}$ gleichzeitig sind, müssen vom Bezugssystem $\mathcal{X}'$ aus gesehen *nicht* gleichzeitig sein.

Beispiel: Für den Sonderfall $\boldsymbol{v} = [v, 0, 0]^\mathsf{T}$ braucht man nur die ct- und die x-Koordinate zu betrachten. Die y- und die z-Komponente werden durch die Lorentz-Transformation nicht verändert. Man kann sich also auf die Betrachtung der zweidimensionalen Transformation

$$\begin{pmatrix} ct' \\ x' \end{pmatrix} = \begin{pmatrix} \gamma & -\frac{\gamma}{c}v \\ -\frac{\gamma}{c}v & \gamma \end{pmatrix} \begin{pmatrix} ct \\ x \end{pmatrix}$$

beschränken. Das Ereignis $\begin{pmatrix} 0 \\ x_1 \end{pmatrix}$ wird nach

$$\begin{pmatrix} ct_1' \\ x_1' \end{pmatrix} = \begin{pmatrix} \gamma & -\frac{\gamma}{c}v \\ -\frac{\gamma}{c}v & \gamma \end{pmatrix} \begin{pmatrix} 0 \\ x_1 \end{pmatrix} = \begin{pmatrix} -\frac{\gamma}{c}vx_1 \\ \gamma x_1 \end{pmatrix}$$

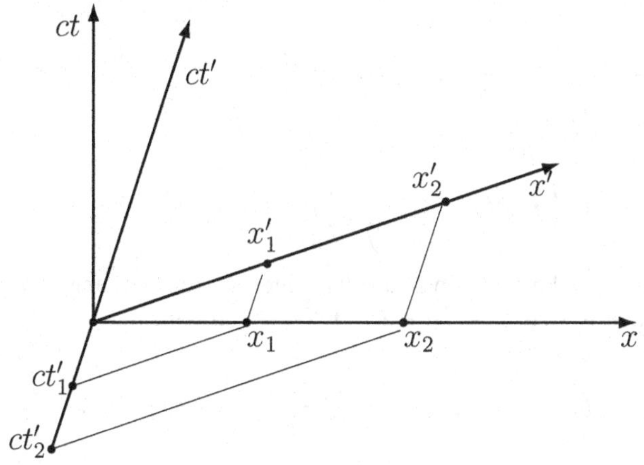

Abb. 1.4 Gleichzeitigkeit

und entsprechend das in $\mathcal{X}$ gleichzeitige Ereignis $\begin{pmatrix} 0 \\ x_2 \end{pmatrix}$ nach $\begin{pmatrix} -\frac{\gamma}{c} v x_2 \\ \gamma x_2 \end{pmatrix}$ transformiert. In Abb. 1.4 ergibt sich dann auf der ct'-Achse die Differenz

$$ct'_2 - ct'_1 = \frac{\gamma}{c}\, v\,(x_1 - x_2) \neq 0,$$

wenn $v \neq 0$ und $x_1 \neq x_2$ sind, d. h., im bewegten Bezugssystem $\mathcal{X}'$ sind die beiden Ereignisse (1) und (2) nicht mehr gleichzeitig.

1.2.4 Kontraktion bewegter Körper (Joggen macht schlank)

Einstein war 1905 der Erste, der zeigen konnte, dass eine Längenkontraktion die Folge der neuen Beschreibung von Raum und Zeit ist. Die Längenkontraktion erhält man einfach wie folgt aus der Lorentz-Transformation. Das Bezugssystem $\mathcal{X}$ sei ruhend und das Bezugssystem $\mathcal{X}'$ bewege sich ihmgegenüber mit der Geschwindigkeit $\boldsymbol{v}$. Ein Lineal habe in dem ruhenden System die beiden Endpunkte $\boldsymbol{x}_1$ und $\boldsymbol{x}_2$. Für seine Ruhelänge gilt dann

$$\boldsymbol{l}_0 = \boldsymbol{x}_2 - \boldsymbol{x}_1, \tag{1.39}$$

d. h., es ist

$$l_0^2 = (\boldsymbol{x}_2 - \boldsymbol{x}_1)^{\mathsf{T}}(\boldsymbol{x}_2 - \boldsymbol{x}_1). \tag{1.40}$$

Zur Zeit t' haben die Endpunkte des Lineals im bewegten Bezugssystem $\mathcal{X}'$ die Koordinaten $\boldsymbol{x}'_1$ und $\boldsymbol{x}'_2$. Mit Gl. (1.34) erhält man

$$\boldsymbol{l}_0 = \boldsymbol{x}_2 - \boldsymbol{x}_1 = \boldsymbol{A}(\boldsymbol{x}'_2 - \boldsymbol{x}'_1) \stackrel{\text{def}}{=} \boldsymbol{A}\,\boldsymbol{l}. \tag{1.41}$$

Daraus ergibt sich

$$l_0^2 = \boldsymbol{l}_0^{\mathsf{T}} \boldsymbol{l}_0 = \boldsymbol{l}^{\mathsf{T}} \boldsymbol{A}^2 \boldsymbol{l}. \tag{1.42}$$

Mit Gl. (1.31) wird daraus

$$l_0^2 = \boldsymbol{l}^{\mathsf{T}} \left(\boldsymbol{I} + (\gamma^2 - 1) \frac{\boldsymbol{v}\,\boldsymbol{v}^{\mathsf{T}}}{v^2} \right) \boldsymbol{l} = \boldsymbol{l}^{\mathsf{T}} \boldsymbol{l} + (\gamma^2 - 1) \frac{(\boldsymbol{v}^{\mathsf{T}} \boldsymbol{l})^2}{v^2}. \tag{1.43}$$

In dem Produkt $\boldsymbol{v}^{\mathsf{T}} \boldsymbol{l}$ kommt von $\boldsymbol{l}$ nur der Anteil $\boldsymbol{l}_{\parallel}$ zur Wirkung, der parallel zur Geschwindigkeit $\boldsymbol{v}$ ist, d. h., es ist $\boldsymbol{v}^{\mathsf{T}} \boldsymbol{l} = \boldsymbol{v}^{\mathsf{T}} \boldsymbol{l}_{\parallel}$. Damit wird

$$l_0^2 = l^2 + (\gamma^2 - 1) \frac{(\boldsymbol{v}^{\mathsf{T}} \boldsymbol{l}_{\parallel})^2}{v^2} = l^2 + (\gamma^2 - 1) l_{\parallel}^2,$$

also

$$\underline{\underline{l^2 = l_0^2 - (\gamma^2 - 1) l_{\parallel}^2.}} \tag{1.44}$$

Da stets $\gamma^2 - 1 \geq 0$ ist, folgt aus Gl. (1.44)

$$\underline{\underline{l \leq l_0.}} \tag{1.45}$$

Das Ergebnis der Längenmessung des Lineals hängt also davon ab, in welchem Bezugssystem die Längenmessung vorgenommen wurde. Zu sagen, das Lineal wird kürzer, gibt die Tatsachen missverständlich wieder.

Liegt das Lineal parallel zur Geschwindigkeit $\boldsymbol{v}$, so ist $\boldsymbol{l} = \boldsymbol{l}_{\parallel}$ und aus (1.44) wird $\gamma l = l_0$, oder

$$l = \frac{1}{\gamma} l_0 = \sqrt{1 - \frac{v^2}{c^2}}\, l_0, \tag{1.46}$$

d. h., für $v \to c$ geht $l \to 0$. Wenn zum Beispiel die Geschwindigkeit $v = 0{,}8\,c$ ist, also 80 % der Lichtgeschwindigkeit, dann ist $l' = 0{,}6\,l_0$.

1.2.5 Zeitdilation (Reisen erhält jung)

Zeitdilation ist der Unterschied in der vergehenden Zeit zwischen zwei Ereignissen, die von zwei Beobachtern gemessen werden, die sich relativ zueinander bewegen. Nach Gl. (1.18) gilt

$$t = \gamma\, t', \tag{1.47}$$

wobei

$$\gamma = \frac{1}{\sqrt{1 - \frac{v^2}{c^2}}} \geq 1$$

ist. Sei t' die Zeit einer Lichtuhr, die ein Beobachter in dem bewegten Inertialsystem $\mathcal{X}'$ für das Zurücklegen des Weges zwischen den Spiegeln misst. Dann ist t die Zeit, die für einen ruhenden Beobachter in $\mathcal{X}$ für das Zurücklegen des Weges zwischen den beiden Spiegeln der *bewegten* Uhr gemessen wird. Sie ist umso länger, je schneller sich die Uhr bewegt, d. h., je größer v ist. Wenn z. B. für den mitbewegten Beobachter $t' = 1\,\text{s}$ vergangen ist, sind für den ruhenden Beobachter $t = \gamma \geq 1\,\text{s}$ vergangen. Ist also v gerade so groß, dass $\gamma = 20$ ist, dann sind beispielsweise für den ruhenden Beobachter $t = 20$ Jahre vergangen, wenn für den bewegten Beobachter nur $t' = 1$ Jahr vergangen ist!

Zwillingsparadoxon

Von zwei Zwillingen ***A*** und ***B*** startet ***A*** mit einer Rakete und fliegt mit hoher Geschwindigkeit davon, während der andere Zwilling ***B*** auf der Erde zurückbleibt. Während des Fluges altert ***A*** langsamer als ***B***. Nach einiger Zeit wird die Rakete abgebremst und ***A*** kehrt wieder mit hoher Geschwindigkeit zur Erde zurück. Während des Fluges ist ***A*** weniger gealtert als ***B***, der in Ruhe auf der Erde blieb. Jetzt kommt das Paradoxe: Die Geschwindigkeiten sind relativ! Man könnte doch auch Zwilling ***A*** in seinem mitgeführtem Koordinatensystem als ruhend ansehen und ***B*** als sich dazu mit großen Geschwindigkeiten bewegend betrachten. Das ist richtig; doch ein wesentlicher Unterschied besteht darin, dass Zwilling ***A*** sich nicht ständig in demselben sich gleichförmig bewegenden Inertialsystem befindet, sondern im Umkehrpunkt, wo die Rückreise beginnt, das Inertialsystem wechselt! Das ist für ***B*** nicht der Fall: Er bleibt immer im selben Inertialsystem. Deshalb liegt kein Paradoxon vor (Abb. 1.5).

Abb. 1.5 Zwillingsparadoxon

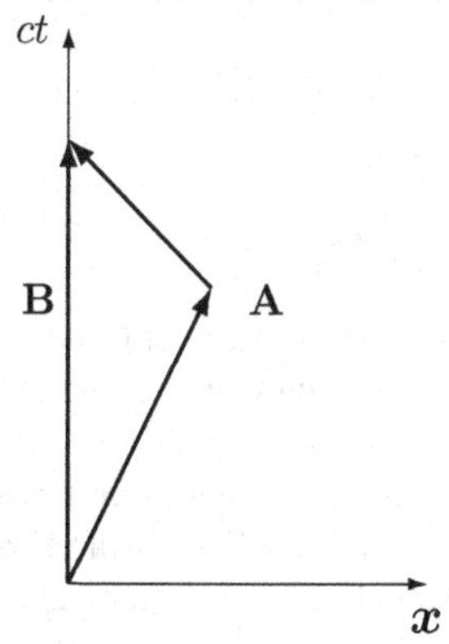

1.3 Invarianz der Quadratischen Form

Der Michelson-Morley-Versuch besagt, dass sich in jedem Bezugssystem das Licht nach allen Seiten mit der gleichen Geschwindigkeit c ausbreitet. Wird im Koordinatenursprung $\boldsymbol{x} = \boldsymbol{o}$ von $\mathcal{X}$ ein Lichtblitz gezündet, so breitet er sich mit der Lichtgeschwindigkeit c kugelförmig aus. Nach der Zeit t hat das Lichtsignal alle Punkte der Kugel mit dem Radius $c\,t$ erreicht. Für die Punkte auf der Kugel gilt:

$$x_1^2 + x_2^2 + x_3^2 = (c\,t)^2, \quad \text{d.h.,} \quad (c\,t)^2 - x_1^2 - x_2^2 - x_3^2 = 0. \tag{1.48}$$

Befinden sich die Koordinatenursprünge der beiden Bezugssysteme $\mathcal{X}$ und $\mathcal{X}'$ im Zündzeitpunkt $t = t' = 0$ des Lichtblitzes im selben Raumpunkt $\boldsymbol{x}(t = 0) = \boldsymbol{x}'(t' = 0) = \boldsymbol{o}$, so breitet sich auch im Bezugssystem $\mathcal{X}'$ das Licht gemäß diesem Gesetz aus:

$$(c\,t')^2 - x_1'^2 - x_2'^2 - x_3'^2 = 0. \tag{1.49}$$

Diese Größe ist also *invariant.*

Man kann sich (1.48) auch erzeugt denken durch die Quadratische Form

$$\vec{\boldsymbol{x}}^{\mathsf{T}} \boldsymbol{M}\, \vec{\boldsymbol{x}} = 0, \tag{1.50}$$

mit der Minkowski-Matrix

$$\boldsymbol{M} \overset{\text{def}}{=} \begin{pmatrix} 1 & 0 & 0 & 0 \\ 0 & -1 & 0 & 0 \\ 0 & 0 & -1 & 0 \\ 0 & 0 & 0 & -1 \end{pmatrix}$$

und dem von Minkowski vorgeschlagenen *vierdimensionalen Vektor:*

$$\vec{\boldsymbol{x}} \overset{\text{def}}{=} \begin{pmatrix} c\,t \\ x_1 \\ x_2 \\ x_3 \end{pmatrix}. \tag{1.51}$$

Minkowski war der Erste, der Einsteins Relativitätstheorie mittels vierdimensionaler *Raumzeitvektoren* darstellte.

Invarianz gegenüber Lorentz-Transformation

Jetzt soll noch die Invarianz der quadratischen Form (1.50) gegenüber einer Lorentz-Transformation untersucht werden. Es ist $\vec{\boldsymbol{x}}' = \boldsymbol{L}\,\vec{\boldsymbol{x}}$, d. h., es ist

$$\vec{\boldsymbol{x}}'^{\mathsf{T}} \boldsymbol{M}\, \vec{\boldsymbol{x}}' = \vec{\boldsymbol{x}}^{\mathsf{T}} \boldsymbol{L}^{\mathsf{T}}\, \boldsymbol{M}\, \boldsymbol{L}\, \vec{\boldsymbol{x}}. \tag{1.52}$$

Hierbei erhält man für das Matrizenprodukt $L^{\mathsf{T}} M \, L$ unter Zurhilfenahme von (1.30) und (1.33)

$$\begin{aligned} L^{\mathsf{T}} M \, L &= \left(\begin{array}{c|c} \gamma & -\frac{\gamma}{c}\, v^{\mathsf{T}} \\ \hline -\frac{\gamma}{c}\, v & A \end{array}\right) \left(\begin{array}{c|c} \gamma & -\frac{\gamma}{c}\, v^{\mathsf{T}} \\ \hline \frac{\gamma}{c}\, v & -A \end{array}\right) \\ &= \left(\begin{array}{c|c} \gamma^2 - \frac{\gamma^2}{c^2}\, v^{\mathsf{T}} v & \frac{\gamma}{c}\, v^{\mathsf{T}} A - \frac{\gamma^2}{c}\, v^{\mathsf{T}} \\ \hline \frac{\gamma}{c} A v - \frac{\gamma^2}{c} v & \frac{\gamma^2}{c^2}\, v\, v^{\mathsf{T}} - A^2 \end{array}\right) = \begin{pmatrix} 1 & o^{\mathsf{T}} \\ o & -I \end{pmatrix} = M . \end{aligned}$$

Damit gilt in der Tat für die quadatischen Formen

$$\vec{x}'^{\mathsf{T}} M \, \vec{x}' = \vec{x}^{\mathsf{T}} M \, \vec{x},$$

also, dass sie invariant gegenüber einer Lorentz-Transformation sind!

Bei der Betrachtung der quadratischen Form wurde von der Ausbreitung von Licht ausgegangen und dafür war die quadratische Form $\vec{x}^{\mathsf{T}} M \, \vec{x}$ gleich null. Betrachtet man dagegen die Bewegung eines Masseteilchens, so wird sich das Licht stets schneller ausbreiten als das Teilchen, d. h., es wird stets

$$c^2 t^2 > x^{\mathsf{T}} x$$

sein, also auch

$$(ct)^2 - x^{\mathsf{T}} x = \vec{x}^{\mathsf{T}} M \, \vec{x} > 0.$$

Wenn wir den zwischen den beiden Ereignissen zurückgelegten Weg mit Δx und die vergangene Zeit mit Δt bezeichnen, erhalten wir das vierdimensionale Raumzeitintervall Δs. In diesem Fall ist

$$\Delta s^2 = \Delta \vec{x}^{\mathsf{T}} M \Delta \vec{x} \tag{1.53}$$

Der „Abstand“ Δs zwischen den beiden Ereignissen ist das *invariante Intervall* in der vierdimensionalen Raumzeit. Da die rechte Seite von Gl. (1.53) invariant gegenüber einer Lorentz-Transformation ist, hat Δs, unabhängig vom gewählten Inertialsystem, immer die gleiche Länge. Die Relativitätstheorie relativiert also nicht alles! Δs^2 ist negativ, wenn der Abstand $\Delta \vec{x}_1$ so weit vom Ursprung entfernt ist, dass kein Lichtsignal vom Ursprung zum Ereignis $\vec{x}_1$ in endlicher Zeit gelangen kann. Diese Möglichkeit wird im nächsten Abschnitt näher untersucht.

Lichtkegel

Ein Lichtblitz im Zeitpunkt $t_0 = 0$ breitet sich im dreidimensionalen Raum kugelförmig mit Lichtgeschwindigkeit c aus. Im Zeitpunkt $t_1 > t_0$ hat das Licht eine Kugelfläche mit dem Radius $r_1 = c\, t_1$ erreicht, im Zeitpunkt $t_2 > t_1$ eine Kugelfläche mit dem größeren Radius $r_2 = c\, t_2$, usw. Man kann diese Bewegung der Lichtwellen in ein Raumzeitdiagramm umsetzen, in dem die Zeitkoordinate $c\, t$ senkrecht und eine

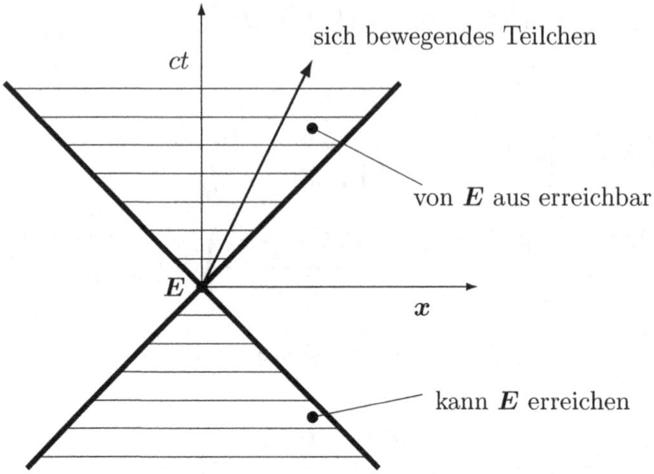

Abb. 1.6 Lichtkegel

Raumkoordinate $\boldsymbol{x}$ horizontal dargestellt sind (Abb. 1.6). Da als Zeitkoordianate die mit der Lichtgeschwindigkeit c multiplizierte Zeit t dargestellt wird, bewegen sich Photonen in dieser Darstellung auf Geraden, die unter 45° geneigt sind. Für Photonen ergibt sich so für die möglichen Bahnen ein nach oben geöffneter Kegel, dessen Wand eine Neigung von 45° hat. Die Bahn eines sich bewegenden Teilchens, dessen Geschwindigkeit immer kleiner als die Lichtgeschwindigkeit sein muss, muss immer innerhalb des Lichtkegels verlaufen mit einer Steigung, die immer kleiner als 45° gegenüber der Zeitachse $c\,t$ ist.

Die in der Zeit vor $t_0 = 0$, z. B. in dem Zeitintervall von $t_{-1} < t_0$ bis t_0, den Punkt $\boldsymbol{E}$ im Zeitpunkt t_0 erreichenden Photonen, kommen alle aus dem nach unten offenen Kegel. Insgesamt erhält man wieder einen Kegel, den Kegel der Ereignisse, die das Ereignis $\boldsymbol{E}$ erreichen können, also von $\boldsymbol{E}$ aus auch beobachtbar sind.

In der Minkowskischen Raumzeit der Speziellen Relativitätstheorie sind in jedem Ereignispunkt die Lichtkegel parallel ausgerichtet; die Mittelachsen der Lichtkegel sind alle parallel zur Zeitachse. In der Allgemeinen Relativitätstheorie wird durch die Raumkrümmung das nicht mehr immer der Fall sein, d. h., die Mittelachsen der Lichtkegel sind nicht mehr immer parallel zur Zeitachse.

Eigenzeit

Wenn man von irgendeinem Inertialsystem aus eine sich ganz beliebig bewegende Uhr betrachtet, kann man in jedem Zeitaugenblick diese Bewegung als gleichförmig auffassen. Führt man in jedem Zeitpunkt ein mit der Uhr fest verbundenes Koordinatensystem ein, dann ist das auch wieder ein Inertialsystem. In dem infinitesimalen Zeitabschnitt $\mathrm{d}t$, gemessen mit der Uhr des Beobachters im Inertialsystem $\mathcal{X}$, legt die bewegte Uhr die Strecke $(\mathrm{d}x^2 + \mathrm{d}y^2 + \mathrm{d}z^2)^{1/2}$ zurück. In dem mit der Uhr verbundenem Inertialsystem $\mathcal{X}'$ bewegt sich die Uhr nicht, es ist $\mathrm{d}x' = \mathrm{d}y' = \mathrm{d}z' = 0$, aber es vergeht die mit der bewegten Uhr angezeigte Zeit $\mathrm{d}t'$. Wegen der Invarianz der quadratischen Form

$$\mathrm{d}s^2 = \mathrm{d}\vec{x}^{\mathsf{T}} \boldsymbol{M} \mathrm{d}\vec{x} = \mathrm{d}\vec{x}'^{\mathsf{T}} \boldsymbol{M} \mathrm{d}\vec{x}'$$

gilt mit

$$\begin{aligned} \mathrm{d}\vec{x}^{\mathsf{T}} &= [c\mathrm{d}t, \mathrm{d}x, \mathrm{d}y, \mathrm{d}z] \quad \text{und} \quad \mathrm{d}\vec{x}'^{\mathsf{T}} = [c\mathrm{d}t', 0, 0, 0] \\ \mathrm{d}s^2 &= c^2\mathrm{d}t^2 - \mathrm{d}x^2 - \mathrm{d}y^2 - \mathrm{d}z^2 = c^2\mathrm{d}t'^2, \end{aligned} \tag{1.54}$$

also

$$\begin{aligned} \mathrm{d}t' = \frac{1}{c}\mathrm{d}s &= \frac{1}{c}\sqrt{c^2\mathrm{d}t^2 - \mathrm{d}x^2 - \mathrm{d}y^2 - \mathrm{d}z^2} \\ &= \mathrm{d}t\sqrt{1 - \frac{\mathrm{d}x^2 + \mathrm{d}y^2 + \mathrm{d}z^2}{c^2\mathrm{d}t^2}}, \end{aligned}$$

oder mit

$$v^2 = \frac{\mathrm{d}x^2 + \mathrm{d}y^2 + \mathrm{d}z^2}{\mathrm{d}t^2},$$

wobei v die Geschwindigkeit der bewegten Uhr gegenüber dem Beobachter ist, schließlich wieder die Beziehung (1.18)

$$\mathrm{d}t' = \mathrm{d}t\sqrt{1 - \frac{v^2}{c^2}}. \tag{1.55}$$

Wenn also die unbewegte Uhr des Beobachters das Zeitintervall $t_2 - t_1$ anzeigt, dann zeigt die bewegte Uhr das Intervall $t_2' - t_1'$ der *Eigenzeit* an,

$$t_2' - t_1' = \int_{t_1}^{t_2} \sqrt{1 - \frac{v(t)^2}{c^2}}\,\mathrm{d}t. \tag{1.56}$$

Das Eigenzeitintervall einer sich bewegenden Uhr ist nach (1.55) und (1.56) immer kleiner als das Zeitintervall im unbewegten System. Allgemein wird die Eigenzeit einer bewegten Uhr mit τ statt mit t' bezeichnet. Nach Gl. (1.54) gilt also für die Eigenzeit

$$\underline{\underline{\mathrm{d}\tau = \mathrm{d}s/c.}} \tag{1.57}$$

1.4 Relativistische Geschwindigkeitsaddition

1.4.1 Galileische Addition von Geschwindigkeiten

Galilei beobachtete ein Schiff, das sich mit der Geschwindigkeit $\boldsymbol{v}$ relativ zur Küste bewegt, und einen Matrosen, der sich auf dem Schiff mit der Geschwindigkeit $\boldsymbol{u}$ bewegt. Er berechnete die Geschwindigkeit, mit der sich der Matrose relativ zur Küste bewegt, als Addition der beiden Geschwindigkeiten $\boldsymbol{v}$ und $\boldsymbol{u}$. Wenn die Geschwindigkeiten, mit denen sich das Schiff und der Matrose bewegen, klein gegenüber der Lichtgeschwindigkeit sind, erhält man die Vektorsumme

$$\boldsymbol{w} = \boldsymbol{v} + \boldsymbol{u},$$

wobei $\boldsymbol{w}$ die Geschwindigkeit des Matrosen relativ zur Küste ist.

1.4.2 Relativistische Addition von Geschwindigkeiten

Gegeben seien die drei Bezugssysteme $\mathcal{X}$, $\mathcal{X}'$ und $\mathcal{X}''$ (Abb. 1.7). Das Bezugssystem $\mathcal{X}'$ bewegt sich gegenüber dem Bezugssystem $\mathcal{X}$ mit der Geschwindigkeit $\boldsymbol{v}$ und das Bezugssystem $\mathcal{X}''$ gegenüber dem Bezugssystem $\mathcal{X}'$ mit der Geschwindigkeit $\boldsymbol{u} = \frac{\mathrm{d}\boldsymbol{x}'}{\mathrm{d}t'}$. Mit welcher Geschwindigkeit $\boldsymbol{w} \stackrel{\text{def}}{=} \frac{\mathrm{d}\boldsymbol{x}}{\mathrm{d}t}$ bewegt sich dann das Bezugssystem $\mathcal{X}''$ gegenüber dem Bezugssystem $\mathcal{X}$? Für das obige Problem von Galilei ist $\mathcal{X}$ das zur Küste gehörige Bezugssystem; $\mathcal{X}'$ ist das Bezugssystem für das Schiff und $\mathcal{X}''$ das Bezugssystem für den Matrosen.

Es ist

$$\boldsymbol{w} = \frac{\mathrm{d}\boldsymbol{x}}{\mathrm{d}t} = \frac{\mathrm{d}\boldsymbol{x}}{\mathrm{d}t'}\left(\frac{\mathrm{d}t}{\mathrm{d}t'}\right)^{-1}. \tag{1.58}$$

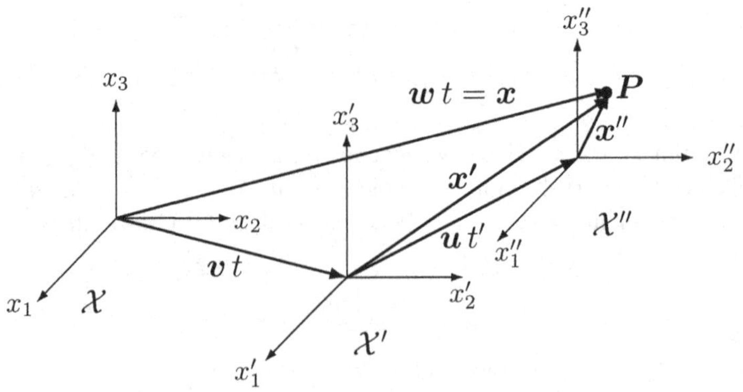

Abb. 1.7 Additionstheorem der Geschwindigkeiten

Zwischen $\vec{x}$ und $\vec{x}'$ besteht die Beziehung $\vec{x}' = \boldsymbol{L}(v)\vec{x}$, oder, nach $\vec{x}$ aufgelöst,

$$\vec{x} = \boldsymbol{L}^{-1}(v)\vec{x}'. \tag{1.59}$$

Im Einzelnen gilt

$$t = \gamma_v t' + \frac{\gamma_v}{c^2}\boldsymbol{v}^{\mathsf{T}}\boldsymbol{x}', \tag{1.60}$$

und

$$\boldsymbol{x} = \boldsymbol{x}' + (\gamma_v - 1)\frac{\boldsymbol{v}^{\mathsf{T}}\boldsymbol{x}'}{v^2}\boldsymbol{v} + \gamma_v \boldsymbol{v}t'. \tag{1.61}$$

Aus Gl. (1.60) folgt

$$\frac{\mathrm{d}t}{\mathrm{d}t'} = \gamma_v + \frac{\gamma_v}{c^2}\boldsymbol{v}^{\mathsf{T}}\frac{\mathrm{d}\boldsymbol{x}'}{\mathrm{d}t'} = \gamma_v\left(1 + \frac{\boldsymbol{v}^{\mathsf{T}}\boldsymbol{u}}{c^2}\right) \tag{1.62}$$

und aus Gl. (1.61)

$$\begin{aligned}\frac{\mathrm{d}\boldsymbol{x}}{\mathrm{d}t'} &= \frac{\mathrm{d}\boldsymbol{x}'}{\mathrm{d}t'} + (\gamma_v - 1)\frac{\boldsymbol{v}\boldsymbol{v}^{\mathsf{T}}}{v^2}\frac{\mathrm{d}\boldsymbol{x}'}{\mathrm{d}t'} + \gamma_v\boldsymbol{v}\\ &= \boldsymbol{u} + (\gamma_v - 1)\frac{\boldsymbol{v}^{\mathsf{T}}\boldsymbol{u}}{v^2}\boldsymbol{v} + \gamma_v\boldsymbol{v}.\end{aligned} \tag{1.63}$$

Die Beziehungen (1.62) und (1.63) in Gl. (1.58) eingesetzt, liefert

$$\boldsymbol{w} = \frac{\boldsymbol{v} + \frac{1}{\gamma_v}\boldsymbol{u} + \left(1 - \frac{1}{\gamma_v}\right)\frac{\boldsymbol{v}^{\mathsf{T}}\boldsymbol{u}}{v^2}\boldsymbol{v}}{1 + \frac{\boldsymbol{v}^{\mathsf{T}}\boldsymbol{u}}{c^2}}, \tag{1.64}$$

oder nach Addition von $\boldsymbol{u} - \boldsymbol{u} = \boldsymbol{o}$ im Zähler

$$\boldsymbol{w} = \frac{\boldsymbol{v} + \boldsymbol{u} + (\frac{1}{\gamma_v} - 1)\left(\boldsymbol{u} - \frac{\boldsymbol{v}^{\mathsf{T}}\boldsymbol{u}}{v^2}\boldsymbol{v}\right)}{1 + \frac{\boldsymbol{v}^{\mathsf{T}}\boldsymbol{u}}{c^2}}. \tag{1.65}$$

Das ist also die Geschwindigkeit des Punktes $\boldsymbol{P}$ relativ zum Bezugssystem $\mathcal{X}$. Gl. (1.65) soll noch etwas umgeformt werden, um ihr Verhalten besser überblicken zu können. Für ein doppeltes vektorielles Produkt gilt nämlich

$$\boldsymbol{a} \times (\boldsymbol{b} \times \boldsymbol{c}) = (\boldsymbol{a}^{\mathsf{T}}\boldsymbol{c})\boldsymbol{b} - (\boldsymbol{a}^{\mathsf{T}}\boldsymbol{b})\boldsymbol{c}. \tag{1.66}$$

Damit kann man die letzte Klammer im Zähler von (1.65) wie folgt umformen:

$$\boldsymbol{u} - \frac{\boldsymbol{v}^{\mathsf{T}}\boldsymbol{u}}{v^2}\boldsymbol{v} = \frac{\boldsymbol{v}^{\mathsf{T}}\boldsymbol{v}}{v^2}\boldsymbol{u} - \frac{\boldsymbol{v}^{\mathsf{T}}\boldsymbol{u}}{v^2}\boldsymbol{v} = \frac{1}{v^2}(\boldsymbol{v} \times (\boldsymbol{u} \times \boldsymbol{v})),$$

d. h., statt (1.65) kann man auch schreiben,

$$\boldsymbol{w} = \frac{\boldsymbol{v} + \boldsymbol{u} + \frac{1}{v^2}(\frac{1}{\gamma_v} - 1)\,(\boldsymbol{v} \times (\boldsymbol{u} \times \boldsymbol{v}))}{1 + \frac{\boldsymbol{v}^{\mathsf{T}}\boldsymbol{u}}{c^2}}. \tag{1.67}$$

Sind die beiden Geschwindigkeiten $\boldsymbol{v}$ und $\boldsymbol{u}$ parallel, so ist $\boldsymbol{v} \times \boldsymbol{u} = \boldsymbol{0}$, und aus Gl. (1.67) ist klar ersichtlich, dass sich für die Summe der beiden Geschwindigkeiten

$$\underline{\underline{\boldsymbol{w} = \frac{\boldsymbol{v} + \boldsymbol{u}}{1 + \frac{\boldsymbol{v}^{\mathsf{T}}\boldsymbol{u}}{c^2}}}} \tag{1.68}$$

ergibt. Sind dagegen die beiden Geschwindigkeiten $\boldsymbol{v}$ und $\boldsymbol{u}$ senkrecht zueinander, so ist $\boldsymbol{v}^{\mathsf{T}}\boldsymbol{u} = \boldsymbol{0}$, und jetzt folgt aus Formel (1.65) für die Summe der beiden Geschwindigkeiten

$$\underline{\underline{\boldsymbol{w} = \boldsymbol{v} + \frac{1}{\gamma_v}\boldsymbol{u}.}} \tag{1.69}$$

Für den weiteren Sonderfall, in dem sowohl der Vektor $\boldsymbol{u}$ nur eine Komponente in der x-Richtung hat,

$$\boldsymbol{u} = \begin{pmatrix} u_1 \\ 0 \\ 0 \end{pmatrix}$$

als auch der Vektor

$$\boldsymbol{v} = \begin{pmatrix} v_1 \\ 0 \\ 0 \end{pmatrix},$$

ist $(w_2 = w_3 = 0)$

$$\underline{\underline{w_1 = \frac{v_1 + u_1}{1 + \frac{u_1 v_1}{c^2}}.}} \tag{1.70}$$

1.5 Lorentz-Transformation der Geschwindigkeit

Wie müssen die Grundgleichungen der Mechanik umgeschrieben werden, damit sie invariant gegenüber einer Lorentz-Transformation sind? Wir gehen aus von der Transformationsgleichung (1.36)

$$\vec{\boldsymbol{x}}' = \boldsymbol{L}\,\vec{\boldsymbol{x}} \tag{1.71}$$

mit dem vierdimensionalen Raumzeitvektor

$$\vec{\boldsymbol{x}} = \begin{pmatrix} c\,t \\ \boldsymbol{x} \end{pmatrix}$$

und der Transformationsmatrix gemäß (1.37)

$$\boldsymbol{L} = \left(\begin{array}{c|c} \gamma & -\frac{\gamma}{c}\,\boldsymbol{v} \\ \hline -\frac{\gamma}{c}\,\boldsymbol{v}^{\mathsf{T}} & \boldsymbol{I} + (\gamma - 1)\frac{\boldsymbol{v}\,\boldsymbol{v}^{\mathsf{T}}}{v^2} \end{array}\right).$$

Differenziert man Gl. (1.71) nach der Zeit t', erhält man

$$\frac{\mathrm{d}\vec{\boldsymbol{x}}'}{\mathrm{d}t'} = \begin{pmatrix} c \\ \frac{\mathrm{d}\boldsymbol{x}'}{\mathrm{d}t'} \end{pmatrix} = \boldsymbol{L}\,\frac{\mathrm{d}\vec{\boldsymbol{x}}}{\mathrm{d}t}\,\frac{\mathrm{d}t}{\mathrm{d}t'}.$$

Nach (1.34) ist mit $\boldsymbol{u} \overset{\text{def}}{=} \frac{\mathrm{d}\boldsymbol{x}}{\mathrm{d}t}$ (das ist jetzt ein anderes $\boldsymbol{u}$ als im vorhergehenden Abschnitt)

$$\frac{\mathrm{d}t'}{\mathrm{d}t} = \frac{\mathrm{d}}{\mathrm{d}t}\left(-\frac{\gamma}{c^2}\,\boldsymbol{v}^{\mathsf{T}}\boldsymbol{x} + \gamma t\right) = -\frac{\gamma}{c^2}\,\boldsymbol{v}^{\mathsf{T}}\boldsymbol{u} + \gamma. \tag{1.72}$$

Damit erhält man

$$\begin{pmatrix} c \\ \boldsymbol{u}' \end{pmatrix} = \boldsymbol{L}\begin{pmatrix} c \\ \boldsymbol{u} \end{pmatrix}\frac{1}{\gamma}\,\frac{1}{1 - \frac{\boldsymbol{v}^{\mathsf{T}}\boldsymbol{u}}{c^2}}. \tag{1.73}$$

Wie man an Gl. (1.73) sieht, transformiert sich der Geschwindigkeitsvektor $\begin{pmatrix} c \\ \boldsymbol{u} \end{pmatrix}$ nicht mittels einer Lorentz-Transformation in den getrichenen Geschwindigkeitsvektor $\begin{pmatrix} c \\ \boldsymbol{u}' \end{pmatrix}$. Damit das der Fall ist, muss die Definition der Geschwindigkeit modifiziert werden. Hierzu eine kurze Zwischenrechnung.

Die zweite Blockzeile von (1.73) liefert

$$\boldsymbol{u}' = \frac{1}{\gamma\left(1 - \frac{\boldsymbol{v}^{\mathsf{T}}\boldsymbol{u}}{c^2}\right)}(\boldsymbol{A}\,\boldsymbol{u} - \gamma\boldsymbol{v}).$$

Multipliziert man diesen Vektor skalar mit sich selbst, erhält man

$$u'^2 \overset{\text{def}}{=} \boldsymbol{u}'^{\mathsf{T}}\boldsymbol{u}' = \left(\frac{1}{\gamma\left(1 - \frac{\boldsymbol{v}^{\mathsf{T}}\boldsymbol{u}}{c^2}\right)}\right)^2(\boldsymbol{u}^{\mathsf{T}}\boldsymbol{A}^{\mathsf{T}} - \gamma\boldsymbol{v}^{\mathsf{T}})(\boldsymbol{A}\,\boldsymbol{u} - \gamma\boldsymbol{v}).$$

Da $\boldsymbol{A}$ symmetrisch ist, $\boldsymbol{A} = \boldsymbol{A}^\top$, und $\boldsymbol{A}^2 = \boldsymbol{I} + \frac{\gamma^2}{c^2}\boldsymbol{v}\boldsymbol{v}^\top$, wird daraus

$$u'^2 = \frac{1}{\gamma^2\left(1 - \frac{\boldsymbol{v}^\top \boldsymbol{u}}{c^2}\right)^2}\left(u^2 - \frac{\gamma^2}{c^2}(\boldsymbol{u}^\top \boldsymbol{v})^2 - 2\gamma^2(\boldsymbol{u}^\top \boldsymbol{v})^2 + \gamma^2 v^2\right)$$

$$= \frac{1}{\left(1 - \frac{\boldsymbol{v}^\top \boldsymbol{u}}{c^2}\right)^2}\left(\frac{1}{\gamma^2}u^2 - \frac{1}{c^2}(\boldsymbol{u}^\top \boldsymbol{v})^2 - 2(\boldsymbol{u}^\top \boldsymbol{v})^2 + v^2\right). \tag{1.74}$$

Mit

$$\frac{u^2}{\gamma^2} = \left(1 - \frac{v^2}{c^2}\right)u^2 = u^2 - \frac{v^2u^2}{c^2}$$

wird aus Gl. (1.74) (ohne γ)

$$u'^2 = \frac{1}{\left(1 - \frac{\boldsymbol{v}^\top \boldsymbol{u}}{c^2}\right)^2}\left(u^2 + \frac{-(\boldsymbol{u}^\top \boldsymbol{v})^2 - v^2u^2}{c^2} - 2(\boldsymbol{u}^\top \boldsymbol{v})^2 + v^2\right). \tag{1.75}$$

Mit Hilfe von (1.75) erhält man für

$$1 - \frac{u'^2}{c^2} = \frac{1}{\left(1 - \frac{\boldsymbol{v}^\top \boldsymbol{u}}{c^2}\right)^2}\left(1 - \frac{u^2}{c^2} - \frac{v^2}{c^2} + \frac{v^2u^2}{c^4}\right)$$

$$= \frac{1}{\left(1 - \frac{\boldsymbol{v}^\top \boldsymbol{u}}{c^2}\right)^2}\left(1 - \frac{u^2}{c^2}\right)\left(1 - \frac{v^2}{c^2}\right)$$

und daraus

$$\sqrt{1 - \frac{u'^2}{c^2}} = \sqrt{1 - \frac{u^2}{c^2}}\sqrt{1 - \frac{v^2}{c^2}}\Big/\left(1 - \frac{\boldsymbol{v}^\top \boldsymbol{u}}{c^2}\right),$$

bzw. mit

$$\gamma_u \stackrel{\text{def}}{=} \frac{1}{\sqrt{1 - \frac{u^2}{c^2}}}$$

und

$$\gamma_{u'} \stackrel{\text{def}}{=} \frac{1}{\sqrt{1 - \frac{u'^2}{c^2}}}$$

schließlich

$$\underline{\underline{\gamma\left(1 - \frac{\boldsymbol{v}^\top \boldsymbol{u}}{c^2}\right) = \frac{\gamma_{u'}}{\gamma_u}}}. \tag{1.76}$$

Setzt man das Ergebnis (1.76) in Gl. (1.73) ein, erhält man

$$\begin{pmatrix} c \\ \boldsymbol{u}' \end{pmatrix} = \boldsymbol{L}\begin{pmatrix} c \\ \boldsymbol{u} \end{pmatrix}\frac{\gamma_u}{\gamma_{u'}}, \tag{1.77}$$

oder

$$\begin{pmatrix} \gamma_{u'} c \\ \gamma_{u'} \boldsymbol{u}' \end{pmatrix} = \boldsymbol{L} \begin{pmatrix} \gamma_u c \\ \gamma_u \boldsymbol{u} \end{pmatrix}. \tag{1.78}$$

Der so modifizierte neue Geschwindigkeitsvektor

$$\underline{\underline{\vec{\boldsymbol{u}} \stackrel{\text{def}}{=} \gamma_u \begin{pmatrix} c \\ \boldsymbol{u} \end{pmatrix}}} \tag{1.79}$$

transformiert sich jetzt mittels einer Lorentz-Transformation ($\boldsymbol{L}$) in den gestrichenen Vektor $\vec{\boldsymbol{u}}'$:

$$\vec{\boldsymbol{u}}' = \boldsymbol{L}\,\vec{\boldsymbol{u}}. \tag{1.80}$$

Damit eignet sich die so definierte Geschwindigkeit $\vec{\boldsymbol{u}}$ viel besser zur Formulierung physikalischer Gesetze, da sie in jedem Bezugssystem die gleiche Form aufweisen. Dies wäre mit $\boldsymbol{u}$ nicht der Fall. Zur Klarstellung sei nochmals hervorgehoben, dass sich ein Masseteilchen oder ein Schwerpunkt mit der Geschwindigkeit $\boldsymbol{u}$ in einem Bezugssystem $\mathcal{X}'$ bewegt, das sich selbst mit der Geschwindigkeit $\boldsymbol{v}$ gegenüber einem anderen Bezugssystem bewegt oder bewegen kann. Das ist der Unterschied zwischen $\boldsymbol{u}$ und $\boldsymbol{v}$!

Übrigens ist natürlich auch die quadratische Form für die Geschwindigkeit

$$\vec{\boldsymbol{u}}^{\mathsf{T}} \boldsymbol{M} \vec{\boldsymbol{u}} = \gamma_u^2 c^2 - \gamma_u^2 \boldsymbol{u}^{\mathsf{T}} \boldsymbol{u} = \frac{c^4}{c^2 - u^2} - \frac{c^2 u^2}{c^2 - u^2} = c^2 \tag{1.81}$$

invariant gegenüber einer Lorentz-Transformation, denn es ist – wie man leicht zeigen kann – auch $\vec{\boldsymbol{p}}'^{\mathsf{T}} \boldsymbol{M} \vec{\boldsymbol{p}}' = m_0 c^2$.

In (1.57) wurde die Eigenzeit durch $\mathrm{d}\tau = \frac{1}{c}\mathrm{d}s$ eingeführt. Es ist

$$\mathrm{d}s^2 = \vec{\boldsymbol{x}}^{\mathsf{T}} \boldsymbol{M} \vec{\boldsymbol{x}} = c^2 \mathrm{d}t^2 - \boldsymbol{x}^{\mathsf{T}} \boldsymbol{x} = c^2 \mathrm{d}t^2 \left(1 - \frac{1}{c^2} \frac{\mathrm{d}\boldsymbol{x}^{\mathsf{T}}}{\mathrm{d}t} \cdot \frac{\mathrm{d}\boldsymbol{x}}{\mathrm{d}t}\right),$$

also mit $\frac{\mathrm{d}\boldsymbol{x}}{\mathrm{d}t} = \boldsymbol{u}$

$$\mathrm{d}\tau = \mathrm{d}t \left(1 - \frac{1}{c^2} \boldsymbol{u}^{\mathsf{T}} \boldsymbol{u}\right)^{\frac{1}{2}} = \mathrm{d}t \left(1 - \frac{u^2}{c^2}\right)^{\frac{1}{2}},$$

oder mit $\gamma_u = \left(1 - \frac{u^2}{c^2}\right)^{-\frac{1}{2}}$

$$\underline{\underline{\mathrm{d}t = \gamma_u \mathrm{d}\tau.}} \tag{1.82}$$

Das ist der gleiche Zusammenhang wie bei der Zeitdehnung in (1.73). τ ist also die Zeit, die eine mitbewegte Uhr anzeigt, während t die Zeit ist, die ein ruhender Beobachter misst. Die bewegte Uhr muss sich allerdings jetzt nicht mehr geradlinig und gleichförmig bewegen!

In (1.79) ist $\boldsymbol{u} = \frac{\mathrm{d}\boldsymbol{x}}{\mathrm{d}t}$. Ersetzt man darin $\mathrm{d}t$ durch Gl. (1.82), dann ist $\boldsymbol{u} = \frac{1}{\gamma_u}\frac{\mathrm{d}\boldsymbol{x}}{\mathrm{d}\tau}$ bzw. $\gamma_u \boldsymbol{u} = \frac{\mathrm{d}\boldsymbol{x}}{\mathrm{d}\tau}$. Weiterhin ist

$$\mathrm{d}\vec{x} = \begin{pmatrix} c\mathrm{d}t \\ \mathrm{d}\boldsymbol{x} \end{pmatrix} = \begin{pmatrix} c\gamma_u \mathrm{d}\tau \\ \mathrm{d}\boldsymbol{x} \end{pmatrix},$$

also

$$\underline{\underline{\frac{\mathrm{d}\vec{x}}{\mathrm{d}\tau}}} = \begin{pmatrix} \gamma_u c \\ \gamma_u \frac{\mathrm{d}\boldsymbol{x}}{\mathrm{d}\tau} \end{pmatrix} = \begin{pmatrix} \gamma_u c \\ \gamma_u \boldsymbol{u} \end{pmatrix} = \underline{\underline{\vec{u}}}. \tag{1.83}$$

Ist also die Trajektorie in der Raumzeit durch die Eigenzeit τ parameterisiert, $\vec{x} = \vec{x}(\tau)$, dann ist $\vec{u} = \frac{\mathrm{d}\vec{x}}{\mathrm{d}\tau}$ die Vierergeschwindigkeit entlang der Trajektorie.

1.6 Lorentz-Transformation des Impulses

Multipliziert man die Gleichung $\vec{u}' = \boldsymbol{L}\,\vec{u}$ mit der Ruhemasse m_0, erhält man

$$\begin{pmatrix} m_0 \gamma_{u'} c \\ m_0 \gamma_{u'} \boldsymbol{u}' \end{pmatrix} = \boldsymbol{L} \begin{pmatrix} m_0 \gamma_u c \\ m_0 \gamma_u \boldsymbol{u} \end{pmatrix}. \tag{1.84}$$

Hierin kann

$$m_0 \gamma_u \boldsymbol{u} = m_u \boldsymbol{u} = m_u \frac{\mathrm{d}\boldsymbol{x}}{\mathrm{d}t} \stackrel{\text{def}}{=} \boldsymbol{p} \tag{1.85}$$

mit

$$m_u \stackrel{\text{def}}{=} m_0 \gamma_u = \frac{m_0}{\sqrt{1 - \frac{u^2}{c^2}}}$$

wie üblich als **Impuls** definiert werden. Der Impulsvektor

$$\vec{p} \stackrel{\text{def}}{=} \begin{pmatrix} m_u c \\ \boldsymbol{p} \end{pmatrix} = m_0\, \vec{u} = m_0 \gamma_u \begin{pmatrix} c \\ \boldsymbol{u} \end{pmatrix} \tag{1.86}$$

transformiert sich also wieder gemäß

$$\vec{p}' = \boldsymbol{L}\,\vec{p}. \tag{1.87}$$

Auch die hierzu gehörige quadratische Form

$$\vec{\boldsymbol{p}}^{\top} \boldsymbol{M} \vec{\boldsymbol{p}} = m_0^2 \vec{\boldsymbol{u}}^{\top} \boldsymbol{M} \vec{\boldsymbol{u}} = m_0^2 c^2$$

ist invariant gegenüber einer Lorentz-Transformation, denn es ist auch

$$\vec{\boldsymbol{p}}'^{\top} \boldsymbol{M} \vec{\boldsymbol{p}}' = m_0^2 c^2.$$

1.7 Transformierbare Beschleunigungen und Kräfte

1.7.1 Beschleunigung

Die Beschleunigung wird allgemein als die zeitliche Ableitung der Geschwindigkeit definiert. Differenziert man den modifizierten vierdimensionalen Geschwindigkeitsvektor

$$\vec{\boldsymbol{u}} = \begin{pmatrix} \gamma_u c \\ \gamma_u \boldsymbol{u} \end{pmatrix} \in \mathbb{R}^4$$

nach der Zeit t, dann erhält man für die Ableitung der vektoriellen Komponente dieses Vektors

$$\frac{\mathrm{d}}{\mathrm{d}t}(\gamma_u \boldsymbol{u}) = \frac{\mathrm{d}\gamma_u}{\mathrm{d}t}\boldsymbol{u} + \gamma_u \frac{\mathrm{d}\boldsymbol{u}}{\mathrm{d}t}. \tag{1.88}$$

Insbesondere für $\frac{\mathrm{d}\gamma_u}{\mathrm{d}t}$ erhält man mit dem üblichen dreidimensionalen Beschleunigungsvektor

$$\boldsymbol{a} \stackrel{\text{def}}{=} \frac{\mathrm{d}\boldsymbol{u}}{\mathrm{d}t} \in \mathbb{R}^3$$

und

$$\frac{\mathrm{d}u^2}{\mathrm{d}t} = \frac{\mathrm{d}\boldsymbol{u}^{\top}\boldsymbol{u}}{\mathrm{d}t} = \frac{\mathrm{d}\boldsymbol{u}^{\top}}{\mathrm{d}t}\boldsymbol{u} + \boldsymbol{u}^{\top}\frac{\mathrm{d}\boldsymbol{u}}{\mathrm{d}t} = 2\boldsymbol{u}^{\top}\boldsymbol{a}$$

das Ergebnis für

$$\begin{aligned} \frac{\mathrm{d}\gamma_u}{\mathrm{d}t} &= \frac{\mathrm{d}}{\mathrm{d}t}\left(1 - \frac{u^2}{c^2}\right)^{-1/2} = -\frac{1}{2}\left(1 - \frac{u^2}{c^2}\right)^{-3/2} \cdot \frac{\mathrm{d}}{\mathrm{d}t}\left(1 - \frac{u^2}{c^2}\right) \\ &= -\frac{1}{2}\gamma_u^3 \cdot \frac{-2\boldsymbol{u}^{\top}}{c^2} \cdot \boldsymbol{a}, \end{aligned} \tag{1.89}$$

also

$$\underline{\underline{\frac{\mathrm{d}\gamma_u}{\mathrm{d}t} = \frac{\gamma_u^3}{c^2} \cdot \boldsymbol{u}^{\top}\boldsymbol{a}.}} \tag{1.90}$$

Mit Gl. (1.90) erhält man für Gl. (1.88)

$$\frac{\mathrm{d}}{\mathrm{d}t}(\gamma_u \boldsymbol{u}) = \gamma_u \cdot \boldsymbol{a} + \frac{\gamma_u^3}{c^2} \cdot \boldsymbol{u}^\mathsf{T} \boldsymbol{a} \cdot \boldsymbol{u}. \tag{1.91}$$

Differenziert man die Geschwindigkeitsgleichung (1.78)

$$\begin{pmatrix} \gamma_{u'} c \\ \gamma_{u'} \boldsymbol{u}' \end{pmatrix} = \boldsymbol{L} \begin{pmatrix} \gamma_u c \\ \gamma_u \boldsymbol{u} \end{pmatrix}$$

nach der Zeit t', erhält man

$$\frac{\mathrm{d}}{\mathrm{d}t'} \begin{pmatrix} \gamma_{u'} c \\ \gamma_{u'} \boldsymbol{u}' \end{pmatrix} = \boldsymbol{L} \cdot \frac{\mathrm{d}}{\mathrm{d}t} \begin{pmatrix} \gamma_u c \\ \gamma_u \boldsymbol{u} \end{pmatrix} \cdot \frac{\mathrm{d}t}{\mathrm{d}t'}. \tag{1.92}$$

Aus den Gl. (1.72) und (1.76) folgt

$$\frac{\mathrm{d}t}{\mathrm{d}t'} = \frac{\gamma_u}{\gamma_{u'}}. \tag{1.93}$$

Das eingesetzt in Gl. (1.92) ergibt mit dem neu definierten vierdimensionalen Beschleunigungsvektor

$$\vec{\boldsymbol{a}} \overset{\text{def}}{=} \gamma_u \cdot \frac{\mathrm{d}}{\mathrm{d}t} \vec{\boldsymbol{u}} \in \mathbb{R}^4 \tag{1.94}$$

die Lorentz-Transformation des vierdimensionalen Beschleunigungsvektors $\vec{\boldsymbol{a}}$,

$$\vec{\boldsymbol{a}}' = \boldsymbol{L}\, \vec{\boldsymbol{a}}. \tag{1.95}$$

Der in Gl. (1.94) definierte Beschleunigungsvektor

$$\vec{\boldsymbol{a}} = \gamma_u \cdot \frac{\mathrm{d}}{\mathrm{d}t} \begin{pmatrix} \gamma_u c \\ \gamma_u \boldsymbol{u} \end{pmatrix} \tag{1.96}$$

ist also geeignet, physikalische Gesetze in relativistischer Form zu formulieren! Mit $\mathrm{d}t = \gamma_u \mathrm{d}\tau$ und $\vec{\boldsymbol{u}} = \frac{\mathrm{d}\vec{\boldsymbol{x}}}{\mathrm{d}\tau}$ kann man für den Beschleunigungsvektor (1.96) auch schreiben,

$$\vec{a} = \frac{\mathrm{d}\vec{u}}{\mathrm{d}\tau} = \frac{\mathrm{d}^2\vec{x}}{\mathrm{d}\tau^2}. \tag{1.97}$$

Für den Vektor $\vec{a}$ erhält man unter Verwendung von (1.90) und (1.91) außerdem

$$\vec{a} = \begin{pmatrix} \frac{\gamma_u^4}{c} \cdot \boldsymbol{u}^\mathsf{T}\boldsymbol{a} \\ \gamma_u^2 \cdot \boldsymbol{a} + \frac{\gamma_u^4}{c^2} \cdot \boldsymbol{u}^\mathsf{T}\boldsymbol{a} \cdot \boldsymbol{u} \end{pmatrix}. \tag{1.98}$$

Wird $\boldsymbol{u}^\mathsf{T}\boldsymbol{M}\vec{u} = c^2$ nach der Eigenzeit τ differenziert, erhält man

$$\boldsymbol{u}^\mathsf{T}\boldsymbol{M}\frac{\mathrm{d}\vec{u}}{\mathrm{d}\tau} + \frac{\mathrm{d}\vec{u}^\mathsf{T}}{\mathrm{d}\tau}\boldsymbol{M}\vec{u} = 2\boldsymbol{u}^\mathsf{T}\boldsymbol{M}\frac{\mathrm{d}\vec{u}}{\mathrm{d}\tau} = 2\boldsymbol{u}^\mathsf{T}\boldsymbol{M}\vec{a} = 0,$$

d. h., die beiden Vektoren $\vec{u}$ und $\boldsymbol{M}\vec{a}$ sind im vierdimensionale Raum orthogonal zueinander.

Für jeden Zeitpunkt einer beliebig beschleunigten Bewegung, lässt sich immer ein Bezugssystem $\mathcal{X}'$ angeben, das ein Inertialsystem ist, genannt „lokales Inertialsystem". Man erhält die zugehörige Lorentz-Transformation, indem man $\boldsymbol{L}(\boldsymbol{u})$ als Transformationsmatrix wählt. Dann ist mit

$$\boldsymbol{A}(\boldsymbol{u}) \overset{\text{def}}{=} \boldsymbol{I} + (\gamma_u - 1)\frac{\boldsymbol{u}\boldsymbol{u}^\mathsf{T}}{u^2},$$

in der Tat

$$\begin{aligned}
\vec{a}' = \boldsymbol{L}(\boldsymbol{u})\,\vec{a} &= \left(\begin{array}{c|c} \gamma_u & -\frac{\gamma_u}{c}\boldsymbol{u}^\mathsf{T} \\ \hline -\frac{\gamma_u}{c}\boldsymbol{u} & \boldsymbol{I} + (\gamma_u - 1)\frac{\boldsymbol{u}\,\boldsymbol{u}^\mathsf{T}}{u^2} \end{array}\right) \begin{pmatrix} \frac{\gamma_u^4}{c} \cdot \boldsymbol{u}^\mathsf{T}\boldsymbol{a} \\ \gamma_u^2 \cdot \boldsymbol{a} + \frac{\gamma_u^4}{c^2} \cdot \boldsymbol{u}^\mathsf{T}\boldsymbol{a} \cdot \boldsymbol{u} \end{pmatrix} \\
&= \begin{pmatrix} -\gamma_u^3\frac{\boldsymbol{u}^\mathsf{T}\boldsymbol{a}}{c} - \gamma_u^5\frac{(\boldsymbol{u}^\mathsf{T}\boldsymbol{a})(\boldsymbol{u}^\mathsf{T}\boldsymbol{u})}{c^3} + \gamma_u^5\frac{\boldsymbol{u}^\mathsf{T}\boldsymbol{a}}{c} \\ \gamma_u^2\boldsymbol{A}(\boldsymbol{u})\boldsymbol{a} + \gamma_u^4\frac{\boldsymbol{u}(\boldsymbol{u}^\mathsf{T}\boldsymbol{a})}{c^2} + (\gamma_u - 1)\gamma_u^4\frac{\boldsymbol{u}(\boldsymbol{u}^\mathsf{T}\boldsymbol{u})(\boldsymbol{u}^\mathsf{T}\boldsymbol{a})}{c^2u^2} - \gamma_u^5\frac{(\boldsymbol{u}^\mathsf{T}\boldsymbol{a})\boldsymbol{u}}{c^2} \end{pmatrix} \\
&= \begin{pmatrix} 0 \\ \gamma_u^2\boldsymbol{A}(\boldsymbol{u})\boldsymbol{a} \end{pmatrix} = \begin{pmatrix} 0 \\ \gamma_u^2\boldsymbol{a} + \gamma_u^2(\gamma_u - 1)\frac{\boldsymbol{u}^\mathsf{T}\boldsymbol{a}}{u^2}\boldsymbol{u} \end{pmatrix} = \begin{pmatrix} 0 \\ \boldsymbol{a}' \end{pmatrix}.
\end{aligned}$$

1.7.2 Bewegungsgleichung und Kraft

Gesucht wird jetzt die vierdimensionale Verallgemeinerung $\vec{f}$ des dreidimensionalen Kraftvektors $\boldsymbol{f}$. Die relativistische Bewegungsgleichung für einen Massenpunkt muss Lorentzinvariant sein, und im Ruhesystem des betrachteten Massenpunktes muss das Newtonsche Trägheitsgesetz gelten:

$$m_0 \frac{\mathrm{d}\boldsymbol{u}}{\mathrm{d}t} = \boldsymbol{f} \in \mathbb{R}^3. \tag{1.99}$$

Das dazugehörige Bezugssystem sei $\mathcal{X}$. Weiterhin sei wieder $\mathcal{X}'$ das Inertialsystem, das sich relativ zu $\mathcal{X}$ mit der konstanten Geschwindigkeit $\boldsymbol{u}(t_0)$ bewegt. Das Masseteilchen ruht momentan zur Zeit $t = t_0$ in $\mathcal{X}'$. Die Bewegungsgleichung (1.99) bezieht sich auf einen Zeitpunkt und eine kleine Umgebung. Für diese Umgebung zum Zeitpunkt $t = t_0 \pm \mathrm{d}t$ ist die Geschwindigkeiten in $\mathcal{X}'$ beliebig klein. Für Geschwindigkeiten $v \ll c$ gilt (1.99). Wir gehen jetzt davon aus, dass auch in $\mathcal{X}'$ exakt gilt:

$$m_0 \frac{\mathrm{d}\boldsymbol{u}'}{\mathrm{d}t'} = \boldsymbol{f} \in \mathbb{R}^3. \tag{1.100}$$

Aus dieser Gl. (1.100) können die relativistischen Bewegungsgleichungen in einem beliebigen Bezugssystem abgeleitet werden. In Gl. (1.100) ist m_0 die Ruhemasse und $\boldsymbol{f}'$ die dreidimensionale Kraft in $\mathcal{X}'$. Jetzt erweitern wir den Vektor $\boldsymbol{f}'$ in (1.100) zu einem Vierervektor und nennen das Ergebnis $\vec{f}'$:

$$m_0 \frac{\mathrm{d}}{\mathrm{d}t'} \begin{pmatrix} c \\ \boldsymbol{u}' \end{pmatrix} = \begin{pmatrix} 0 \\ \boldsymbol{f} \end{pmatrix} \stackrel{\text{def}}{=} \vec{f}'. \tag{1.101}$$

Dadurch ist $\vec{f}'$ im ruhenden System $\mathcal{X}'$ festgelegt. In dem Bezugssystem $\mathcal{X}$, in dem sich der Massenpunkt mit der Geschwindigkeit $\boldsymbol{u}$ bewegt, erhält man durch eine Lorentz-Transformation mittels $\boldsymbol{L}(-\boldsymbol{u})$:

$$\vec{f} = \boldsymbol{L}(-\boldsymbol{u}) \begin{pmatrix} 0 \\ \boldsymbol{f} \end{pmatrix} = \begin{pmatrix} \frac{\gamma_u}{c} \boldsymbol{u}^{\mathsf{T}} \boldsymbol{f} \\ \boldsymbol{A}(\boldsymbol{u}) \boldsymbol{f} \end{pmatrix} \stackrel{\text{def}}{=} \begin{pmatrix} f_0 \\ \boldsymbol{f} \end{pmatrix}. \tag{1.102}$$

Die Gleichung

$$m_0 \gamma \frac{\mathrm{d}}{\mathrm{d}t} \begin{pmatrix} \gamma c \\ \gamma \boldsymbol{u} \end{pmatrix} = \vec{f} = \begin{pmatrix} f_0 \\ \boldsymbol{f} \end{pmatrix},$$

d. h.

$$m_0 \vec{\boldsymbol{a}} = \vec{f}, \tag{1.103}$$

besitzt alle gewünschten Eigenschaften! Die Vierervektoren $\vec{a}$ und $\vec{f}$ sind Lorentzinvariant und im Ruhesystem des Teilchens reduziert sich diese Gleichung auf die Newtonsche Bewegungsgleichung

$$m_0 \begin{pmatrix} 0 \\ \frac{\mathrm{d}\boldsymbol{u}'}{\mathrm{d}t} \end{pmatrix} = \begin{pmatrix} 0 \\ \boldsymbol{f}' \end{pmatrix}.$$

Mit der geschwindigkeitsabhängigen Masse

$$m_u \stackrel{\text{def}}{=} \gamma_u m_0$$

erhält man für die letzte vektorielle dreidimensionale Komponente der Bewegungsgleichung (1.103)

$$\frac{\mathrm{d}(m_u \boldsymbol{u})}{\mathrm{d}t} = \frac{1}{\gamma_u} \boldsymbol{f}. \tag{1.104}$$

Auch in der Relativitätstheorie wird die Zeitableitung von $m_u\, \boldsymbol{u}$ als Kraft interpretiert. Die Komponenten f_i der relativistischen Bewegungsgleichung sind also nach (1.103)

$$\underline{\underline{f_0 = \gamma_u \frac{\mathrm{d}}{\mathrm{d}t}(m_u\, c) = \frac{\gamma_u}{c} \boldsymbol{u}^{\mathsf{T}} \boldsymbol{f}'}} \tag{1.105}$$

und

$$\underline{\underline{\boldsymbol{f} = \gamma_u \frac{\mathrm{d}}{\mathrm{d}t}(m_u\, \boldsymbol{u}) = \boldsymbol{A}(\boldsymbol{u}) \boldsymbol{f}'.}} \tag{1.106}$$

1.7.3 Energie und Ruhemasse

Die Gl. (1.105) mit $\frac{c}{\gamma_u}$ multipliziert, liefert

$$\frac{\mathrm{d}}{\mathrm{d}t}(m_u c^2) = \boldsymbol{u}^{\mathsf{T}} \boldsymbol{k}. \tag{1.107}$$

Da in Gl. (1.107) $\boldsymbol{u}^{\mathsf{T}} \boldsymbol{k}$ die von der Kraft $\boldsymbol{k}$ pro Zeiteinheit geleistete Arbeit ist, muss die linke Seite die zeitliche Änderung der Energie sein, $m_u c^2 = m_0 \gamma_u c^2$ ist also eine Energie. In Gl. (1.103) ist also die erste Komponente die zeitliche Änderung der Energie dar und die letzten drei Komponenten die zeitliche Änderung des Impulses. Es liegt nahe, diese *relativistische Energie* einzuführen:

$$E = m_u c^2 = m_0 \gamma_u c^2.$$

Für $\boldsymbol{u} = \boldsymbol{0}$ ist $\gamma_u = 1$, d. h., es ist

$$E_0 = m_0 c^2,$$

die „Ruheenergie“ in Einsteins berühmter Formel.

Der vierdimensionale Impulsvektor $\vec{\boldsymbol{p}}$ wird dann als Kombination von Energie und Impuls angesehen:

$$\vec{\boldsymbol{p}} = \begin{pmatrix} E/c \\ \boldsymbol{p} \end{pmatrix}. \tag{1.108}$$

Für die quadratische Form

$$\vec{\boldsymbol{p}}^\top \boldsymbol{M} \vec{\boldsymbol{p}} = m_0^2 c^2$$

erhält man jetzt

$$\vec{\boldsymbol{p}}^\top \boldsymbol{M} \vec{\boldsymbol{p}} = (E/c) \begin{pmatrix} E/c \\ -\boldsymbol{p} \end{pmatrix} = E^2/c^2 - p^2 = m_0^2 c^2,$$

d. h.

$$E = \sqrt{(m_0 c^2)^2 + p^2 c^2}. \tag{1.109}$$

Für hohe Geschwindigkeiten überwiegt der Impulsausdruck $p^2 c^2$. Dann ist $E = pc$, wie für Neutrinos in Teilchenbeschneunigern (CERN). Für kleine Geschwindigkeiten $u << c$ kann man die Näherung ansetzen

$$E_{kin} \approx m_0 c^2 + \frac{1}{2} m_0 u^2. \tag{1.110}$$

Der erste Term ist die Ruheenergie E_0, der zweite Term die klassische Energie E_{kin}. Die relativistische kinetische Energie ist

$$E_{kin} = E - m_0 c^2 = (\gamma_u - 1) m_0 c^2. \tag{1.111}$$

Für $v \rightarrow c$ geht $E_{kin} \rightarrow \infty$. Gl. (A.79) ist der Grund dafür, dass Masseteilchen nicht auf Lichtgeschwindigkeit beschleunigt werden können!

1.7.4 Abstrahlung von Energie

Ein in $\mathcal{X}'$ ruhender Körper mit der Ruhemasse $m_{0,vorher}$ strahle in einer bestimmten Zeit die Energie $E'_{Strahlung}$ in Form von Licht oder Wärmestrahlung aus. Diese Ausstrahlung soll symmetrisch so erfolgen, dass der Gesamtimpuls der abgestrahlten Energie in $\mathcal{X}'$ gleich null ist, d. h., der Körper bleibt während des Abstrahlungsvorganges in Ruhe. Der Impuls-Energie-Vektor der Strahlung in $\mathcal{X}'$ ist also

$$\begin{pmatrix} \frac{1}{c}E'_{Strahlung} \\ 0 \\ 0 \\ 0 \end{pmatrix}. \tag{1.112}$$

Gegenüber dem Bezugssystem $\mathcal{X}$ bewege sich der Körper mit der Geschwindigkeit $\boldsymbol{v}$. In diesem Bezugssystem ist der Gesamtimpuls gleich dem Impuls des Körpers $\boldsymbol{p}_{vor} = m_{0,vor}\gamma_u\,\boldsymbol{u}$. Nach der Abstrahlung hat der Körper den Impuls $\boldsymbol{p}_{nachher} = m_{0,nachher}\gamma_u\,\boldsymbol{u}$, und der Impuls der abgebenen Strahlung berechnet sich mit der Lorentz-Rücktransformation $\boldsymbol{L}(-\boldsymbol{u})$ von $\mathcal{X}'$ nach $\mathcal{X}$ aus (1.112) zu

$$\vec{p} = \boldsymbol{L}(-\boldsymbol{u})\begin{pmatrix} \frac{1}{c}E'_{Strahlung} \\ 0 \\ 0 \\ 0 \end{pmatrix} = \begin{pmatrix} \gamma_u\frac{1}{c}E'_{Strahlung} \\ \\ \gamma_u\boldsymbol{u}\frac{E'_{Strahlung}}{c^2} \end{pmatrix}.$$

Während der Aussendung der Strahlung hat also der Körper den Impuls $\gamma_u\boldsymbol{u}\frac{E'_{Strahlung}}{c^2}$ abgegeben, ohne seine Geschwindigkeit zu ändern. Das ist nur möglich, wenn der Körper seine Ruhemasse geändert hat! Wegen des Erhaltungssatzes des Impulses, gilt:

$$\gamma_u m_{0,\,vor}\boldsymbol{u} = \gamma_u m_{0,\,nach}\boldsymbol{u} + \gamma_u\boldsymbol{u}\frac{E'_{Strahlung}}{c^2}.$$

Daraus folgt

$$m_{0,\,nachher} = m_{0,\,vorher} - \frac{E'_{Strahlung}}{c^2}. \tag{1.113}$$

Mit Einsteins Worten: „Gibt ein Körper die Energie E' in Form von Strahlung ab, so verkleinert sich seine Masse um E'/c^2."

Auf dem Inhalt von Gl. (1.113) beruht die Funktion von Kernkraftwerken und Atombomben!

1.8 Relativistische Elektrodynamik

1.8.1 Maxwell-Gleichungen

Das magnetische Feld mit der Induktion[1] $\boldsymbol{b}$ und das elektrische Feld mit der Feldstärke $\boldsymbol{e}$, deren Quellen die Ladung q und der Strom $\boldsymbol{j}$ sind, genügen den Maxwellschen Gleichungen

$$\operatorname{rot}\boldsymbol{b} = \frac{1}{c}\left(\frac{\partial \boldsymbol{e}}{\partial t} + \boldsymbol{j}\right) \tag{1.114}$$

$$\operatorname{div}\boldsymbol{e} = \rho \tag{1.115}$$

$$\mathbf{rot}\,\boldsymbol{e} = -\frac{1}{c}\frac{\partial \boldsymbol{b}}{\partial t} \tag{1.116}$$

$$\operatorname{div}\boldsymbol{b} = 0 \tag{1.117}$$

Die Operatoren **rot** (fett gedruckt, da ein Vektor erzeugt wird) und div können auch mit Hilfe des Nablaoperators

$$\nabla \stackrel{\text{def}}{=} \begin{pmatrix} \frac{\partial}{\partial x} \\ \frac{\partial}{\partial y} \\ \frac{\partial}{\partial z} \end{pmatrix},$$

ausgedrückt werden[2]

$$\operatorname{div}\boldsymbol{e} = \nabla^{\mathsf{T}}\boldsymbol{e} = \frac{\partial e_x}{\partial x} + \frac{\partial e_y}{\partial y} + \frac{\partial e_z}{\partial z} \tag{1.118}$$

$$\mathbf{rot}\,\boldsymbol{b} = \nabla \times \boldsymbol{b} = -\boldsymbol{b} \times \nabla = -\boldsymbol{B}_{\times}\nabla \stackrel{\text{def}}{=} \begin{pmatrix} \frac{\partial b_z}{\partial y} - \frac{\partial b_y}{\partial z} \\ -\frac{\partial b_z}{\partial x} + \frac{\partial b_x}{\partial z} \\ \frac{\partial b_y}{\partial x} - \frac{\partial b_x}{\partial y} \end{pmatrix} \tag{1.119}$$

[1]Da die magnetische Induktion und die elektrische Feldstärke Vektoren sind, werden sie, wie in diesem Buch üblich, durch die Buchstaben $\boldsymbol{b}$ und $\boldsymbol{e}$ geschrieben.

[2]Eine Gleichung $\boldsymbol{c} = \boldsymbol{a} \times \boldsymbol{b}$ kann in dieser Form nicht durch eine lineare Transformation mit einer invertierbaren Matrix $\boldsymbol{T}$ transformiert werden. Aber mit der Matrix

$$\boldsymbol{A}_{\times} \stackrel{\text{def}}{=} \begin{pmatrix} 0 & -a_z & a_y \\ a_z & 0 & -a_x \\ -a_y & a_z & 0 \end{pmatrix}$$

ist das in dieser Form der Gleichung möglich $\boldsymbol{c} = \boldsymbol{a} \times \boldsymbol{b} = \boldsymbol{A}_{\times}\boldsymbol{b}$: $\boldsymbol{T}\boldsymbol{c} = (\boldsymbol{T}\boldsymbol{A}_{\times}\boldsymbol{T}^{-1})(\boldsymbol{T}\boldsymbol{b})$.

mit

$$\boldsymbol{B}_\times \stackrel{\text{def}}{=} \begin{pmatrix} 0 & -b_z & b_y \\ b_z & 0 & -b_x \\ -b_y & b_x & 0 \end{pmatrix}. \tag{1.120}$$

Die beiden ersten Maxwellschen Gleichungen kann man nach geringfügiger Umstellung zu dem folgenden Gleichungssystem zusammenfassen:

$$\begin{aligned} & \frac{\partial e_x}{\partial x} + \frac{\partial e_y}{\partial y} + \frac{\partial e_z}{\partial z} = \rho \\ -\frac{1}{c}\frac{\partial e_x}{\partial t} & \qquad\qquad + \frac{\partial b_z}{\partial y} - \frac{\partial b_y}{\partial z} = \frac{1}{c} j_1 \\ -\frac{1}{c}\frac{\partial e_y}{\partial t} & - \frac{\partial b_z}{\partial x} \qquad\qquad + \frac{\partial b_x}{\partial z} = \frac{1}{c} j_2 \\ -\frac{1}{c}\frac{\partial e_z}{\partial t} & + \frac{\partial b_y}{\partial x} - \frac{\partial b_x}{\partial y} \qquad\qquad = \frac{1}{c} j_3, \end{aligned} \tag{1.121}$$

oder in Matrixform

$$\underbrace{\begin{pmatrix} 0 & \boldsymbol{e}^\top \\ -\boldsymbol{e} & -\boldsymbol{B}_\times \end{pmatrix}}_{\stackrel{\text{def}}{=} \boldsymbol{F}_{B,e}} \underbrace{\gamma \begin{pmatrix} \frac{1}{c}\frac{\partial}{\partial t} \\ \nabla \end{pmatrix}}_{\stackrel{\text{def}}{=} \vec{\nabla}} = \frac{1}{c} \underbrace{\gamma \begin{pmatrix} c\,\rho \\ \boldsymbol{j} \end{pmatrix}}_{\stackrel{\text{def}}{=} \vec{\boldsymbol{j}}}, \tag{1.122}$$

also

$$\boldsymbol{F}_{B,e}\vec{\nabla} = \frac{1}{c}\vec{\boldsymbol{j}}.$$

(Der Faktor γ wurde auf beiden Seiten hinzugefügt, damit später bei der Invarianz dieser Gleichung gegenüber einer Lorentz-Transformation keine Schwierigkeiten entstehen.) Die aus $\boldsymbol{B}_\times$ und $\boldsymbol{e}$ zusammengesetzte schiefsymmetrische Matrix $\boldsymbol{F}_{B,e}$ wird Faraday-Matrix genannt. Eine ähnlich aufgebaute Feldstärkematrix erhält man, wenn man die restlichen Maxwell-Gleichungen auch umstellt und zu dem folgenden Gleichungssystem zusammenfasst:

$$\begin{aligned} & -\frac{\partial b_x}{\partial x} - \frac{\partial b_y}{\partial y} - \frac{\partial b_z}{\partial z} = 0 \\ +\frac{1}{c}\frac{\partial b_x}{\partial t} & \qquad\qquad + \frac{\partial e_z}{\partial y} - \frac{\partial e_y}{\partial z} = 0 \\ +\frac{1}{c}\frac{\partial b_y}{\partial t} & - \frac{\partial e_z}{\partial x} \qquad\qquad + \frac{\partial e_x}{\partial z} = 0 \\ +\frac{1}{c}\frac{\partial b_z}{\partial t} & + \frac{\partial e_y}{\partial x} - \frac{\partial e_x}{\partial y} \qquad\qquad = 0, \end{aligned} \tag{1.123}$$

oder in Matrixform

$$\underbrace{\begin{pmatrix} 0 & -\boldsymbol{b}^{\mathsf{T}} \\ \boldsymbol{b} & -\boldsymbol{E}_{\times} \end{pmatrix}}_{\stackrel{\text{def}}{=}\, \boldsymbol{F}_{E,b}} \underbrace{\gamma \begin{pmatrix} \frac{1}{c}\frac{\partial}{\partial t} \\ \nabla \end{pmatrix}}_{\vec{\nabla}} = \boldsymbol{o}. \tag{1.124}$$

d.h.

$$\boldsymbol{F}_{E,b}\vec{\nabla} = \boldsymbol{0}.$$

Die Matrix $\boldsymbol{F}_{E,b}$ nennen wir Maxwell-Matrix.

Gl. (1.122) und (1.124) stellen also den Inhalt der Maxwellschen Gleichungen in neuer Form dar:

$$\boldsymbol{F}_{B,e}\vec{\nabla} = \frac{1}{c}\vec{j} \quad \text{und} \quad \boldsymbol{F}_{E,b}\vec{\nabla} = \boldsymbol{o}. \tag{1.125}$$

Diese Formen haben den großen Vorteil, dass sie beim Übergang in ein anderes Bezugssystem, also gegenüber einer Lorentz-Transformation, forminvariant sind, d.h., in jedem Bezugssystem die gleiche äußerliche Form behalten! Die darin auftretenden Größen nehmen jedoch in jedem Bezugssystem andere Werte an. Dies soll jetzt gezeigt werden.

1.8.2 Lorentz-Transformation der Maxwellschen Gleichungen

Es ist $\vec{x}' = \boldsymbol{L}\vec{x}$. Beide Seiten nach $\vec{x}'$ differenziert, ergibt

$$\frac{\partial \vec{x}'}{\partial \vec{x}'^{\mathsf{T}}} = \boldsymbol{I}_4 = \boldsymbol{L}(\boldsymbol{v})\frac{\partial \vec{x}}{\partial \vec{x}'^{\mathsf{T}}},$$

also ist

$$\frac{\partial \vec{x}}{\partial \vec{x}'^{\mathsf{T}}} = \boldsymbol{L}^{-1} = \boldsymbol{L}(-\boldsymbol{v}). \tag{1.126}$$

Weiter ist

$$\frac{\partial}{\partial \vec{x}'^{\mathsf{T}}} = \frac{\partial}{\partial \vec{x}^{\mathsf{T}}}\frac{\partial \vec{x}}{\partial \vec{x}'^{\mathsf{T}}},$$

also mit Gl. (1.126)

$$\frac{\partial}{\partial \vec{x}'^{\mathsf{T}}} = \frac{\partial}{\partial \vec{x}^{\mathsf{T}}}\boldsymbol{L}^{-1},$$

d. h., transponiert (die Matrix $\boldsymbol{L}^{-1}$ ist symmetrisch),

$$\frac{\partial}{\partial \vec{x}'} = \boldsymbol{L}^{-1}\frac{\partial}{\partial \vec{x}}.$$

Für die Nablaoperatoren gilt also

$$\underline{\underline{\vec{\nabla}' = \boldsymbol{L}^{-1}\vec{\nabla}.}} \tag{1.127}$$

Multipliziert man Gl. (1.122) von links mit $\boldsymbol{L}$ und fügt $\boldsymbol{L}\boldsymbol{L}^{-1} = \boldsymbol{I}$ ein, erhält man

$$\underbrace{\boldsymbol{L}\,\boldsymbol{F}_{B,e}\,\boldsymbol{L}}_{\boldsymbol{F}'_{B',e'}}\underbrace{\boldsymbol{L}^{-1}\vec{\nabla}}_{\vec{\nabla}'} = \frac{1}{c}\underbrace{\boldsymbol{L}\vec{\boldsymbol{j}}}_{\vec{j}'}. \tag{1.128}$$

Für die neue Faraday-Matrix $\boldsymbol{F}'_{B',e'}$ gilt ausgeschrieben

$$\begin{aligned}\boldsymbol{F}'_{B',e'} &= \begin{pmatrix} 0 & \boldsymbol{e}'^{\mathsf{T}} \\ -\boldsymbol{e}' & -\boldsymbol{B}'_{\times} \end{pmatrix} \\ &= \begin{pmatrix} \gamma_v & -\frac{\gamma_v}{c}\boldsymbol{v}^{\mathsf{T}} \\ -\frac{\gamma_v}{c}\boldsymbol{v} & \boldsymbol{A}(\boldsymbol{v}) \end{pmatrix}\begin{pmatrix} 0 & \boldsymbol{e}^{\mathsf{T}} \\ -\boldsymbol{e} & -\boldsymbol{B}_{\times} \end{pmatrix}\begin{pmatrix} \gamma_v & -\frac{\gamma_v}{c}\boldsymbol{v}^{\mathsf{T}} \\ -\frac{\gamma_v}{c}\boldsymbol{v} & \boldsymbol{A}(\boldsymbol{v}) \end{pmatrix}.\end{aligned} \tag{1.129}$$

Nach Ausmultiplikation der drei Matrizen erhält man für den links unten stehenden Vektor $\boldsymbol{e}'$ mit $\boldsymbol{A} = \boldsymbol{A}(\boldsymbol{v}) = \boldsymbol{I} + (\gamma - 1)\frac{\boldsymbol{v}\boldsymbol{v}^{\mathsf{T}}}{v^2}$ und $\gamma = \gamma_v$:

$$-\boldsymbol{e}' = \frac{\gamma}{c}\boldsymbol{A}\boldsymbol{B}_{\times}\boldsymbol{v} + \frac{\gamma^2}{c^2}\boldsymbol{v}\boldsymbol{e}^{\mathsf{T}}\boldsymbol{v} - \gamma\boldsymbol{A}\boldsymbol{e},$$

d. h.,

$$\begin{aligned}\boldsymbol{e}' &= -\frac{\gamma}{c}\boldsymbol{A}\boldsymbol{B}_{\times}\boldsymbol{v} - \frac{\gamma^2}{c^2}\boldsymbol{v}\boldsymbol{e}^{\mathsf{T}}\boldsymbol{v} + \gamma\boldsymbol{A}\boldsymbol{e} \\ &= -\frac{\gamma}{c}\left(+\boldsymbol{B}_{\times}\boldsymbol{v} + (\gamma - 1)\frac{\boldsymbol{v}\overbrace{\boldsymbol{v}^{\mathsf{T}}\boldsymbol{B}_{\times}\boldsymbol{v}}^{0}}{v^2}\right) - \frac{\gamma^2}{c^2}\boldsymbol{v}\boldsymbol{e}^{\mathsf{T}}\boldsymbol{v} + \gamma\boldsymbol{e} + \frac{\gamma(\gamma - 1)}{v^2}\boldsymbol{v}\boldsymbol{v}^{\mathsf{T}}\boldsymbol{e} \\ &= -\frac{\gamma}{c}\boldsymbol{B}_{\times}\boldsymbol{v} + \left(\underbrace{-\frac{\gamma^2}{c^2} + \frac{\gamma^2}{v^2}}_{\frac{1}{v^2}} - \frac{\gamma}{v^2}\right)\boldsymbol{v}^{\mathsf{T}}\boldsymbol{e}\,\boldsymbol{v} + \gamma\boldsymbol{e} \\ &= \gamma\left(\boldsymbol{e} - \frac{1}{c}\boldsymbol{B}_{\times}\boldsymbol{v}\right) + \frac{(1 - \gamma)}{v^2}(\boldsymbol{v}^{\mathsf{T}}\boldsymbol{e})\boldsymbol{v},\end{aligned} \tag{1.130}$$

d. h., man erhält für den Elektrischen Feldstärkevektor e' im Inertialsystem $\mathcal{X}'$, das sich gegenüber dem Inertialsystem $\mathcal{X}$ geradlinig mit der Geschwindigkeit v bewegt,

$$e' = \gamma\left(e + \frac{1}{c}v \times b\right) + (1-\gamma)\frac{v^{\mathsf{T}}e}{v^2}v. \tag{1.131}$$

Auf die gleiche Art erhält man für den magnetischen Induktionsvektor b' im Inertialsystem $\mathcal{X}'$ aus der Transformation der Maxwell-Matrix $F_{E,b}$

$$F'_{E',b'} = \begin{pmatrix} 0 & -b'^{\mathsf{T}} \\ b' & -E'_{\times} \end{pmatrix} \tag{1.132}$$

$$= \begin{pmatrix} \gamma_v & -\frac{\gamma_v}{c}v^{\mathsf{T}} \\ -\frac{\gamma_v}{c}v & A(v) \end{pmatrix} \begin{pmatrix} 0 & -b^{\mathsf{T}} \\ b & -E_{\times} \end{pmatrix} \begin{pmatrix} \gamma_v & -\frac{\gamma_v}{c}v^{\mathsf{T}} \\ -\frac{\gamma_v}{c}v & A(v) \end{pmatrix}. \tag{1.133}$$

Jetzt erhält man wieder nach Ausmultiplikation der drei Matrizen für den in $F'_{E',b'}$links unten stehen den magnetischen Induktionsvektor b'

$$b' = \frac{\gamma}{c}AE_{\times}v - \frac{\gamma^2}{c^2}vb^{\mathsf{T}}v + \gamma Ab \tag{1.134}$$

$$= \frac{\gamma}{c}\left(+E_{\times}v + (\gamma-1)\frac{v\overbrace{v^{\mathsf{T}}E_{\times}v}^{0}}{v^2}\right) + \frac{\gamma^2}{c^2}vb^{\mathsf{T}}v + \gamma b - \frac{\gamma(\gamma-1)}{v^2}vv^{\mathsf{T}}b$$

$$= \frac{\gamma}{c}E_{\times}v + \left(\underbrace{-\frac{\gamma^2}{c^2} + \frac{\gamma^2}{v^2}}_{\frac{1}{v^2}} - \frac{\gamma}{v^2}\right)v^{\mathsf{T}}b\,v + \gamma b$$

$$= \gamma\left(b + \frac{1}{c}E_{\times}v\right) + \frac{(1-\gamma)}{v^2}(v^{\mathsf{T}}b)v, \tag{1.135}$$

d. h., man erhält für den magnetischen Feldstärkevektor b' im Inertialsystem $\mathcal{X}'$, das sich gegenüber dem Inertialsystem $\mathcal{X}$ geradlinig mit der Geschwindigkeit v bewegt,

$$b' = \gamma\left(b - \frac{1}{c}v \times e\right) + (1-\gamma)\frac{v^{\mathsf{T}}b}{v^2}v. \tag{1.136}$$

Für die transformierten Größen von Ladung q und Stromvektor $\boldsymbol{j}$ erhält man

$$\vec{j}' = \gamma\left(c'j'\right) = \boldsymbol{L}\vec{j}, \tag{1.137}$$

also

$$\begin{aligned} q' &= \gamma(\rho - \tfrac{1}{c}\boldsymbol{v}^\mathsf{T}\boldsymbol{j}), \\ \boldsymbol{j}' &= \boldsymbol{j} + \left(\tfrac{\gamma-1}{v^2}\boldsymbol{v}^\mathsf{T}\boldsymbol{j} - \tfrac{\gamma}{c}\rho\right)\boldsymbol{v}. \end{aligned} \tag{1.138}$$

Die Zerlegung des elektromagnetischen Feldes in ein elektrisches und ein magnetisches Feld hat keine absolute Bedeutung. Existiert z. B. in einem Bezugssystem $\mathcal{X}$ nur ein rein elektrostatisches Feld, ist also $\boldsymbol{b} = \boldsymbol{0}$, so wird trotzdem gemäß Gl. (1.136) in einem Bezugssystem $\mathcal{X}'$, das sich gegenüber dem Bezugssystem $\mathcal{X}$ mit der Geschwindigkeit $\boldsymbol{v}$ bewegt, ein Magnetfeld $\boldsymbol{b}' = -\frac{\gamma}{c}\,\boldsymbol{v} \times \boldsymbol{e} \neq \boldsymbol{o}$ existieren. Physikalisch bedeutet das, dass alle Ladungen in $\mathcal{X}$ ruhen. Diese Ladungen bewegen sich aber relativ zu $\mathcal{X}'$ mit der Geschwindigkeit $\boldsymbol{v}$. Also existiert in $\mathcal{X}'$ ein Strom, der in $\mathcal{X}'$ ein Magnetfeld erzeugt.

Gl. (1.131) und (1.136) kann man wie folgt zu einer Gleichung zusammenfassen:

$$\begin{pmatrix} \boldsymbol{b}' \\ \boldsymbol{e}' \end{pmatrix} = \underbrace{\left(\begin{array}{c|c} \gamma\boldsymbol{I} + (1-\gamma)\frac{\boldsymbol{v}\boldsymbol{v}^\mathsf{T}}{v^2} & \frac{\gamma}{c}\boldsymbol{V}_\times \\ \hline -\frac{\gamma}{c}\boldsymbol{V}_\times & \gamma\boldsymbol{I} + (1-\gamma)\frac{\boldsymbol{v}\boldsymbol{v}^\mathsf{T}}{v^2} \end{array}\right)}_{\boldsymbol{P}(\boldsymbol{v})} \begin{pmatrix} \boldsymbol{b} \\ \boldsymbol{e} \end{pmatrix} \in \mathbb{R}^6, \tag{1.139}$$

mit

$$\boldsymbol{V}_\times \overset{\text{def}}{=} \begin{pmatrix} 0 & -v_3 & v_2 \\ v_3 & 0 & -v_1 \\ -v_2 & v_1 & 0 \end{pmatrix}.$$

Die in (1.139) auftretende 6×6-Matrix $\boldsymbol{P}(\boldsymbol{v})$ hat formal eine gewisse Ähnlichkeit mit der Lorentz-Matrix $\boldsymbol{L}$! Für den Sonderfall, dass der Geschwindigkeitsvektor nur eine Komponente in x-Richtung hat, $\boldsymbol{v} = [v, 0, 0]^\mathsf{T}$, erhält man für die Matrix

$$P(v) = \left(\begin{array}{ccc|ccc} 1 & 0 & 0 & 0 & 0 & 0 \\ 0 & \gamma & 0 & 0 & 0 & -\frac{\gamma v}{c} \\ 0 & 0 & \gamma & 0 & \frac{\gamma v}{c} & 0 \\ \hline 0 & 0 & 0 & 1 & 0 & 0 \\ 0 & 0 & \frac{\gamma v}{c} & 0 & \gamma & 0 \\ 0 & -\frac{\gamma v}{c} & 0 & 0 & 0 & \gamma \end{array}\right). \tag{1.140}$$

Diese spezielle 6×6-Matrix ist auch in [von Laue, S. 59] zu finden. Es ist natürlich $P(-v) = P^{-1}(v)$, denn mit

$$V_{\times}^2 = vv^{\mathsf{T}} - v^2 I \tag{1.141}$$

erhält man leicht $P(v)P(-v) = I$. Außerdem ist $P(v)^{\mathsf{T}} = P(v)$.

1.8.3 Elektromagnetische Invariante

Für das Skalarprodukt aus elektrischer Feldstärke und magnetischer Induktion erhält man

$$\begin{aligned} e'^{\mathsf{T}} b' &= \left(\gamma\left(e^{\mathsf{T}} - \frac{1}{c}(v \times b)^{\mathsf{T}}\right) + (1-\gamma)\frac{v^{\mathsf{T}} e}{v^2} v^{\mathsf{T}}\right)\left(\gamma\left(b + \frac{1}{c} v \times e\right) + (1-\gamma)\frac{v^{\mathsf{T}} b}{v^2} v\right) \\ &= \gamma^2 e^{\mathsf{T}} b + [2\gamma(1-\gamma) + (1-\gamma^2)]\frac{e^{\mathsf{T}} v v^{\mathsf{T}} b}{v^2} - \frac{\gamma^2}{c^2}\underbrace{(v \times b)^{\mathsf{T}}(v \times e)}_{b^{\mathsf{T}} V_{\times}^{\mathsf{T}} V_{\times} e}. \end{aligned}$$

Mit $V_{\times}^{\mathsf{T}} = -V_{\times}$ wird mit (1.141)

$$V_{\times}^{\mathsf{T}} V_{\times} = -V_{\times}^2 = v^2 I - vv^{\mathsf{T}}.$$

Damit erhält man weiter

$$\underline{\underline{e'^{\mathsf{T}} b'}} = \gamma^2 e^{\mathsf{T}} b - \frac{\gamma^2}{c^2}(v^{\mathsf{T}} e\, v^{\mathsf{T}} b + v^2 b^{\mathsf{T}} e - b^{\mathsf{T}} v\, v^{\mathsf{T}} e) = \left(\gamma^2 - \frac{\gamma^2 v^2}{c^2}\right) e^{\mathsf{T}} b = \underline{\underline{e^{\mathsf{T}} b}},$$

also ist das Skalarprodukt aus elektrischer Feldstärke und magnetischer Induktion invariant gegenüber einer Lorentz-Transformation. Mittels einer etwas länglichen Rechnung kann man zeigen, dass auch die Differenz der Quadrate der Feldstärken invariant ist:

$$\underline{\underline{b'^2 - e'^2 = b^2 - e^2}}. \tag{1.142}$$

Man kann aber die elektromagnetischen Invarianten auch auf einem anderen Weg erhalten, nämlich mit Hilfe der modifizierten Faraday-Matrix

$$\boldsymbol{F}^*_{B,e} \stackrel{\text{def}}{=} \boldsymbol{M}\boldsymbol{F}_{B,e}\boldsymbol{M} = \begin{pmatrix} 0 & -\boldsymbol{e}^{\mathsf{T}} \\ \boldsymbol{e} & -\boldsymbol{B}_{\times} \end{pmatrix}$$

und der Maxwell-Matrix

$$\boldsymbol{F}_{E,b} = \begin{pmatrix} 0 & -\boldsymbol{b}^{\mathsf{T}} \\ \boldsymbol{b} & -\boldsymbol{E}_{\times} \end{pmatrix}.$$

Man erhält z. B. für

$$\boldsymbol{F}^*_{B,e}\boldsymbol{F}_{B,e} = \begin{pmatrix} 0 & -\boldsymbol{e}^{\mathsf{T}} \\ \boldsymbol{e} & -\boldsymbol{B}_{\times} \end{pmatrix}\begin{pmatrix} 0 & \boldsymbol{e}^{\mathsf{T}} \\ -\boldsymbol{e} & -\boldsymbol{B}_{\times} \end{pmatrix} = \begin{pmatrix} \boldsymbol{e}^{\mathsf{T}}\boldsymbol{e} & -\boldsymbol{e}^{\mathsf{T}}\boldsymbol{B}_{\times} \\ \boldsymbol{B}_{\times}\boldsymbol{e} & \boldsymbol{e}\boldsymbol{e}^{\mathsf{T}} + \boldsymbol{B}_{\times}\boldsymbol{B}_{\times} \end{pmatrix}$$

$$= \begin{pmatrix} e^2 & -\boldsymbol{s}^{\mathsf{T}} \\ -\boldsymbol{s} & \begin{pmatrix} e_x^2 - b_z^2 - b_y^2 & \cdots & \cdots \\ \cdots & e_y^2 - b_z^2 - b_x^2 & \cdots \\ \cdots & \cdots & e_z^2 - b_y^2 - b_x^2 \end{pmatrix} \end{pmatrix},$$

mit dem Poynting-Vektor $\boldsymbol{s} \stackrel{\text{def}}{=} \boldsymbol{e} \times \boldsymbol{b}$.

Bildet man von diesem Matrizenprodukt die Spur, also die Summe der Matrizenelemente in der Hauptdiagonalen, erhält man

$$\operatorname{spur}(\boldsymbol{F}^*_{B,e}\boldsymbol{F}_{B,e}) = 2e^2 - 2b^2,$$

d. h., die oben angegebene Invariante in der Form

$$-\frac{1}{2}\operatorname{spur}(\boldsymbol{M}\boldsymbol{F}_{B,e}\boldsymbol{M}\boldsymbol{F}_{B,e}) = b^2 - e^2. \tag{1.143}$$

Die oben angegebene zweite Invariante $\boldsymbol{e}^{\mathsf{T}}\boldsymbol{b}$ erhält man mit Hilfe der modifizierten Faraday-Matrix und der Maxwell-Matrix aus der Spurbildung des Produkts der beiden Matrizen

$$-\frac{1}{4}\operatorname{spur}(\boldsymbol{F}^*_{B,e}\boldsymbol{F}_{E,e}) = \boldsymbol{e}^{\mathsf{T}}\boldsymbol{b}. \tag{1.144}$$

Diese Art der Invariantenbildung wird später in der Allgemeinen Relativitätstheorie bei der Betrachtung der Singularitäten der Schwarzkopf-Lösung eine Rolle spielen.

1.8.4 Elektromagnetische Kräfte

Es soll die Kraft bestimmt werden, die auf ein geladenes Teilchen mit der Ladung q wirkt, das sich in einem elektromagnetischen Feld mit der Geschwindigkeit $\boldsymbol{u}$ relativ zu einem Inertialsystem $\mathcal{X}$ bewegt. Sei $\mathcal{X}'$ das Inertialsystem, in welchem das Teilchen momentan ruht. In diesem System ist wegen $\boldsymbol{u}' = \boldsymbol{o}$ und $\boldsymbol{u}' \times \boldsymbol{b}' = \boldsymbol{o}$ einfach nur

$$m_0 \frac{\mathrm{d}\boldsymbol{u}'}{\mathrm{d}t'} = q\,\boldsymbol{e}' \in \mathbb{R}^3. \tag{1.145}$$

Allgemein gilt in $\mathcal{X}$ auf Grund des Relativitätsprinzips für die auftretende Kraft $\boldsymbol{f}$ die Lorentz-Formel

$$\boldsymbol{f} = q\left(\boldsymbol{e} + \frac{1}{c}\,\boldsymbol{u} \times \boldsymbol{b}\right) = \frac{q}{c}\left[\boldsymbol{e} \quad -\boldsymbol{B}_\times\right]\begin{pmatrix} c \\ \boldsymbol{u} \end{pmatrix} \in \mathbb{R}^3. \tag{1.146}$$

Wie das elektromagnetische Feld auf ruhende Ladungen q und Ströme $\boldsymbol{j}$ wirkt, bringt das folgende Gesetz zum Ausdruck

$$\boldsymbol{f} = q\boldsymbol{e} + \frac{1}{c}\,\boldsymbol{j} \times \boldsymbol{b} = \frac{1}{c}\left[\boldsymbol{e} \quad -\boldsymbol{B}_\times\right]\begin{pmatrix} cq \\ \boldsymbol{j} \end{pmatrix} \in \mathbb{R}^3. \tag{1.147}$$

$\boldsymbol{f}$ wird wie oben zu einem Vierervektor $\vec{\boldsymbol{f}}$ durch die Ergänzung

$$\vec{\boldsymbol{f}} \stackrel{\text{def}}{=} \gamma_u \begin{pmatrix} \frac{\boldsymbol{u}^\top \boldsymbol{f}}{c} \\ \boldsymbol{f} \end{pmatrix} \in \mathbb{R}^4. \tag{1.148}$$

(1.146) in (1.148) ergibt mit $\boldsymbol{u}^\top(\boldsymbol{u} \times \boldsymbol{b}) = 0$

$$\begin{aligned} \vec{\boldsymbol{f}} &= q\,\gamma_u \begin{pmatrix} \frac{\boldsymbol{u}^\top \boldsymbol{e}}{c} \\ \boldsymbol{e} + \frac{1}{c}\boldsymbol{u} \times \boldsymbol{b} \end{pmatrix} = q\,\frac{\gamma_u}{c} \underbrace{\begin{pmatrix} 0 & \boldsymbol{e}^\top \\ \boldsymbol{e} & -\boldsymbol{B}_\times \end{pmatrix}}_{\overline{\boldsymbol{F}}_{B,e} \stackrel{\text{def}}{=} -\boldsymbol{F}_{B,e}\boldsymbol{M}} \begin{pmatrix} c \\ \boldsymbol{u} \end{pmatrix} \\ &= \frac{q}{c}\,\overline{\boldsymbol{F}}_{B,e} \underbrace{\gamma_u \begin{pmatrix} c \\ \boldsymbol{u} \end{pmatrix}}_{\vec{\boldsymbol{u}}}, \end{aligned} \tag{1.149}$$

also

$$\vec{\boldsymbol{f}} = \frac{q}{c}\,\overline{\boldsymbol{F}}_{B,e}\vec{\boldsymbol{u}}. \tag{1.150}$$

Mit (1.147) kann man für (1.150) auch schreiben

$$\vec{f} = \frac{1}{c}\overline{\boldsymbol{F}}_{B,e}\vec{j}, \tag{1.151}$$

wobei wieder $\vec{j} = \gamma \begin{pmatrix} c\,q \\ j \end{pmatrix} \in \mathbb{R}^4$ ist.

1.9 Die Energie-Impuls-Matrix

1.9.1 Die elektromagnetische Energie-Impuls-Matrix

Es soll jetzt *eine* Gleichung hergeleitet werden, die alle dynamischen Grundgleichungen der Theorie der Elektrizität enthält! Sie soll zugleich den Energiesatz und die Impulssätze der Elektrodynamik enthalten. Die darin enthaltene Energie-Impuls-Matrix werden wir in der Hauptgleichung der Allgemeinen Relativitätstheorie wiederfinden.

Nach Gl. (1.125) ist $\boldsymbol{F}_{B,e}\vec{\nabla} = \frac{1}{c}\vec{j}$ und nach Gl. (1.151) ist $\vec{f} = \frac{1}{c}\overline{\boldsymbol{F}}_{B,e}\vec{j}$. Gl. (1.125) in (1.151) eingesetzt, ergibt die Gleichung

$$\vec{f} = \overline{\boldsymbol{F}}_{B,e}\left(\boldsymbol{F}_{B,e}\vec{\nabla}\right). \tag{1.152}$$

Mit Hilfe welcher Matrix $\boldsymbol{T}_{b,e}$ kann man Gl. (1.152) in die kompaktere Form

$$\vec{f} = \boldsymbol{T}_{b,e}\vec{\nabla} \tag{1.153}$$

bringen? Wir versuchen es mit dem naheliegenden Ansatz $\boldsymbol{T}_{b,e} = \overline{\boldsymbol{F}}_{B,e}\boldsymbol{F}_{B,e}$. Dann ist

$$\begin{aligned}\boldsymbol{T}_{b,e}\vec{\nabla} = (\boldsymbol{F}^2_{B,e})\vec{\nabla} &= \begin{pmatrix} \boldsymbol{e}^{\mathsf{T}}\boldsymbol{e} & -\boldsymbol{e}^{\mathsf{T}}\boldsymbol{B}_{\times} \\ -\boldsymbol{B}_{\times}\boldsymbol{e} & \boldsymbol{e}\boldsymbol{e}^{\mathsf{T}} + \boldsymbol{B}^2_{\times} \end{pmatrix}\vec{\nabla} \\ &= \begin{pmatrix} e^2 & \boldsymbol{s}^{\mathsf{T}} \\ \boldsymbol{s} & \boldsymbol{e}\boldsymbol{e}^{\mathsf{T}} + \boldsymbol{b}\boldsymbol{b}^{\mathsf{T}} - b^2\boldsymbol{I}_3 \end{pmatrix}\vec{\nabla} \overset{!}{=} \vec{f}.\end{aligned} \tag{1.154}$$

Hierbei wurde der Poynting-Vektor

$$\boldsymbol{s} \overset{\text{def}}{=} \boldsymbol{e} \times \boldsymbol{b} \tag{1.155}$$

und die Beziehung (1.141) $\boldsymbol{B}_\times^2 = \boldsymbol{b}\boldsymbol{b}^\mathsf{T} - b^2\boldsymbol{I}$ verwendet. Der Poyntingvektor gibt den Betrag und die Richtung des Energietransports in elektromagnetischen Feldern an. Was ergibt die Differentiation der ersten Zeile

$$\frac{1}{c}\frac{\partial(e^2)}{\partial t} + \boldsymbol{\nabla}^\mathsf{T}\boldsymbol{s} \stackrel{!}{=} \frac{\rho\boldsymbol{u}^\mathsf{T}\boldsymbol{f}}{c}$$

von Gl. (1.154)? $\frac{1}{c}\frac{\partial(e^2)}{\partial t}$ ist proportional zu der zeitlichen Änderung der Energiedichte des elektromagnetischen Feldes, wenn kein magnetisches Feld vorhanden ist. Dann ist aber auch $\boldsymbol{b} = \boldsymbol{o}$, d. h. $\boldsymbol{s} = \boldsymbol{o}$ und damit die ganze Gleichung ohne Aussage. Die Sache wäre anders, wenn statt e^2 links oben in der Matrix $\boldsymbol{T}_{b,e}$ der Ausdruck $(e^2 + b^2)/2$ stände, denn dann wäre

$$\frac{1}{2c}\frac{\partial(e^2 + b^2)}{\partial t} = \frac{1}{c}\frac{\partial w}{\partial t},$$

nämlich die zeitliche Änderung der Energiedichte $w = (e^2 + b^2)/2$ des elektromagnetischen Feldes. Addiert man links oben $(b^2 - e^2)/2$, dann entsteht dort in der Tat $(e^2 + b^2)/2$! Deshalb jetzt die

Definition Die *elektromagnetische Energie-Impuls-Matrix* $\boldsymbol{T}_{b,e}$ hat die Form

$$\boldsymbol{T}_{b,e} \stackrel{\text{def}}{=} \boldsymbol{F}_{B,e}^2 + \frac{1}{2}(b^2 - e^2)\boldsymbol{I}_4 = \begin{pmatrix} w & \boldsymbol{s}^\mathsf{T} \\ \boldsymbol{s} & (\boldsymbol{e}\boldsymbol{e}^\mathsf{T} + \boldsymbol{b}\boldsymbol{b}^\mathsf{T} - w\boldsymbol{I}_3) \end{pmatrix}, \tag{1.156}$$

mit

$$w \stackrel{\text{def}}{=} \frac{1}{2}(e^2 + b^2) \tag{1.157}$$

und es gilt

$$\frac{1}{\gamma_v}\vec{\boldsymbol{f}} = \boldsymbol{T}_{b,e} \cdot \vec{\boldsymbol{\nabla}}. \tag{1.158}$$

Hierbei hat wieder $\vec{\nabla}$ die Form

$$\vec{\nabla} = \gamma_u \begin{pmatrix} \frac{1}{c}\frac{\partial}{\partial t} \\ \nabla \end{pmatrix}$$

und es ist

$$\vec{f} = \gamma_u \begin{pmatrix} \frac{\rho}{c}\boldsymbol{u}^{\mathsf{T}}\boldsymbol{f} \\ \boldsymbol{f} \end{pmatrix}.$$

Für die erste Zeile von Gl. (1.158) erhält man jetzt

$$-\frac{1}{c}\frac{\partial w}{\partial t} + \boldsymbol{s}^{\mathsf{T}}\nabla = \frac{\rho}{c}\boldsymbol{u}^{\mathsf{T}}\boldsymbol{f},$$

d. h.,

$$c \operatorname{div} \boldsymbol{s} = \frac{\partial w}{\partial t} + \rho\,\boldsymbol{u}^{\mathsf{T}}\boldsymbol{f}. \tag{1.159}$$

Links steht die in die unendlich kleine Volumeneinheit hinein- bzw. heraustretende Energieströmung, und die setzt sich zusammen aus der zeitlichen Änderung der Energiedichte $\frac{\partial w}{\partial t}$ und der Umwandlung elektromagnetischer Energie in mechanische Energie pro Zeit und Volumeneinheit $\rho\,\boldsymbol{u}^{\mathsf{T}}\boldsymbol{f}$. Also ist das ganze der *Energiesatz der Elektrodynamik*.

Weiter erhält man für die zweite bis vierte Komponente von Gl. (1.158)

$$-\frac{1}{c}\frac{\partial \boldsymbol{s}}{\partial t} + (\boldsymbol{e}\boldsymbol{e}^{\mathsf{T}})\nabla + (\boldsymbol{b}\boldsymbol{b}^{\mathsf{T}})\nabla - (w\boldsymbol{I}_3)\nabla = \boldsymbol{f}. \tag{1.160}$$

Mit Hilfe der Maxwellschen Gleichungen erhält man für den ersten Summanden auf der linken Seite:

$$\begin{aligned} -\frac{1}{c}\frac{\partial \boldsymbol{s}}{\partial t} &= \frac{1}{c}\frac{\partial \boldsymbol{e}\times\boldsymbol{b}}{\partial t} = \frac{1}{c}\frac{\partial \boldsymbol{e}}{\partial t}\times\boldsymbol{b} + \frac{1}{c}\boldsymbol{e}\times\frac{\partial \boldsymbol{b}}{\partial t} \\ &= (\mathbf{rot}\,\boldsymbol{b} - \frac{1}{c}\boldsymbol{j})\times\boldsymbol{b} + \boldsymbol{e}\times(-\mathbf{rot}\,\boldsymbol{e}) = -\frac{1}{c}\boldsymbol{j}\times\boldsymbol{b} - \boldsymbol{b}\times\mathbf{rot}\,\boldsymbol{b} - \boldsymbol{e}\times\mathbf{rot}\,\boldsymbol{e}. \end{aligned} \tag{1.161}$$

Für die erste Komponente, die x-Komponente, des dreidimensionalen Vektors $(\boldsymbol{e}\boldsymbol{e}^{\mathsf{T}})\nabla - \frac{1}{c}(e^2\boldsymbol{I}_3)\nabla$ auf der linken Seite erhält man

$$\begin{aligned} &[e_x^2 - \frac{1}{2}e^2 | e_x e_y | e_x e_z]\nabla \\ &= 2e_x\frac{\partial e_x}{\partial x} - \left(e_x\frac{\partial e_x}{\partial x} + e_y\frac{\partial e_y}{\partial y} + e_z\frac{\partial e_z}{\partial z}\right) + \frac{\partial e_x}{\partial y}e_y + e_x\frac{\partial e_y}{\partial y} + \frac{\partial e_x}{\partial z}e_z + e_x\frac{\partial e_z}{\partial z} \\ &= e_x\left(\frac{\partial e_x}{\partial x} + \frac{\partial e_y}{\partial y} + \frac{\partial e_z}{\partial z}\right) + e_z\frac{\partial e_x}{\partial z} + e_y\frac{\partial e_x}{\partial y} - e_z\frac{\partial e_z}{\partial x} - e_y\frac{\partial e_y}{\partial x} \\ &= e_x \operatorname{div}\boldsymbol{e} - (\boldsymbol{e}\times\mathbf{rot}\,\boldsymbol{e})_x = e_x\cdot\rho - (\boldsymbol{e}\times\mathbf{rot}\,\boldsymbol{e})_x. \end{aligned} \tag{1.162}$$

Entsprechendes erhält man für die y- und die z-Komponente, also insgesamt

$$(\boldsymbol{e}\boldsymbol{e}^{\mathsf{T}})\nabla - \frac{1}{2}(e^2 \boldsymbol{I}_3)\nabla = \boldsymbol{e} \cdot \rho - \boldsymbol{e} \times \mathbf{rot}\, \boldsymbol{e}. \tag{1.163}$$

Entsprechend erhält man mit $\operatorname{div} \boldsymbol{b} = 0$:

$$(\boldsymbol{b}\boldsymbol{b}^{\mathsf{T}})\nabla - \frac{1}{2}(b^2 \boldsymbol{I}_3)\nabla = -\boldsymbol{b} \times \mathbf{rot}\boldsymbol{b}. \tag{1.164}$$

Insgesamt ergeben (1.159), (1.162) und (1.164) für die zweite bis vierte Zeile der Gl. (1.158)

$$\boldsymbol{e} \cdot \rho + \frac{1}{c}\boldsymbol{j} \times \boldsymbol{b} = \boldsymbol{f}. \tag{1.165}$$

Das ist aber der *Impulssatz von Lorentz*! Damit ist die obige Behauptung (1.158) vollständig bewiesen.

1.9.2 Die mechanische Energie-Impuls-Matrix

Die Erzeugung von Schwerefeldern durch Materie und deren Rückwirkung auf die Materie wird im nächsten Kapitel mittels der Allgemeinen Relativitätstheorie untersucht. Hierfür erweist sich das Modell idealer Flüssigkeiten als sehr gut geeignet. Ein solches Modell soll jetzt hergeleitet werden. Auch der Inhalt der dynamischen Gleichungen der Mechanik kann in eine Form mit dem Operator $\vec{\nabla}$ gebracht werden. Ein ruhendes Teilchen am Ort $\boldsymbol{x}_0$ habe die Geschwindigkeit

$$\vec{\boldsymbol{u}} = \frac{\mathrm{d}\vec{x}}{\mathrm{d}\tau} = \frac{\mathrm{d}}{\mathrm{d}\tau}\begin{pmatrix} c\tau \\ \boldsymbol{x}_0 \end{pmatrix} = \begin{pmatrix} c \\ \boldsymbol{o} \end{pmatrix}$$

und den Impuls

$$\vec{\boldsymbol{p}} = m_0 \begin{pmatrix} c \\ \boldsymbol{o} \end{pmatrix}.$$

Die Nullkomponente des Viererimpulses $\vec{\boldsymbol{p}}$ ist hier die Ruheenergie des Teilchens dividiert durch c. Für ein sich mit der Geschwindigkeit $\boldsymbol{v}$ bewegendes Teilchen mit der Energie $E = \gamma_u m_0 c^2$, erhält man den vierdimensionalen Impusvektor

$$\vec{\boldsymbol{p}} = \gamma_v m_0 \begin{pmatrix} c \\ \boldsymbol{v} \end{pmatrix} = \begin{pmatrix} E/c \\ \gamma_v \boldsymbol{p} \end{pmatrix}.$$

Diese Gleichung bringt zum Ausdruck, daß in der Relativitätstheorie Energie und Impuls die zeitlichen und die räumlichen Komponenten des Vierervektors $\vec{\boldsymbol{p}}$ sind.

Sie behalten diesen Unterschied auch nach einer Lorentz-Transformation, wie beim Vierervektor

$$\vec{x} = \begin{pmatrix} ct \\ \boldsymbol{x} \end{pmatrix}$$

die Nullkomponente stets die Zeitkomponente und die übrigen die Raumkomponenten darstellen.

Wir gehen jetzt zu einer verteilten Materie über, wie z. B. einer idealen Flüssigkeit, also einer Flüssigkeit ohne innere Reibung aber durchaus veränderlicher Dichte. Sie wird beschrieben durch die beiden Skalarfelder Dichte ρ und Druck p und das Vektorfeld der Geschwindigkeit $\vec{u}$. Ziel bei dieser Herleitung der Energie-Impuls-Matrix ist, dass diese Matrix irgendwie den Energiegehalt der Flüssigkeit repräsentiert und beim Übergang zur gekrümmten Welt der Allgemeinen Relativitätstheorie als Quelle des Gravitaionssfeldes dienen kann.

Die *Kontinuitätsgleichung* beschreibt die Erhaltung der Masse. Die Erhaltung der Masse verlangt, dass die mit der lokalen Verdichtung $\delta\rho/\delta t$ verbundene zeitliche Massenänderung $\mathrm{d}V\,\delta\rho/\delta t$ gleich der Differenz der ein- und ausströmenden Massen je Zeiteinheit sein muss. In der x-Richtung gilt für diese Differenz

$$\rho u_x(x) \cdot \mathrm{d}y \cdot \mathrm{d}z - \left(\rho u_x + \frac{\partial \rho u_x}{\partial x}\,\mathrm{d}x\right) \mathrm{d}y\,\mathrm{d}z = -\frac{\partial \rho u_x}{\partial x}\mathrm{d}V.$$

Das Entsprechende erhält man für die y- und z-Richtung, insgesamt also für die Erhaltung der Masse

$$\frac{\partial \rho}{\partial t}\mathrm{d}V = -\left(\frac{\partial \rho u_x}{\partial x} + \frac{\partial \rho u_y}{\partial y} + \frac{\partial \rho u_z}{\partial z}\right)\mathrm{d}V.$$

Daraus geht die endgültige Kontinuitätsgleichung in differentieller Form hervor:

$$\frac{\partial \rho}{\partial t} + \frac{\partial \rho u_x}{\partial x} + \frac{\partial \rho u_y}{\partial y} + \frac{\partial \rho u_z}{\partial z} = \underline{\underline{\frac{\partial \rho}{\partial t} + \mathrm{div}(\rho \boldsymbol{u}) = 0.}} \tag{1.166}$$

Das *dynamische* Verhalten beschreibt die Euler-Gleichung. Durch Anwendung des Newtonschen Grundgesetzes auf die in einem Volumenelement enthaltene Masse einer idealen Flüssigkeit, gewinnt man Eulers Bewegungsgleichung, zunächst nur in x-Richtung:

$$\mathrm{d}m\frac{\mathrm{d}u_x}{\mathrm{d}t} = \rho\,\mathrm{d}x\,\mathrm{d}y\,\mathrm{d}z\frac{\mathrm{d}u_x}{\mathrm{d}t} = \mathrm{d}x\,\mathrm{d}y\,\mathrm{d}z\, f_{D,x} - \left(\frac{\partial p}{\partial x}\,\mathrm{d}x\right)\mathrm{d}y\,\mathrm{d}z,$$

woraus

$$\rho\,\frac{\mathrm{d}u_x}{\mathrm{d}t} = f_{D,x} - \frac{\partial p}{\partial x} \tag{1.167}$$

folgt, wobei $f_{D,x}$ die x-Komponente der Kraft pro Volumeneinheit (Kraftdichte) $\boldsymbol{f}_D$, z. B. die Gravitationskraft, ist. Mit Hilfe des totalen Differentials für Δu_x,

$$\Delta u_x = \frac{\partial u_x}{\partial t}\Delta t + \frac{\partial u_x}{\partial x}\Delta x + \frac{\partial u_x}{\partial y}\Delta y + \frac{\partial u_x}{\partial z}\Delta z,$$

Division durch Δt und Grenzübergang $\Delta t \to 0$, erhält man

$$\frac{\mathrm{d}u_x}{\mathrm{d}t} = \frac{\partial u_x}{\partial t} + \frac{\partial u_x}{\partial x}u_x + \frac{\partial u_x}{\partial y}u_y + \frac{\partial u_x}{\partial z}u_z. \tag{1.168}$$

Mit den entsprechenden Gleichungen für die y- und die z-Richtung erhält man insgesamt

$$\rho\left(\frac{\partial u_x}{\partial t} + \frac{\partial u_x}{\partial x}u_x + \frac{\partial u_x}{\partial y}u_y + \frac{\partial x}{\partial z}u_z\right) = f_{D,x} - \frac{\partial p}{\partial x},$$

$$\rho\left(\frac{\partial u_y}{\partial t} + \frac{\partial u_y}{\partial x}u_x + \frac{\partial u_y}{\partial y}u_y + \frac{\partial u_y}{\partial z}u_z\right) = f_{D,y} - \frac{\partial p}{\partial y},$$

$$\rho\left(\frac{\partial u_z}{\partial t} + \frac{\partial u_z}{\partial x}u_x + \frac{\partial u_z}{\partial y}u_y + \frac{\partial u_z}{\partial z}u_z\right) = f_{D,z} - \frac{\partial p}{\partial z},$$

zusammengefasst in

$$\underline{\underline{\rho\left(\frac{\partial \boldsymbol{u}}{\partial t} + \frac{\partial \boldsymbol{u}}{\partial \boldsymbol{x}^{\mathsf{T}}}\boldsymbol{u}\right) + \mathbf{grad}\, p = \boldsymbol{f}_D.}} \tag{1.169}$$

Das ist die Euler-Gleichung in einer modernen Form. Den ersten Summanden in der Klammer nennt man die *lokale* und den zweiten die *konvektive* Änderung.

Es sollen jetzt die relativistischen Verallgemeinerungen der hydrodynamischen Gl. (1.166) und (1.169) aufgestellt werden. ρ_0 sei die *Ruhedichte*, definiert als Ruhemasse pro Ruhevolumen. Mit $\vec{\boldsymbol{x}}^{\mathsf{T}} = [ct|\boldsymbol{x}^{\mathsf{T}}]$ und $\vec{\boldsymbol{u}}^{\mathsf{T}} = \gamma_u[c|\boldsymbol{u}^{\mathsf{T}}]$ kann man die Euler-Gleichung (1.169) auch so schreiben

$$\rho\,\frac{\partial \boldsymbol{u}}{\partial \vec{\boldsymbol{x}}^{\mathsf{T}}}\,\vec{\boldsymbol{u}} = \boldsymbol{f}_D - \mathbf{grad}\, p. \tag{1.170}$$

Im Hinblick auf die später erfolgende Anwendung des Operators $\vec{\boldsymbol{\nabla}}$, wird für die Energie-Impuls-Matrix zunächst angesetzt:

$$\boldsymbol{T}_{mech,1} \stackrel{\text{def}}{=} \rho_0 \vec{\boldsymbol{u}}\vec{\boldsymbol{u}}^{\mathsf{T}}. \tag{1.171}$$

Diese Matrix ist symmetrisch und aus den beiden Größen ρ_0 und $\vec{\boldsymbol{u}}$ aufgebaut, die die Dynamik einer idealen Flüssigkeit zusammen mit dem Druck p und den von außen wirkenden Kräften $\boldsymbol{f}_D$ vollkommen beschreiben. Für die Anwendung des Operators

$\vec{\nabla}$ und die weitere Untersuchung des Ergebnisses, ist es vorteilhaft, zunächst eine Matrix $\boldsymbol{T}_{mech,1}$ ähnlich wie die Matrix $\boldsymbol{T}_{b,e}$ zu unterteilen:

$$\boldsymbol{T}_{mech,1} = \rho_0 \gamma_u^2 \begin{pmatrix} c^2 & c\boldsymbol{u}^\top \\ c\boldsymbol{u} & \boldsymbol{u}\boldsymbol{u}^\top \end{pmatrix}. \tag{1.172}$$

In einer mit der Geschwindigkeit $\boldsymbol{u}$ sich bewegenden Flüssigkeit nimmt das Volumen mit γ_u ab und gleichzeitig nimmt die Masse mit γ_u zu, insgesamt gilt also für die Dichte $\rho = \gamma_u^2 \rho_0$. Damit definieren wir jetzt

$$\boldsymbol{T}_{mech,1} \stackrel{\text{def}}{=} \begin{pmatrix} \rho c^2 & \rho c\boldsymbol{u}^\top \\ \rho c\boldsymbol{u} & \rho\boldsymbol{u}\boldsymbol{u}^\top \end{pmatrix}. \tag{1.173}$$

Multiplikation der ersten Zeile in Gl. (1.173) von rechts mit dem Operator $\vec{\nabla}$, ergibt

$$-c\frac{\partial \rho}{\partial t} + c(\rho \boldsymbol{u}^\top)\nabla.$$

Setzt man diesen Ausdruck gleich null, dann erhält man mit $(\rho\, \boldsymbol{u}^\top)\nabla = \operatorname{div}(\rho\, \boldsymbol{u})$ die klassische Kontinuitätsgleichung (1.166)!

Multipliziert man jetzt die zweite Zeile der Matrix in der Definition (1.173) von rechts mit dem Operator $\vec{\nabla}$, erhält man

$$\begin{aligned} -\frac{\partial \rho \boldsymbol{u}}{\partial t} + (\rho\, \boldsymbol{u}\boldsymbol{u}^\top)\nabla &= -\rho\frac{\partial \boldsymbol{u}}{\partial t} - \frac{\partial \rho}{\partial t}\boldsymbol{u} + \rho\,\frac{\partial \boldsymbol{u}}{\partial \boldsymbol{x}^\top}\boldsymbol{u} + \boldsymbol{u}\operatorname{div}(\rho\boldsymbol{u}) \\ &= \left(-\frac{\partial \rho}{\partial t}\boldsymbol{u} + \operatorname{div}(\rho\boldsymbol{u})\right)\boldsymbol{u} + \rho\left(-\frac{\partial \boldsymbol{u}}{\partial t} + \frac{\partial \boldsymbol{u}}{\partial \boldsymbol{x}^\top}\boldsymbol{u}\right). \end{aligned} \tag{1.174}$$

Die erste Klammer ist auf Grund der Kontinuitätsgleichung im nichtrelativistischen Fall gleich null und die zweite Klammer enthält den Inhalt der kräfte- und druckfreien Euler-Gleichung!

Der Druck p muss jetzt noch eingearbeitet werden. Setzt man eine isotrope Flüssigkeit voraus, dann ist der Druck p richtungsunabhängig. In der Euler–Gleichung taucht der Druck in der Form **grad** p auf, was man auch so schreiben kann

$$\textbf{grad}\; p = \begin{pmatrix} p & 0 & 0 \\ 0 & p & 0 \\ 0 & 0 & p \end{pmatrix} \nabla. \tag{1.175}$$

Soll das in der Matrix $\boldsymbol{T}_{mech}$ berücksichtigt werden, so ist zu bedenken, daß (1.175) für ein mit der Flüssigkeit mitbewegtes Bezugssystem $\mathcal{X}'$ gilt, also dieser zweite Ansatz sinnvoll ist:

$$\boldsymbol{T}'_{mech,2} \stackrel{\text{def}}{=} \begin{pmatrix} 0 & 0 & 0 & 0 \\ 0 & p & 0 & 0 \\ 0 & 0 & p & 0 \\ 0 & 0 & 0 & p \end{pmatrix}. \tag{1.176}$$

Diese Matrix muss jetzt mit Hilfe der inversen Lorentz-Matrix

$$\boldsymbol{L}^{-1}(\boldsymbol{u}) = \boldsymbol{L}(-\boldsymbol{u}) = \begin{pmatrix} \gamma_u & \frac{\gamma_u}{c}\boldsymbol{u}^\top \\ \frac{\gamma_u}{c}\boldsymbol{u} & \boldsymbol{I}_3 + (\gamma_u - 1)\frac{\boldsymbol{u}\boldsymbol{u}^\top}{u^2} \end{pmatrix}$$

in das ruhende Bezugssystem $\mathcal{X}$ zurücktransformiert werden:

$$\boldsymbol{T}_{mech,2} = \boldsymbol{L}(-\boldsymbol{u})\,\boldsymbol{T}'_{mech,2}\,\boldsymbol{L}^\top(-\boldsymbol{u}) = p \begin{pmatrix} \frac{\gamma_u^2 u^2}{c^2} & \frac{\gamma_u^2}{c}\boldsymbol{u}^\top \\ \frac{\gamma_u^2}{c}\boldsymbol{u} & \boldsymbol{I}_3 + \frac{\gamma_u^2}{c^2}\boldsymbol{u}\boldsymbol{u}^\top \end{pmatrix}.$$

Beachtet man, dass $p\gamma^2 u^2/c^2 = p(\gamma^2 - 1)$ ist, kann man hierfür auch schreiben

$$\boldsymbol{T}_{mech,2} = \frac{p}{c^2}\vec{\boldsymbol{u}}\vec{\boldsymbol{u}}^\top + p\begin{pmatrix} -1 & \boldsymbol{o}^\top \\ \boldsymbol{o} & \boldsymbol{I}_3. \end{pmatrix}$$

Für die Summe der beiden Matrizen $\boldsymbol{T}_{mech,1}$ und $\boldsymbol{T}_{mech,2}$ erhält man mit der Minkowski-Matrix $\boldsymbol{M}$ schließlich die

Definition: Die mechanische Energie-Impuls-Matrix hat die Form

$$\boldsymbol{T}_{mech} \stackrel{\text{def}}{=} (\rho_0 + \frac{p}{c^2})\vec{\boldsymbol{u}}\vec{\boldsymbol{u}}^\top - p\,\boldsymbol{M}. \tag{1.177}$$

Wir fassen jetzt alles zu relativistischen Verallgemeinerung der hydrodynamischen Gleichungen zusammen:

$$\boldsymbol{T}_{mech}\,\vec{\boldsymbol{\nabla}} = \vec{\boldsymbol{f}}_D. \tag{1.178}$$

Übrigens erhält man, wenn man die Energie-Impuls-Matrix $\boldsymbol{T}_{mech}$ von rechts mit dem vierdimensionalen Vektor $\boldsymbol{M}\vec{\boldsymbol{u}}$ multipliziert, den mit c^2 multiplizierten Vierervektor der Impulsdichte $\rho_0\vec{\boldsymbol{u}}$:

$$\boldsymbol{T}_{mech}\boldsymbol{M}\vec{\boldsymbol{u}} = \left(\rho_0 + \frac{p}{c^2}\right)\vec{\boldsymbol{u}}\,\underbrace{\gamma^2(c^2 - v^2)}_{c^2} - p\vec{\boldsymbol{u}} = c^2\rho_0\vec{\boldsymbol{u}}. \tag{1.179}$$

1.9.3 Die totale Energie-Impuls-Matrix

Die hergeleiteten Energie-Impuls-Matrizen beinhalten die Sätze über die Erhaltung der Energie und des Impulses eines *abgeschlossenen* Systems. Entsteht z. B. die von außen auf eine Flüssigkeit wirkende Kraftdichte $\boldsymbol{f}_D$ dadurch, daß ein elektromagnetisches Feld auf die elektrisch geladene Flüssigkeit wirkt, dann ist

$$\boldsymbol{f}_D = -\boldsymbol{T}_{b,e}\vec{\nabla} = \boldsymbol{T}_{mech}\vec{\nabla}, \tag{1.180}$$

oder mit der Zusammenfassung

$$\boldsymbol{T}_{total} \stackrel{\text{def}}{=} (\boldsymbol{T}_{mech} + \boldsymbol{T}_{b,e}), \tag{1.181}$$

$$\boldsymbol{T}_{total}\vec{\nabla} = \boldsymbol{f}_{total}. \tag{1.182}$$

Die Erhaltungssätze gelten jetzt für das Gesamtsystem Flüssigkeit plus elektromagnetisches Feld. Da die einzelnen Matrizen symmetrisch sind, ist auch die totale Energie-Impuls-Matrix symmetrisch. Treten weitere Bestandteile im betrachteten System auf, so kann man sie ebenfalls in einem ähnlichen Schritt wie oben in die symmetrische totale Energie–Impuls–Matrix $\boldsymbol{T}_{total}$ aufnehmen und es gilt wieder die Gl. (1.182).

Diese Form der mathematischen Darstellung des dynamischen Verhaltens von physikalischen Systemen wird später in den Hauptgleichungen der Allgemeinen Relativitätstheorie von Einstein eine herausragende Rolle spielen!

1.10 Die wichtigsten Definitionen und Sätze der Speziellen Relativitätstheorie

Für Inertialsysteme, also Bezugssysteme, die sich gleichförmig gegeneinander bewegen, sind die physikalischen Grundgesetze über die Lorentz-Transformation miteinander verknüpft und invariant. In der Speziellen Relativitätstheorie wurden definiert

$$\gamma \stackrel{\text{def}}{=} \frac{1}{\sqrt{1-\frac{v^2}{c^2}}},$$

und die symmetrische Lorentz-Transformationsmatrix

$$L(v) \overset{\text{def}}{=} \left(\begin{array}{c|c} \gamma & -\frac{\gamma}{c}\, v^{\mathsf{T}} \\ \hline -\frac{\gamma}{c}\, v & I + (\gamma - 1)\frac{v\, v^{\mathsf{T}}}{v^2} \end{array}\right).$$

Eine Transformation des Vierervektors $\vec{x}$ ergibt dann gemäß (1.183)

$$ct' = \gamma\, ct - \frac{\gamma}{c}\, v^{\mathsf{T}} x, \quad \text{und} \quad x' = x + (\gamma - 1)\frac{v^{\mathsf{T}} x}{v^2}\, v - \gamma\, v\, t. \tag{1.183}$$

In (1.67) erhielten wir für die relativistische Geschwindigkeitsaddition

$$w = \frac{v + u + \frac{1}{v^2}\left(\frac{1}{\gamma_v} - 1\right)(v \times (u \times v))}{1 + \frac{v^{\mathsf{T}} u}{c^2}}.$$

Wenn die beiden Vektoren v und u parallel sind, liefert Gl. (1.68)

$$w = \frac{v + u}{1 + \frac{v^{\mathsf{T}} u}{c^2}}.$$

Der modifizierte Geschwindigkeitsvektor in Gl. (1.68)

$$u \overset{\text{def}}{=} \frac{\mathrm{d}x}{\mathrm{d}\,t} \in \mathbb{R}^3,\ \gamma_u \overset{\text{def}}{=} \frac{1}{\sqrt{1 - \frac{u^2}{c^2}}},\ \vec{u} \overset{\text{def}}{=} \gamma_u \begin{pmatrix} c \\ u \end{pmatrix} \in \mathbb{R}^4$$

wird mittels der Lorentz-Matrix L in den Geschwindigkeitsvektor $\vec{u}u'$ transformiert

$$\vec{u}u' = \boldsymbol{L}\vec{\boldsymbol{u}}.$$

Der modifizierte Beschleunigungsvektor in Gl. (1.95)

$$\vec{\boldsymbol{a}} \stackrel{\text{def}}{=} \gamma_u \frac{\mathrm{d}}{\mathrm{d}\,t}\vec{\boldsymbol{u}}$$

wird mittels Lorentz-Transformation transformiert nach

$$\vec{\boldsymbol{a}}' = \boldsymbol{L}\vec{\boldsymbol{a}}.$$

Einsteins berühmte Formel für die Äquivalenz von Ruheernergie E_0 und Ruhemasse m_0 in (1.111) lautet

$$E_0 = m_0 c^2.$$

Die Invarianz der Grundgleichung der Mechanik (m_0 ist die Ruhemasse) werden dokumentiert in

$$m_o\vec{\boldsymbol{a}} = \vec{\boldsymbol{f}} \quad \boldsymbol{L} \Rightarrow \Leftarrow \boldsymbol{L}^{-1} \quad m_o\vec{\boldsymbol{a}}' = \vec{\boldsymbol{f}}'$$

und der Elektrodynamik

$$\begin{matrix} \boldsymbol{F}_{B,e}\vec{\nabla} = \frac{1}{c}\vec{\boldsymbol{j}} \\ \boldsymbol{F}_{E,b}\vec{\nabla} = \boldsymbol{o} \end{matrix} \quad \boldsymbol{L} \Rightarrow \Leftarrow \boldsymbol{L}^{-1} \quad \begin{matrix} \boldsymbol{F}'_{B',e'}\vec{\nabla}' = \frac{1}{c}\vec{\boldsymbol{j}}' \\ \boldsymbol{F}'_{E',b'}\vec{\nabla}' = \boldsymbol{o} \end{matrix}$$

und

$$\vec{f} = \frac{q}{c} \boldsymbol{F}_{B,e} \vec{\boldsymbol{u}} \quad \boldsymbol{L} \; \Rightarrow \; \Leftarrow \boldsymbol{L}^{-1} \qquad \vec{f}' = \frac{q}{c} \; \boldsymbol{F}'_{B',e'} \vec{\boldsymbol{u}}'$$

hergeleitet mit

$$\boldsymbol{F}_{B,e} \stackrel{\text{def}}{=} \begin{pmatrix} 0 & \boldsymbol{e}^{\mathsf{T}} \\ -\boldsymbol{e} & -\boldsymbol{B}_{\times} \end{pmatrix}, \; \boldsymbol{F}_{E,b} \stackrel{\text{def}}{=} \begin{pmatrix} 0 & -\boldsymbol{b}^{\mathsf{T}} \\ \boldsymbol{b} & -\boldsymbol{E}_{\times} \end{pmatrix} \text{ und } \vec{\nabla} \stackrel{\text{def}}{=} \begin{pmatrix} \frac{1}{c}\frac{\partial}{\partial t} \\ \nabla \end{pmatrix}.$$

Mit der symmetrischen elektromagnetischen Energie-Impuls-Matrix

$$\boldsymbol{T}_{b,e} = \begin{pmatrix} w & \boldsymbol{s}^{\mathsf{T}} \\ \boldsymbol{s} & (\boldsymbol{e}\boldsymbol{e}^{\mathsf{T}} + \boldsymbol{b}\boldsymbol{b}^{\mathsf{T}} - w\boldsymbol{I}_3) \end{pmatrix},$$

wobei

$$w \stackrel{\text{def}}{=} 1/2(e^2 + b^2)$$

ist, gilt

$$\boldsymbol{T}_{b,e} \cdot \vec{\nabla} = \frac{1}{\gamma_v} \vec{f}$$

und mit der ebenfalls symmetrischen mechanischen Energie-Impuls-Matrix

$$\boldsymbol{T}_{mech} = \left(\rho_0 + \frac{p}{c^2}\right) \vec{\boldsymbol{u}} \vec{\boldsymbol{u}}^{\mathsf{T}} - p\,\boldsymbol{M}$$

erhält man die relativistische Verallgemeinerung der hydrodynamischen Gleichungen

$$\boldsymbol{T}_{mech}\,\vec{\nabla} = \vec{f}_D.$$

Bemerkung: Der Operator $\vec{\nabla}$ wurde in den oben angegebenen Formeln, etwas ungewohnt, rechts an das zu bearbeitende Objekt geschrieben, wie z. B. in $\boldsymbol{T}_{mech}\,\vec{\nabla}$, damit sowohl auf der linken, als auch auf der rechten Gleichungsseite *Spalten*vektoren entstehen. Zur gewohnten Reihenfolge käme man, wenn man die infrage kommenden Gleichungen transponiert. Dann ständen links und rechts *Zeilen*vektoren und die Operatoren hätten wieder, allerdings versehen mit einem Transponiertzeichen, ihren üblichen Platz, wie z. B. in

$$\vec{\nabla}^{\mathsf{T}}\,\boldsymbol{T}_{mech} = \vec{f}_D^{\mathsf{T}}.$$

(Da $\boldsymbol{T}_{mech}$ symmetrisch ist, braucht diese Matrix nicht auch transponiert zu werden.)

Allgemeine Relativitätstheorie 2

Das Kapitel beginnt mit der Einführung der metrischen Matrix $\boldsymbol{G}$ und der Auswirkung eines homogenen Gravitationsfeldes auf ein Masseteilchen. Dann wird die Bewegung auf einer geodätischen Linie in einem Gravitationsfeld betrachtet. Die allgemeine Transformation eines Koordinatensystems führt zur Christoffel-Matrix und der Riemannschen Krümmungsmatrix. Mit Hilfe der Ricci-Matrix kann dann die Allgemeine Relativitätstheorie von Einstein formuliert werden.

2.1 Allgemeine Relativitätstheorie und Riemannsche Geometrie

In der Allgemeinen Relativitätstheorie wird Invarianz gegenüber einer beliebigen Koordinatentransformation, auch einem beschleunigten Koordinatensystem, gefordert. Die Form der Grundgesetze der Physik soll unverändert bestehen bleiben, wenn der Übergang aus einem System in ein anderes auf Grund der allgemeinen Transformationsgleichungen

$$x_i = x_i(x_0', x_1', x_2', x_3'), \text{ für } i = 0, 1, 2 \text{ und } 3, \tag{2.1}$$

erfolgt. Wir betrachten in einem beliebigen Koordinatensystem $\mathcal{K}$ die unendlich kleine Umgebung eines Punktes P, in dem auch ein Gravitationsfeld vorhanden sein kann. In einem unendlich kleinen räumlichen Gebiet und für ein unendlich kleines Zeitintervall, also ein unendlich kleines Raum-Zeit-Intervall, kann das Koordinatensystem $\mathcal{K}$ stets durch ein zu ihm beschleunigtes ersetzt werden, so dass in dem neuen Koordinatensystem $\mathcal{K}'$ kein Gravitationsfeld vorhanden ist, und dieses zugleich als nicht beschleunigt angesehen werden kann. $\mathcal{K}'$ ist das *lokale* Raum-Zeit-Koordinatensystem in der Umgebung eines Punktes. $\mathcal{K}$ sei das *allgemeine* Koortinatensystem. Es wird nun folgendes angenommen:

G. Ludyk, *Relativitätstheorie nur mit Matrizen*,
https://doi.org/10.1007/978-3-662-60658-2_2

Für alle lokalen Koordinatensysteme $\mathcal{K}'$, denen irgendwelche unendlich kleine vierdimensionale Gebiete angehören, gilt die Spezielle Relativitätstheorie.

Der Punkt P' sei unendlich nahe bei P, und habe die reelen Koordinaten $\mathrm{d}x_0, \mathrm{d}x_1, \mathrm{d}x_2$ und $\mathrm{d}x_3$ in einem rechtwinkligen Koordinatensystem, mit

$$\mathrm{d}s^2 = \mathrm{d}x_0^2 - (\mathrm{d}x_1^2 + \mathrm{d}x_2^2 + \mathrm{d}x_3^2) \tag{2.2}$$

wobei x_0 die Zeitkoordinate ct bedeuten soll. Ist $\mathrm{d}s^2$ positiv, so ist P' aus P durch eine Bewegung mit einer Geschwindigkeit kleiner als die Lichtgeschwindigkeit hervorgegangen. (2.2) kann mit der Matrix

$$\boldsymbol{M} = \begin{pmatrix} 1 & 0 & 0 & 0 \\ 0 & -1 & 0 & 0 \\ 0 & 0 & -1 & 0 \\ 0 & 0 & 0 & -1 \end{pmatrix}$$

auch als quadratische Form

$$\mathrm{d}s^2 = \mathrm{d}\vec{\boldsymbol{x}}^{\mathsf{T}} \boldsymbol{M}\, \mathrm{d}\vec{\boldsymbol{x}}. \tag{2.3}$$

geschrieben werden. Geht man zu dem Koordinatensystem $\mathcal{K}'$ über, erhält man mit

$$\mathrm{d}x_i = \frac{\partial x_i}{\partial x_0'} \mathrm{d}x_0' + \frac{\partial x_i}{\partial x_1'} \mathrm{d}x_1' + \frac{\partial x_i}{\partial x_2'} \mathrm{d}x_2' + \frac{\partial x_i}{\partial x_3'} \mathrm{d}x_3'$$

und der Jacobi-Matrix

$$\boldsymbol{J} \stackrel{\text{def}}{=} \begin{pmatrix} \frac{\partial x_0}{\partial x_0'} & \cdots & \frac{\partial x_0}{\partial x_3'} \\ \vdots & & \vdots \\ \frac{\partial x_3}{\partial x_0'} & \cdots & \frac{\partial x_3}{\partial x_3'} \end{pmatrix} = \frac{\partial \vec{\boldsymbol{x}}}{\partial \vec{\boldsymbol{x}}'^{\mathsf{T}}} \tag{2.4}$$

den Zusammenhang

$$\mathrm{d}\vec{\boldsymbol{x}} = \boldsymbol{J}\, \mathrm{d}\vec{\boldsymbol{x}}'. \tag{2.5}$$

Das in (2.3), eingesetzt ergibt

$$\mathrm{d}s^2 = \mathrm{d}\vec{\boldsymbol{x}}'^{\mathsf{T}} \boldsymbol{J}^{\mathsf{T}} \boldsymbol{M} \boldsymbol{J}\, \mathrm{d}\vec{\boldsymbol{x}}' = \mathrm{d}\vec{\boldsymbol{x}}'^{\mathsf{T}} \boldsymbol{G}\, \mathrm{d}\vec{\boldsymbol{x}}'. \tag{2.6}$$

mit der *metrischen Matrix*

$$\boldsymbol{G} \stackrel{\text{def}}{=} \boldsymbol{J}^{\mathsf{T}} \boldsymbol{M} \boldsymbol{J}. \tag{2.7}$$

Die Elemente g_{ik} der metrischen Matrix sind Funktionen der Parameter x'_i; sie können sich von Punkt zu Punkt ändern. In der Speziellen Relativitätstheorie ist $\boldsymbol{G} = \boldsymbol{M}$ in jedem beliebigen endlichen Gebiet. Ein sich selbst überlassener Massenpunkt bewegt sich in einem solchen Gebiet geradlinig und gleichförmig.

Befindet sich der Massenpunkt jedoch in einem Gravitationsfeld, ist die Bewegung gekrümmt und ungleichförmig. Je nach der Beschaffenheit des Gravitationsfeldes sind die g_{ik} andere Funktionen der Parameter. Die maximal zehn verschiedenen Elemente g_{ik} der symmetrischen Matrix $\boldsymbol{G}$ beschreiben das Gravitationsfeld an jeder Stelle des Koordinatensystems. Im *lokalen* Koordinatensystem sind die g_{ik} konstant und können durch eine Ähnlichkeitstransformation in die Form $\boldsymbol{M}$ überführt werden. Denn ist wie oben $\boldsymbol{G} = \boldsymbol{J}^{\mathsf{T}}\boldsymbol{M}\boldsymbol{J}$, dann erhält man mit der linearen Transformation $\mathrm{d}\vec{x}' = \boldsymbol{J}^{-1}\mathrm{d}\vec{\xi}$ sofort

$$\mathrm{d}\vec{x}'^{\mathsf{T}}\boldsymbol{G}\,\mathrm{d}\vec{x}' = \mathrm{d}\vec{\xi}^{\mathsf{T}}\boldsymbol{J}^{-1\mathsf{T}}\boldsymbol{J}^{\mathsf{T}}\boldsymbol{M}\boldsymbol{J}\boldsymbol{J}^{-1}\,\mathrm{d}\vec{\xi} = \mathrm{d}\vec{\xi}^{\mathsf{T}}\boldsymbol{M}\,\mathrm{d}\vec{\xi}.$$

Das gilt aber immer nur für einen Punkt, da die Jacobi-Matrizen $\boldsymbol{J}$ von Punkt zu Punkt verschieden sind. Es existiert also *keine* Transformationsmatrix $\boldsymbol{J}$, die global gültig ist.

2.2 Bewegung eines Massenpunktes in einem Gravitationsfeld

Wie verhält sich ein Massenpunkt in einem Gravitationsfeld? Nach dem Relativitätsprinzip gelten im lokalen Inertialsystem, also in einem Koordinatensystem, das sich mit dem Masseteilchen mitbewegt, die Gesetze der Speziellen Relativitätstheorie. Für einen Massenpunkt, auf den keine Kräfte einwirken, gilt für die Bewegung

$$\frac{\mathrm{d}^2\vec{\xi}}{\mathrm{d}\tau^2} = \mathbf{0}. \tag{2.8}$$

Die Eigenzeit ergibt sich aus

$$\mathrm{d}s^2 = c^2\mathrm{d}\tau^2 = \mathrm{d}\vec{\xi}^{\mathsf{T}}\boldsymbol{M}\mathrm{d}\vec{\xi}. \tag{2.9}$$

Durch Integration von Gl. (2.8) erhält man für die Anfangsposition $\vec{\xi}(0)$ und die Anfangsgeschwindigkeit $\dot{\vec{\xi}}(0)$ die geradlinige Bewegung

$$\vec{\xi}(\tau) = \vec{\xi}(0) + \dot{\vec{\xi}}(0)\tau.$$

Geht man jetzt zu einem globalen Nichtinertialsystem mit den Koordinaten $\vec{x}$ über, so kann $\mathrm{d}s^2$ lokal an jeder Stelle $\vec{x}$ auf die Form (2.9) gebracht werden. An jedem Punkt existiert also eine Transformation

$$\vec{\xi} = \vec{\xi}(\vec{x}) \tag{2.10}$$

zwischen $\vec{\boldsymbol{\xi}}$ und $\vec{\boldsymbol{x}}$, die von Punkt zu Punkt verschieden ist. Auch ein Photon, also Licht, bewegt sich im lokalen Inertialsystem geradlinig. Dann ist aber τ nicht mehr die Eigenzeit des Photons; ein Photon besitzt keine Eigenzeit! Denn für Licht ist $\mathrm{d}s = 0 = c\,\mathrm{d}\tau$. Deshalb führen wir für Photonen den Bahnparameter λ ein, also ist

$$\frac{\mathrm{d}^2\vec{\boldsymbol{\xi}}}{\mathrm{d}\lambda^2} = \mathbf{0}$$

die Bewegungsgleichung des Photons im lokalen Inertialsystem. Jetzt gehen wir vom lokalen Inertialsystem mit dem Raumzeitvektor $\vec{\boldsymbol{\xi}}$ zum globalen Nichtinertialsystem mit dem Raumzeitvektor $\vec{\boldsymbol{x}}$ über. Mit der *Jacobi*-Matrix

$$\boldsymbol{J} = \frac{\partial\vec{\boldsymbol{\xi}}}{\partial\vec{\boldsymbol{x}}^{\mathsf{T}}}$$

erhält man für (2.9)

$$\mathrm{d}s^2 = c^2\mathrm{d}\tau^2 = \mathrm{d}\vec{\boldsymbol{x}}^{\mathsf{T}}\boldsymbol{J}^{\mathsf{T}}\boldsymbol{M}\boldsymbol{J}\mathrm{d}\vec{\boldsymbol{x}} = \mathrm{d}\vec{\boldsymbol{x}}^{\mathsf{T}}\boldsymbol{G}\mathrm{d}\vec{\boldsymbol{x}}. \tag{2.11}$$

Für Licht ist also

$$\mathrm{d}\vec{\boldsymbol{x}}^{\mathsf{T}}\boldsymbol{G}\mathrm{d}\vec{\boldsymbol{x}} = 0. \tag{2.12}$$

2.2.1 Erste Lösung

Aus Gl. (2.8) erhält man für die Bewegung eines Masseteilchen mit

$$\frac{\mathrm{d}}{\mathrm{d}\tau}\left(\frac{\partial\vec{\boldsymbol{\xi}}}{\partial\vec{\boldsymbol{x}}^{\mathsf{T}}}\frac{\mathrm{d}\vec{\boldsymbol{x}}}{\mathrm{d}\tau}\right) = \frac{\mathrm{d}}{\mathrm{d}\tau}\left(\boldsymbol{J}\dot{\vec{\boldsymbol{x}}}\right) = \frac{\mathrm{d}}{\mathrm{d}\tau}(\boldsymbol{J})\,\dot{\vec{\boldsymbol{x}}} + \boldsymbol{J}\ddot{\vec{\boldsymbol{x}}} = \mathbf{0}, \tag{2.13}$$

und mit der Gl. (4.85) aus dem Anhang

$$\frac{\mathrm{d}}{\mathrm{d}\tau}(\boldsymbol{J}(\vec{\boldsymbol{x}}(\tau))) = (\dot{\vec{\boldsymbol{x}}}^{\mathsf{T}} \otimes \boldsymbol{I}_4)\frac{\partial\boldsymbol{J}}{\partial\vec{\boldsymbol{x}}}$$

aus (2.13)

$$\ddot{\vec{\boldsymbol{x}}} = -\boldsymbol{J}^{-1}(\dot{\vec{\boldsymbol{x}}}^{\mathsf{T}} \otimes \boldsymbol{I}_4)\frac{\partial\boldsymbol{J}}{\partial\vec{\boldsymbol{x}}}\dot{\vec{\boldsymbol{x}}}, \tag{2.14}$$

oder

$$\ddot{\vec{\boldsymbol{x}}} = -(\dot{\vec{\boldsymbol{x}}}^{\mathsf{T}} \otimes \boldsymbol{J}^{-1})\frac{\partial\boldsymbol{J}}{\partial\vec{\boldsymbol{x}}}\dot{\vec{\boldsymbol{x}}} = -(\dot{\vec{\boldsymbol{x}}}^{\mathsf{T}} \otimes \boldsymbol{I}_4)(\boldsymbol{I}_4 \otimes \boldsymbol{J}^{-1})\frac{\partial\boldsymbol{J}}{\partial\vec{\boldsymbol{x}}}\dot{\vec{\boldsymbol{x}}},$$

d. h.,

$$\ddot{\vec{\boldsymbol{x}}} = -(\boldsymbol{I}_4 \otimes \dot{\vec{\boldsymbol{x}}}^{\mathsf{T}})\boldsymbol{U}_{4\times4}(\boldsymbol{I}_4 \otimes \boldsymbol{J}^{-1})\frac{\partial\boldsymbol{J}}{\partial\vec{\boldsymbol{x}}}\dot{\vec{\boldsymbol{x}}}. \tag{2.15}$$

Mit $\boldsymbol{J}_k \overset{\text{def}}{=} \dfrac{\partial \boldsymbol{J}}{\partial x_k} \in \mathbb{R}^{4\times 4}$ und

$$\hat{\boldsymbol{\Gamma}} = \begin{pmatrix} \hat{\boldsymbol{\Gamma}}_0 \\ \cdot \\ \cdot \\ \hat{\boldsymbol{\Gamma}}_3 \end{pmatrix} \overset{\text{def}}{=} \boldsymbol{U}_{4\times 4}(\boldsymbol{I}_4 \otimes \boldsymbol{J}^{-1})\frac{\partial \boldsymbol{J}}{\partial \vec{\boldsymbol{x}}} = \boldsymbol{U}_{4\times 4} \begin{pmatrix} \boldsymbol{J}^{-1}\boldsymbol{J}_0 \\ \cdot \\ \cdot \\ \boldsymbol{J}^{-1}\boldsymbol{J}_3 \end{pmatrix} \in \mathbb{R}^{16\times 4} \tag{2.16}$$

kann für Gl. (2.15) auch die kompakte Gleichung geschrieben werden

$$\ddot{\vec{\boldsymbol{x}}} = -(\boldsymbol{I}_4 \otimes \dot{\vec{\boldsymbol{x}}}^{\mathsf{T}})\hat{\boldsymbol{\Gamma}}\dot{\vec{\boldsymbol{x}}}. \tag{2.17}$$

Für die einzelnen Vektorkomponenten $\ddot{x}_k$ erhält man aus (2.16) und (2.17) unter Beachtung der Form von $\boldsymbol{U}_{4\times 4}$ im Anhang ($\boldsymbol{j}_k^{-\mathsf{T}} \in \mathbb{R}^4$ ist Zeile k von $\boldsymbol{J}^{-1}$)

$$\ddot{x}_k = -\dot{\vec{\boldsymbol{x}}}^{\mathsf{T}}(\boldsymbol{I}_4 \otimes \boldsymbol{j}_k^{-\mathsf{T}})\frac{\partial \boldsymbol{J}}{\partial \vec{\boldsymbol{x}}}\dot{\vec{\boldsymbol{x}}}. \tag{2.18}$$

Aus (2.16) und (2.18) kann man direkt ablesen

$$\hat{\boldsymbol{\Gamma}}_k = (\boldsymbol{I}_4 \otimes \boldsymbol{j}_k^{-\mathsf{T}})\frac{\partial \boldsymbol{J}}{\partial \vec{\boldsymbol{x}}}. \tag{2.19}$$

Die sogenannten *Christoffel-Matrizen* $\hat{\boldsymbol{\Gamma}}$ können direkt aus der Jacobi-Matrix $\boldsymbol{J}$, also aus der Transformationsmatrix für die Transformation vom lokalen Inertialsystem ins beschleunigte Nichtinertialsystem, d. h. ins Koordinatensystem mit Gravitationsfeld, berechnet werden!

Für die Bewegung eines Photons erhält man entsprechend die Bewegungsgleichung

$$\frac{\mathrm{d}^2\vec{\boldsymbol{x}}}{\mathrm{d}\lambda^2} = -\left(\boldsymbol{I}_4 \otimes \frac{\mathrm{d}\vec{\boldsymbol{x}}}{\mathrm{d}\lambda}^{\mathsf{T}}\right)\hat{\boldsymbol{\Gamma}}\frac{\mathrm{d}\vec{\boldsymbol{x}}}{\mathrm{d}\lambda}. \tag{2.20}$$

2.2.2 Zweite Lösung

Eine alternative Lösung erhält man aus der zweiten Form gemäß (4.89), nämlich

$$\frac{\mathrm{d}}{\mathrm{d}\tau}(\boldsymbol{J}) = \frac{\partial \boldsymbol{J}}{\partial \vec{\boldsymbol{x}}^{\mathsf{T}}}(\dot{\vec{\boldsymbol{x}}} \otimes \boldsymbol{I}_4). \tag{2.21}$$

Damit erhält man aus (2.13)

$$\ddot{\vec{\boldsymbol{x}}} = -\boldsymbol{J}^{-1}\frac{\partial \boldsymbol{J}}{\partial \vec{\boldsymbol{x}}^{\mathsf{T}}}(\dot{\vec{\boldsymbol{x}}} \otimes \boldsymbol{I}_4)\dot{\vec{\boldsymbol{x}}} = -\boldsymbol{J}^{-1}\frac{\partial \boldsymbol{J}}{\partial \vec{\boldsymbol{x}}^{\mathsf{T}}}(\dot{\vec{\boldsymbol{x}}} \otimes \dot{\vec{\boldsymbol{x}}}), \tag{2.22}$$

d. h., mit

$$\tilde{\boldsymbol{\Gamma}} \overset{\text{def}}{=} \boldsymbol{J}^{-1}\frac{\partial \boldsymbol{J}}{\partial \vec{\boldsymbol{x}}^{\mathsf{T}}}, \tag{2.23}$$

ausgeschrieben

$$\tilde{\boldsymbol{\Gamma}} = \boldsymbol{J}^{-1}\left[\frac{\partial \boldsymbol{J}}{\partial x_0}\Big|\frac{\partial \boldsymbol{J}}{\partial x_1}\Big|\frac{\partial \boldsymbol{J}}{\partial x_2}\Big|\frac{\partial \boldsymbol{J}}{\partial x_3}\right] \in \mathbb{R}^{4\times 16}, \tag{2.24}$$

also mit dem 16-dimensionalen Vektor $\dot{\vec{\boldsymbol{x}}} \otimes \dot{\vec{\boldsymbol{x}}} \in \mathbb{R}^{16}$,

$$\ddot{\vec{\boldsymbol{x}}} = -\tilde{\boldsymbol{\Gamma}}(\dot{\vec{\boldsymbol{x}}} \otimes \dot{\vec{\boldsymbol{x}}}). \tag{2.25}$$

Das ist eine alternative Darstellung des Zusammenhanges (2.17)!

Definiert man

$$\tilde{\boldsymbol{\gamma}}_k^{\mathsf{T}} \overset{\text{def}}{=} \boldsymbol{j}_k^{-\mathsf{T}}\frac{\partial \boldsymbol{J}}{\partial \vec{\boldsymbol{x}}^{\mathsf{T}}} \in \mathbb{R}^{16}, \tag{2.26}$$

dann erhält man für die einzelnen Vektorkomponenten das Skalarprodukt aus zwei 16-dimensionalen Vektoren

$$\ddot{x}_k = -\tilde{\boldsymbol{\gamma}}_k^{\mathsf{T}} \cdot (\dot{\vec{\boldsymbol{x}}} \otimes \dot{\vec{\boldsymbol{x}}}). \tag{2.27}$$

2.2.3 Zusammenhang zwischen $\tilde{\Gamma}$ und G

Da die metrische Matrix $\boldsymbol{G} = \boldsymbol{J}^{\mathsf{T}} \boldsymbol{M} \boldsymbol{J}$ so definiert ist, wobei $\tilde{\boldsymbol{\Gamma}} = \boldsymbol{J}^{-1} \dfrac{\partial \boldsymbol{J}}{\partial \boldsymbol{x}^{\mathsf{T}}}$ ist, muss die Matrix $\tilde{\boldsymbol{\Gamma}}$ von $\dfrac{\partial \boldsymbol{G}}{\partial \boldsymbol{x}}$ abhängig sein. Das ist in der Tat der Fall, weil einerseits

$$\boldsymbol{G}\tilde{\boldsymbol{\Gamma}} = \boldsymbol{J}^{\mathsf{T}} \boldsymbol{M} \frac{\partial \boldsymbol{J}}{\partial \boldsymbol{x}^{\mathsf{T}}} \tag{2.28}$$

und andererseits $g_{\mu\nu} = \boldsymbol{j}_{\mu}^{\mathsf{T}} \boldsymbol{M} \boldsymbol{j}_{\nu}$ ist, also ist

$$\frac{\partial g_{\mu\nu}}{\partial x_{\lambda}} = \frac{\partial \boldsymbol{j}_{\mu}^{\mathsf{T}}}{\partial x_{\lambda}} \boldsymbol{M} \boldsymbol{j}_{\nu} + \boldsymbol{j}_{\mu}^{\mathsf{T}} \boldsymbol{M} \frac{\partial \boldsymbol{j}_{\nu}}{\partial x_{\lambda}}. \tag{2.29}$$

Weiterhin ist

$$\frac{\partial g_{\lambda\nu}}{\partial x_{\mu}} = \frac{\partial \boldsymbol{j}_{\lambda}^{\mathsf{T}}}{\partial x_{\mu}} \boldsymbol{M} \boldsymbol{j}_{\nu} + \boldsymbol{j}_{\lambda}^{\mathsf{T}} \boldsymbol{M} \frac{\partial \boldsymbol{j}_{\nu}}{\partial x_{\mu}} \tag{2.30}$$

und

$$\frac{\partial g_{\mu\lambda}}{\partial x_{\nu}} = \frac{\partial \boldsymbol{j}_{\mu}^{\mathsf{T}}}{\partial x_{\nu}} \boldsymbol{M} \boldsymbol{j}_{\lambda} + \boldsymbol{j}_{\mu}^{\mathsf{T}} \boldsymbol{M} \frac{\partial \boldsymbol{j}_{\lambda}}{\partial x_{\nu}}. \tag{2.31}$$

Weil

$$\boldsymbol{j}_{\mu} = \frac{\partial \boldsymbol{\xi}}{\partial x_{\mu}}$$

ist, ist z. B.

$$\frac{\partial \boldsymbol{j}_{\mu}}{\partial x_{\nu}} = \frac{\partial^2 \boldsymbol{\xi}}{\partial x_{\mu} \partial x_{\nu}}$$

und

$$\frac{\partial \boldsymbol{j}_{\nu}}{\partial x_{\mu}} = \frac{\partial^2 \boldsymbol{\xi}}{\partial x_{\nu} \partial x_{\mu}} = \frac{\partial \boldsymbol{j}_{\mu}}{\partial x_{\nu}}.$$

Damit erhält man, wenn man (2.29) und (2.30) addiert und davon (2.31) subtrahiert,

$$\frac{\partial g_{\mu\nu}}{\partial x_{\lambda}} + \frac{\partial g_{\lambda\nu}}{\partial x_{\mu}} - \frac{\partial g_{\mu\lambda}}{\partial x_{\nu}} = 2 \frac{\partial \boldsymbol{j}_{\mu}^{\mathsf{T}}}{\partial x_{\lambda}} \boldsymbol{M} \boldsymbol{j}_{\nu} = 2 \boldsymbol{j}_{\nu}^{\mathsf{T}} \boldsymbol{M} \frac{\partial \boldsymbol{j}_{\mu}}{\partial x_{\lambda}}. \tag{2.32}$$

Nennt man $\boldsymbol{G}\tilde{\boldsymbol{\Gamma}} \overset{\text{def}}{=} \check{\tilde{\boldsymbol{\Gamma}}}$, dann erhält man mit (2.28) und (2.32) für das Element $\check{\tilde{\Gamma}}_{\nu\mu}^{\lambda}$ in der ν-ten Zeile und μ-ten Spalte von $\check{\tilde{\boldsymbol{\Gamma}}}$

$$\check{\tilde{\Gamma}}_{\nu\mu}^{\lambda} = \frac{1}{2} \left(\frac{\partial g_{\mu\nu}}{\partial x_{\lambda}} + \frac{\partial g_{\lambda\nu}}{\partial x_{\mu}} - \frac{\partial g_{\mu\lambda}}{\partial x_{\nu}} \right). \tag{2.33}$$

Da $\tilde{\boldsymbol{\Gamma}} = \boldsymbol{G}^{-1}\boldsymbol{G}\tilde{\boldsymbol{\Gamma}} = \boldsymbol{G}^{-1}\check{\tilde{\boldsymbol{\Gamma}}}$, ist, ist insbesondere

$$\tilde{\boldsymbol{\Gamma}}_\lambda = \boldsymbol{G}^{-1}\check{\tilde{\boldsymbol{\Gamma}}}_\lambda = \boldsymbol{G}^{-1}\boldsymbol{J}^\top \boldsymbol{M}\frac{\partial \boldsymbol{J}}{\partial x_\lambda}$$

und man erhält schließlich mit der α-ten Zeile $\boldsymbol{g}_\alpha^{[-T]}$ der Matrix $\boldsymbol{G}^{-1}$ und dem ν-ten Element $g_{\alpha\nu}^{[-1]}$ dieses Zeilenvektors, diesen Zusammenhang zwischen dem Element in der $g_{\alpha\nu}^{[-1]}$-Zeile und μ-ten Spalte von $\tilde{\boldsymbol{\Gamma}}_\lambda$ und den Elementen von $\boldsymbol{G}$

$$\tilde{\Gamma}^\lambda_{\alpha\mu} = \boldsymbol{g}_\alpha^{[-T]}\boldsymbol{J}^\top \boldsymbol{M}\frac{\partial \boldsymbol{j}_\mu}{\partial x_\lambda} = \sum_{\nu=0}^{3}\frac{g_{\alpha\nu}^{[-1]}}{2}\left(\frac{\partial g_{\mu\nu}}{\partial x_\lambda} + \frac{\partial g_{\lambda\nu}}{\partial x_\mu} - \frac{\partial g_{\mu\lambda}}{\partial x_\nu}\right). \qquad (2.34)$$

Das ist der gesuchte Zusammenhang zwischen $\tilde{\boldsymbol{\Gamma}}$ und $\boldsymbol{G}$!

2.3 Geodätische Linie und Bewegungsgleichung

Die Bewegung von Lichtquanten und Masseteilchen in Gravitationsfeldern wird jetzt nochmals, allerdings jetzt mittels der Variationsrechnung, angegangen. Es wird das gleiche Ergebnis wie in Gl. (2.17) erwartet, was auch darin zum Ausdruck kommt, dass auch hier in der Bewegungsgleichung innerhalb eines Gravitationsfeldes, der Buchstabe $\boldsymbol{\Gamma}$ verwendet wird. In der Speziellen Relativitätstheorie gilt für die Bewegung von Lichtquanten $c^2t^2 = \boldsymbol{x}^\top\boldsymbol{x}$, also $s^2 = c^2t^2 - \boldsymbol{x}^\top\boldsymbol{x} = 0$, oder $\mathrm{d}s^2 = \mathrm{d}x_0^2 - \mathrm{d}\boldsymbol{x}^\top\mathrm{d}\boldsymbol{x} = \mathrm{d}\vec{\boldsymbol{x}}^\top\boldsymbol{M}\mathrm{d}\vec{\boldsymbol{x}} = 0$ für jedes kleine Wegstück $\mathrm{d}\boldsymbol{x}$. Die Wegstrecke waren Geraden, also die *kürzeste* Verbindung zwischen zwei Punkten P_1 und P_2. In der Allgemeinen Relativitätstheorie wird jetzt auch gefordert, dass sich Licht und Massen auf *kürzesten* Verbindungen bewegen, *geodätischen Linien,* für die die Länge einen Extremwert besitzt:

$$\delta\int_{P_1}^{P_2}\mathrm{d}s = 0. \qquad (2.35)$$

Das wird ein System von vier totalen Differentialgleichungen ergeben. Für die Variation von $\mathrm{d}s^2$ erhält man

$$\delta(\mathrm{d}s^2) = \delta(\mathrm{d}\vec{\boldsymbol{x}}^\top\boldsymbol{G}\mathrm{d}\vec{\boldsymbol{x}}), \qquad (2.36)$$

$$2(\delta\mathrm{d}s)\mathrm{d}s = (\delta\mathrm{d}\vec{\boldsymbol{x}}^\top)\boldsymbol{G}\mathrm{d}\vec{\boldsymbol{x}} + \mathrm{d}\vec{\boldsymbol{x}}^\top(\delta\boldsymbol{G})\mathrm{d}\vec{\boldsymbol{x}} + \mathrm{d}\vec{\boldsymbol{x}}^\top\boldsymbol{G}(\delta\mathrm{d}\vec{\boldsymbol{x}})$$

bzw. wegen der Symmetrie von $\boldsymbol{G} = \boldsymbol{G}^{\mathsf{T}}$

$$2(\delta \mathrm{d}s)\mathrm{d}s = 2\mathrm{d}\vec{\boldsymbol{x}}^{\mathsf{T}} \boldsymbol{G}(\delta \mathrm{d}\vec{\boldsymbol{x}}) + \mathrm{d}\vec{\boldsymbol{x}}^{\mathsf{T}} (\delta \boldsymbol{G})\mathrm{d}\vec{\boldsymbol{x}}. \tag{2.37}$$

(2.37) durch $2\mathrm{d}s$ dividiert, ergibt mit $\mathrm{d}(\delta\vec{\boldsymbol{x}}) = \delta \mathrm{d}\vec{\boldsymbol{x}}$ und $\frac{\mathrm{d}\vec{\boldsymbol{x}}}{\mathrm{d}s} \overset{\mathrm{def}}{=} \dot{\vec{\boldsymbol{x}}}$

$$\delta \mathrm{d}s = \dot{\vec{\boldsymbol{x}}}^{\mathsf{T}} \boldsymbol{G}\mathrm{d}(\delta\vec{\boldsymbol{x}}) + \frac{1}{2}\dot{\vec{\boldsymbol{x}}}^{\mathsf{T}} (\delta \boldsymbol{G})\mathrm{d}\vec{\boldsymbol{x}}. \tag{2.38}$$

Die rechte Seite mit $\mathrm{d}s$ erweitert, liefert

$$\delta \mathrm{d}s = \left[\dot{\vec{\boldsymbol{x}}}^{\mathsf{T}} \boldsymbol{G}\frac{\mathrm{d}(\delta\vec{\boldsymbol{x}})}{\mathrm{d}s} + \frac{1}{2}\dot{\vec{\boldsymbol{x}}}^{\mathsf{T}} (\delta \boldsymbol{G})\dot{\vec{\boldsymbol{x}}}\right]\mathrm{d}s. \tag{2.39}$$

Für die Variation der Matrix $\boldsymbol{G}$ wird

$$\delta \boldsymbol{G} = \frac{\partial \boldsymbol{G}}{\partial x_0}\delta x_0 + \frac{\partial \boldsymbol{G}}{\partial x_1}\delta x_1 + \frac{\partial \boldsymbol{G}}{\partial x_2}\delta x_2 + \frac{\partial \boldsymbol{G}}{\partial x_3}\delta x_3 \tag{2.40}$$

angesetzt. Das zu einer quadratischen Form erweitert:

$$\dot{\vec{\boldsymbol{x}}}^{\mathsf{T}} \delta \boldsymbol{G}\dot{\vec{\boldsymbol{x}}} = \dot{\vec{\boldsymbol{x}}}^{\mathsf{T}} \frac{\partial \boldsymbol{G}}{\partial x_0}\dot{\vec{\boldsymbol{x}}}\delta x_0 + \dot{\vec{\boldsymbol{x}}}^{\mathsf{T}} \frac{\partial \boldsymbol{G}}{\partial x_1}\dot{\vec{\boldsymbol{x}}}\delta x_1 + \dot{\vec{\boldsymbol{x}}}^{\mathsf{T}} \frac{\partial \boldsymbol{G}}{\partial x_2}\dot{\vec{\boldsymbol{x}}}\delta x_2 + \dot{\vec{\boldsymbol{x}}}^{\mathsf{T}} \frac{\partial \boldsymbol{G}}{\partial x_3}\dot{\vec{\boldsymbol{x}}}\delta x_3 \tag{2.41}$$

und die rechte Seite zu einem Vektorprodukt zusammengefasst:

$$\dot{\vec{\boldsymbol{x}}}^{\mathsf{T}} \delta \boldsymbol{G}\dot{\vec{\boldsymbol{x}}} = \left[\dot{\vec{\boldsymbol{x}}}^{\mathsf{T}} \frac{\partial \boldsymbol{G}}{\partial x_0}\dot{\vec{\boldsymbol{x}}},\ \dot{\vec{\boldsymbol{x}}}^{\mathsf{T}} \frac{\partial \boldsymbol{G}}{\partial x_1}\dot{\vec{\boldsymbol{x}}},\ \dot{\vec{\boldsymbol{x}}}^{\mathsf{T}} \frac{\partial \boldsymbol{G}}{\partial x_2}\dot{\vec{\boldsymbol{x}}},\ \dot{\vec{\boldsymbol{x}}}^{\mathsf{T}} \frac{\partial \boldsymbol{G}}{\partial x_3}\dot{\vec{\boldsymbol{x}}}\right]\delta\vec{\boldsymbol{x}}. \tag{2.42}$$

Für den Zeilenvektor auf der rechten Seite kann mit

$$\left(\frac{\partial \boldsymbol{G}}{\partial \vec{\boldsymbol{x}}^{\mathsf{T}}}\right) \overset{\mathrm{def}}{=} \left[\frac{\partial \boldsymbol{G}}{\partial x_0}, \frac{\partial \boldsymbol{G}}{\partial x_1}, \frac{\partial \boldsymbol{G}}{\partial x_2}, \frac{\partial \boldsymbol{G}}{\partial x_3}\right]$$

für (2.42) geschrieben werden (das Symbol $\otimes$ steht für das *Kronecker-Produkt*, Anhang)

$$\left[\dot{\vec{\boldsymbol{x}}}^{\mathsf{T}} \frac{\partial \boldsymbol{G}}{\partial x_0}\dot{\vec{\boldsymbol{x}}},\ \dot{\vec{\boldsymbol{x}}}^{\mathsf{T}} \frac{\partial \boldsymbol{G}}{\partial x_1}\dot{\vec{\boldsymbol{x}}},\ \dot{\vec{\boldsymbol{x}}}^{\mathsf{T}} \frac{\partial \boldsymbol{G}}{\partial x_2}\dot{\vec{\boldsymbol{x}}},\ \dot{\vec{\boldsymbol{x}}}^{\mathsf{T}} \frac{\partial \boldsymbol{G}}{\partial x_3}\dot{\vec{\boldsymbol{x}}}\right] = \dot{\vec{\boldsymbol{x}}}^{\mathsf{T}} \left(\frac{\partial \boldsymbol{G}}{\partial \vec{\boldsymbol{x}}^{\mathsf{T}}}\right)(\boldsymbol{I}_4 \otimes \dot{\vec{\boldsymbol{x}}}). \tag{2.43}$$

Mit diesen Zusammenhängen erhält man jetzt für das variierte Integral (2.35)

$$\delta \int_{P_1}^{P_2} \mathrm{d}s = \int_{P_1}^{P_2} \left[\dot{\vec{\boldsymbol{x}}}^{\mathsf{T}} \boldsymbol{G}\frac{\mathrm{d}(\delta\vec{\boldsymbol{x}})}{\mathrm{d}s} + \frac{1}{2}\dot{\vec{\boldsymbol{x}}}^{\mathsf{T}} \left(\frac{\partial \boldsymbol{G}}{\partial \vec{\boldsymbol{x}}^{\mathsf{T}}}\right)(\boldsymbol{I}_4 \otimes \dot{\vec{\boldsymbol{x}}})\delta\vec{\boldsymbol{x}}\right]\mathrm{d}s. \tag{2.44}$$

Für den ersten Summanden im Integral partielle Integration unter Berücksichtigung von $\delta\vec{x}(P_1) = \delta\vec{x}(P_2) = \boldsymbol{o}$ durchgeführt, liefert

$$\delta \int_{P_1}^{P_2} \mathrm{d}s = \int_{P_1}^{P_2} \left[-\frac{\mathrm{d}}{\mathrm{d}s}(\dot{\vec{x}}^{\mathsf{T}} \boldsymbol{G})\delta\vec{x} + \frac{1}{2}\dot{\vec{x}}^{\mathsf{T}} \left(\frac{\partial \boldsymbol{G}}{\partial \vec{x}^{\mathsf{T}}} \right) (\boldsymbol{I}_4 \otimes \dot{\vec{x}})\delta\vec{x} \right] \mathrm{d}s.$$

$$= \int_{P_1}^{P_2} \left[-\frac{\mathrm{d}}{\mathrm{d}s}(\dot{\vec{x}}^{\mathsf{T}} \boldsymbol{G}) + \frac{1}{2}\dot{\vec{x}}^{\mathsf{T}} \left(\frac{\partial \boldsymbol{G}}{\partial \vec{x}^{\mathsf{T}}} \right) (\boldsymbol{I}_4 \otimes \dot{\vec{x}}) \right] \delta\vec{x}\mathrm{d}s = 0. \qquad (2.45)$$

Damit die Variation des Integrals für jede beliebige Vektorfunktion $\delta\vec{x}(.)$ verschwindet, muss nach dem Fundamentalsatz der Variationsrechnung (dort führt diese Betrachtung zur *Euler-Gleichung*) die in eckigen Klammern stehende Vektorfunktion identisch verschwinden:

$$-\frac{\mathrm{d}}{\mathrm{d}s}(\dot{\vec{x}}^{\mathsf{T}} \boldsymbol{G}) + \frac{1}{2}\dot{\vec{x}}^{\mathsf{T}} \left(\frac{\partial \boldsymbol{G}}{\partial \vec{x}^{\mathsf{T}}} \right) (\boldsymbol{I}_4 \otimes \dot{\vec{x}}) = \boldsymbol{0}^{\mathsf{T}}. \qquad (2.46)$$

Das transponiert, wobei $(\boldsymbol{A} \otimes \boldsymbol{B})^{\mathsf{T}} = (\boldsymbol{A}^{\mathsf{T}} \otimes \boldsymbol{B}^{\mathsf{T}})$ beachtet wird, ergibt

$$\frac{1}{2}(\boldsymbol{I}_4 \otimes \dot{\vec{x}}^{\mathsf{T}})\frac{\partial \boldsymbol{G}}{\partial \vec{x}}\dot{\vec{x}} - \frac{\mathrm{d}}{\mathrm{d}s}(\boldsymbol{G}\dot{\vec{x}}) = \boldsymbol{0}. \qquad (2.47)$$

Für den zweiten Term auf der linken Seite erhält man

$$\frac{\mathrm{d}}{\mathrm{d}s}(\boldsymbol{G}\dot{\vec{x}}) = \boldsymbol{G}\ddot{\vec{x}} + \frac{\mathrm{d}}{\mathrm{d}s}(\boldsymbol{G})\dot{\vec{x}}. \qquad (2.48)$$

Hierbei ist

$$\frac{\mathrm{d}}{\mathrm{d}s}(\boldsymbol{G}) = (\dot{\vec{x}}^{\mathsf{T}} \otimes \boldsymbol{I}_4)\frac{\partial \boldsymbol{G}}{\partial \vec{x}}.$$

Dies in (2.48) eingesetzt, liefert endgültig

$$\boldsymbol{G}\ddot{\vec{x}} = \frac{1}{2}(\boldsymbol{I}_4 \otimes \dot{\vec{x}}^{\mathsf{T}})\frac{\partial \boldsymbol{G}}{\partial \vec{x}}\dot{\vec{x}} - (\dot{\vec{x}}^{\mathsf{T}} \otimes \boldsymbol{I}_4)\frac{\partial \boldsymbol{G}}{\partial \vec{x}}\dot{\vec{x}} \qquad (2.49)$$

oder nach $\ddot{\vec{x}}$ aufgelöst

$$\ddot{\vec{x}} = \boldsymbol{G}^{-1}\left[\frac{1}{2}(\boldsymbol{I}_4 \otimes \dot{\vec{x}}^{\mathsf{T}}) - (\dot{\vec{x}}^{\mathsf{T}} \otimes \boldsymbol{I}_4)\right]\frac{\partial \boldsymbol{G}}{\partial \vec{x}}\dot{\vec{x}}. \qquad (2.50)$$

Mit dem Lemma (Anhang *Vektoren und Matrizen*)

$$\boldsymbol{B} \otimes \boldsymbol{A} = \boldsymbol{U}_{s\times p}(\boldsymbol{A} \otimes \boldsymbol{B})\boldsymbol{U}_{q\times t},\ \boldsymbol{A} \in \mathbb{R}^{p\times q},\ \boldsymbol{B} \in \mathbb{R}^{s\times t} \qquad (2.51)$$

kann (2.50) mit $\dot{\vec{x}}^{\mathsf{T}} \otimes \boldsymbol{I}_4 = (\boldsymbol{I}_4 \otimes \dot{\vec{x}}^{\mathsf{T}})\boldsymbol{U}_{4\times4}$ wie folgt umgeformt werden:

$$\ddot{\vec{x}} = \boldsymbol{G}^{-1}(\boldsymbol{I}_4 \otimes \dot{\vec{x}}^{\mathsf{T}}) \left[\frac{1}{2}\boldsymbol{I}_{16} - \boldsymbol{U}_{4\times4}\right] \frac{\partial \boldsymbol{G}}{\partial \vec{x}} \dot{\vec{x}}. \tag{2.52}$$

Mit

$$\boldsymbol{G}^{-1}(\boldsymbol{I}_4 \otimes \dot{\vec{x}}^{\mathsf{T}}) = (\boldsymbol{G}^{-1} \otimes 1)(\boldsymbol{I}_4 \otimes \dot{\vec{x}}^{\mathsf{T}}) = (\boldsymbol{G}^{-1} \otimes \dot{\vec{x}}^{\mathsf{T}}) = (\boldsymbol{I}_4 \otimes \dot{\vec{x}}^{\mathsf{T}})(\boldsymbol{G}^{-1} \otimes \boldsymbol{I}_4)$$

erhält man schließlich eine Form, bei der $\dot{\vec{x}}$ nach links und nach rechts herausgezogen ist:

$$\ddot{\vec{x}} = (\boldsymbol{I}_4 \otimes \dot{\vec{x}}^{\mathsf{T}})(\boldsymbol{G}^{-1} \otimes \boldsymbol{I}_4) \left[\frac{1}{2}\boldsymbol{I}_{16} - \boldsymbol{U}_{4\times4}\right] \frac{\partial \boldsymbol{G}}{\partial \vec{x}} \dot{\vec{x}}. \tag{2.53}$$

Fasst man

$$\hat{\boldsymbol{\Gamma}} \stackrel{\text{def}}{=} (\boldsymbol{G}^{-1} \otimes \boldsymbol{I}_4) \left[\boldsymbol{U}_{4\times4} - \frac{1}{2}\boldsymbol{I}_{16}\right] \frac{\partial \boldsymbol{G}}{\partial \vec{x}}, \tag{2.54}$$

$$= \boldsymbol{U}_{4\times4}(\boldsymbol{I}_4 \otimes \boldsymbol{G}^{-1}) \left[\frac{1}{2}\boldsymbol{I}_{16} - \boldsymbol{U}_{4\times4}\right] \frac{\partial \boldsymbol{G}}{\partial \vec{x}}, \tag{2.55}$$

zusammen, dann erhält man die kompakte Gleichung

$$\ddot{\vec{x}} = -(\boldsymbol{I}_4 \otimes \dot{\vec{x}}^{\mathsf{T}})\hat{\boldsymbol{\Gamma}}\dot{\vec{x}}, \tag{2.56}$$

die mit der Bewegunsgleichung (2.17) übereinstimmt, d. h., diese Gleichung lieferte in der Sprache der Variationsrechnung, auch schon eine Extremale.

In (2.54) ist mit der k-ten Zeile $\boldsymbol{g}_k^{\mathsf{T}}$ der Matrix $\boldsymbol{G}$

$$\boldsymbol{U}_{4\times4}\frac{\partial \boldsymbol{G}}{\partial \vec{x}} = \begin{pmatrix} \dfrac{\partial \boldsymbol{g}_0^{\mathsf{T}}}{\partial \vec{x}} \\ \vdots \\ \dfrac{\partial \boldsymbol{g}_3^{\mathsf{T}}}{\partial \vec{x}} \end{pmatrix}.$$

Für die vier Komponenten $\ddot{x}_k$, $k = 0...3$ erhält man daraus mit der k-ten Zeile $\boldsymbol{g}_k^{-T}$ der Matrix $\boldsymbol{G}^{-1}$

$$\ddot{x}_k = \dot{\vec{\boldsymbol{x}}}^{\mathsf{T}} (\boldsymbol{g}_k^{-T} \otimes \boldsymbol{I}_4) \left[\begin{pmatrix} \frac{\partial \boldsymbol{g}_0^{\mathsf{T}}}{\partial \vec{\boldsymbol{x}}} \\ \vdots \\ \frac{\partial \boldsymbol{g}_3^{\mathsf{T}}}{\partial \vec{\boldsymbol{x}}} \end{pmatrix} - \frac{1}{2} \frac{\partial \boldsymbol{G}}{\partial \vec{\boldsymbol{x}}} \right] \dot{\vec{\boldsymbol{x}}}. \tag{2.57}$$

Mit

$$\hat{\boldsymbol{\Gamma}}_k \stackrel{\text{def}}{=} (\boldsymbol{g}_k^{-T} \otimes \boldsymbol{I}_4) \left[\begin{pmatrix} \frac{\partial \boldsymbol{g}_0^{\mathsf{T}}}{\partial \vec{\boldsymbol{x}}} \\ \vdots \\ \frac{\partial \boldsymbol{g}_3^{\mathsf{T}}}{\partial \vec{\boldsymbol{x}}} \end{pmatrix} - \frac{1}{2} \frac{\partial \boldsymbol{G}}{\partial \vec{\boldsymbol{x}}} \right] \tag{2.58}$$

kann man für (2.57) auch schreiben

$$\ddot{x}_k = -\dot{\vec{\boldsymbol{x}}}^{\mathsf{T}} \hat{\boldsymbol{\Gamma}}_k \dot{\vec{\boldsymbol{x}}}. \tag{2.59}$$

Die 4×4-Matrizen $\hat{\boldsymbol{\Gamma}}_k$, die auf diese Weise gewonnen wierden, müssen nicht symmetrisch sein. An dem Wert der quadratischen Form in (2.59) ändert sich aber nichts, wenn man statt $\hat{\boldsymbol{\Gamma}}_k$ die symmetrische 4×4-Matrix

$$\boldsymbol{\Gamma}_k \stackrel{\text{def}}{=} \frac{1}{2}(\hat{\boldsymbol{\Gamma}}_k + \hat{\boldsymbol{\Gamma}}_k^{\mathsf{T}}) \tag{2.60}$$

in (2.59) einsetzt, wenn man sie, wie man auch sagt, *symmetrisiert.* (2.58) ausmultpliziert, ergibt

$$\hat{\boldsymbol{\Gamma}}_k = \sum_{i=0}^{3} g_{k,i}^{[-1]} \left(\frac{\partial \boldsymbol{g}_i^{\mathsf{T}}}{\partial \vec{\boldsymbol{x}}} - \frac{1}{2} \frac{\partial \boldsymbol{G}}{\partial x_i} \right)$$

und transponiert

$$\hat{\boldsymbol{\Gamma}}_k^{\mathsf{T}} = \sum_{i=0}^{3} g_{k,i}^{[-1]} \left(\frac{\partial \boldsymbol{g}_i}{\partial \vec{\boldsymbol{x}}^{\mathsf{T}}} - \frac{1}{2} \frac{\partial \boldsymbol{G}}{\partial x_i} \right).$$

Dafür kann man auch

$$\hat{\boldsymbol{\Gamma}}_k^{\mathsf{T}} = (\boldsymbol{g}_k^{-T} \otimes \boldsymbol{I}_4) \left[\begin{pmatrix} \frac{\partial \boldsymbol{g}_0}{\partial \vec{\boldsymbol{x}}^{\mathsf{T}}} \\ \vdots \\ \frac{\partial \boldsymbol{g}_3}{\partial \vec{\boldsymbol{x}}^{\mathsf{T}}} \end{pmatrix} - \frac{1}{2} \frac{\partial \boldsymbol{G}}{\partial \vec{\boldsymbol{x}}} \right] \tag{2.61}$$

schreiben. Setzt man (2.61) in (2.60) ein, erhält man schließlich

$$\boldsymbol{\Gamma}_k = \frac{1}{2}(\hat{\boldsymbol{\Gamma}}_k + \hat{\boldsymbol{\Gamma}}_k^{\mathsf{T}}) = \frac{1}{2}(\boldsymbol{g}_k^{-T} \otimes \boldsymbol{I}_4) \left[\begin{pmatrix} \frac{\partial \boldsymbol{g}_0^{\mathsf{T}}}{\partial \vec{\boldsymbol{x}}} \\ \vdots \\ \frac{\partial \boldsymbol{g}_3^{\mathsf{T}}}{\partial \vec{\boldsymbol{x}}} \end{pmatrix} + \begin{pmatrix} \frac{\partial \boldsymbol{g}_0}{\partial \vec{\boldsymbol{x}}^{\mathsf{T}}} \\ \vdots \\ \frac{\partial \boldsymbol{g}_3}{\partial \vec{\boldsymbol{x}}^{\mathsf{T}}} \end{pmatrix} - \frac{\partial \boldsymbol{G}}{\partial \vec{\boldsymbol{x}}} \right]. \tag{2.62}$$

Ausmultipliziert erhält man für die Komponenten der Christoffel-Matrix $\boldsymbol{\Gamma}_k$ den ähnlich schon weiter oben hergeleiteten Zusammenhang

$$\Gamma_{\alpha\beta}^{k} = \sum_{i=0}^{3} \frac{g_{ki}^{[-1]}}{2} \left(\frac{\partial g_{\beta i}}{\partial x_\alpha} + \frac{\partial g_{\alpha i}}{\partial x_\beta} - \frac{\partial g_{\alpha\beta}}{\partial x_i} \right), \tag{2.63}$$

den man mit

$$\check{\Gamma}_{\alpha\beta}^{i} \stackrel{\text{def}}{=} \frac{1}{2} \left(\frac{\partial g_{\beta i}}{\partial x_\alpha} + \frac{\partial g_{\alpha i}}{\partial x_\beta} - \frac{\partial g_{\alpha\beta}}{\partial x_i} \right) \tag{2.64}$$

auch so schreiben kann

$$\Gamma_{\alpha\beta}^{k} = \sum_{i=0}^{3} g_{ki}^{[-1]} \check{\Gamma}_{\alpha\beta}^{i}. \tag{2.65}$$

Außerdem folgt aus (2.64) dieser Zusammenhang

$$\frac{\partial g_{\alpha i}}{\partial x_\beta} = \check{\Gamma}_{\alpha\beta}^{i} + \check{\Gamma}_{i\beta}^{\alpha}. \tag{2.66}$$

Die vier Komponenten $\ddot{x}_k$ des Vektors $\ddot{\vec{x}}$ mit $\boldsymbol{\Gamma}_k$ wieder zu einem Vektor zusammengefasst, ergibt

$$\ddot{\vec{x}} = -\begin{pmatrix} \dot{\vec{x}}^{\mathsf{T}} \boldsymbol{\Gamma}_0 \dot{\vec{x}} \\ \cdot \\ \cdot \\ \dot{\vec{x}}^{\mathsf{T}} \boldsymbol{\Gamma}_3 \dot{\vec{x}} \end{pmatrix}, \tag{2.67}$$

bzw.

$$\ddot{\vec{x}} = -(\boldsymbol{I}_4 \otimes \dot{\vec{x}}^{\mathsf{T}})\boldsymbol{\Gamma}\dot{\vec{x}}. \tag{2.68}$$

mit

$$\boldsymbol{\Gamma} \stackrel{\text{def}}{=} \begin{pmatrix} \boldsymbol{\Gamma}_0 \\ \cdot \\ \cdot \\ \boldsymbol{\Gamma}_3 \end{pmatrix} = \frac{1}{2}(\boldsymbol{G}^{-1} \otimes \boldsymbol{I}_4) \left[\begin{pmatrix} \frac{\partial \boldsymbol{g}_0^{\mathsf{T}}}{\partial \vec{x}} \\ \vdots \\ \frac{\partial \boldsymbol{g}_3^{\mathsf{T}}}{\partial \vec{x}} \end{pmatrix} + \begin{pmatrix} \frac{\partial \boldsymbol{g}_0}{\partial \vec{x}^{\mathsf{T}}} \\ \vdots \\ \frac{\partial \boldsymbol{g}_3}{\partial \vec{x}^{\mathsf{T}}} \end{pmatrix} - \frac{\partial \boldsymbol{G}}{\partial \vec{x}} \right], \tag{2.69}$$

was man auch so schreiben kann

$$\boldsymbol{\Gamma} = \frac{1}{2}(\boldsymbol{G}^{-1} \otimes \boldsymbol{I}_4) \left[(\boldsymbol{U}_{4\times 4} - \boldsymbol{I}_{16})\frac{\partial \boldsymbol{G}}{\partial \vec{x}} + \begin{pmatrix} \frac{\partial \boldsymbol{g}_0}{\partial \vec{x}^{\mathsf{T}}} \\ \vdots \\ \frac{\partial \boldsymbol{g}_3}{\partial \vec{x}^{\mathsf{T}}} \end{pmatrix} \right]. \tag{2.70}$$

Führt man die Matrix

$$\check{\boldsymbol{\Gamma}} \stackrel{\text{def}}{=} \frac{1}{2} \left[(\boldsymbol{U}_{4\times 4} - \boldsymbol{I}_{16})\frac{\partial \boldsymbol{G}}{\partial \vec{x}} + \begin{pmatrix} \frac{\partial \boldsymbol{g}_0}{\partial \vec{x}^{\mathsf{T}}} \\ \vdots \\ \frac{\partial \boldsymbol{g}_3}{\partial \vec{x}^{\mathsf{T}}} \end{pmatrix} \right] \tag{2.71}$$

ein, kann man auch

$$\boldsymbol{\Gamma} = (\boldsymbol{G}^{-1} \otimes \boldsymbol{I}_4)\check{\boldsymbol{\Gamma}} \tag{2.72}$$

schreiben. Die in der Matrix $\check{\boldsymbol{\Gamma}}$ auftretende Matrizendifferenz $\boldsymbol{U}_{4\times 4} - \boldsymbol{I}_{16}$ hat die bemerkenswerte Eigenschaft, dass die erste, die (4 + 2)-te, die (8 + 3)-te und die 16. Zeile bzw. Spalte gleich der Nullzeile bzw. Nullspalte sind! Für die Matrix $\check{\boldsymbol{\Gamma}}$ hat das zur Folge, dass die entsprechenden Zeilen aus $\frac{\partial g_{00}}{\partial \boldsymbol{x}^{\mathsf{T}}}$, $\frac{\partial g_{11}}{\partial \boldsymbol{x}^{\mathsf{T}}}$, $\frac{\partial g_{22}}{\partial \boldsymbol{x}^{\mathsf{T}}}$ und $\frac{\partial g_{33}}{\partial \boldsymbol{x}^{\mathsf{T}}}$ bestehen. Weiter folgt aus (2.72)

$$\check{\boldsymbol{\Gamma}} = (\boldsymbol{G} \otimes \boldsymbol{I}_4)\boldsymbol{\Gamma}, \tag{2.73}$$

d. h., es ist

$$\check{\boldsymbol{\Gamma}}_k = (\boldsymbol{g}_k^{\mathsf{T}} \otimes \boldsymbol{I}_4)\boldsymbol{\Gamma} = g_{ko}\boldsymbol{\Gamma}_0 + \cdots + g_{k3}\boldsymbol{\Gamma}_3,$$

also

$$\check{\Gamma}^k_{\alpha\beta} = \sum_{i=0}^{3} g_{ki}\Gamma^i_{\alpha\beta}. \tag{2.74}$$

2.3.1 Alternative geodätische Bewegungsgleichungen

Wieder können die Bewegungsgleichungen wie folgt modifiziert werden. Zum einen ist

$$(\dot{\vec{\boldsymbol{x}}}^{\mathsf{T}} \otimes \boldsymbol{I}_4)\frac{\partial \boldsymbol{G}}{\partial \vec{\boldsymbol{x}}} = \frac{\partial \boldsymbol{G}}{\partial \vec{\boldsymbol{x}}^{\mathsf{T}}}(\dot{\vec{\boldsymbol{x}}} \otimes \boldsymbol{I}_4), \tag{2.75}$$

zum anderen ist

$$(\boldsymbol{I}_4 \otimes \dot{\vec{\boldsymbol{x}}}^{\mathsf{T}})\frac{\partial \boldsymbol{G}}{\partial \vec{\boldsymbol{x}}}\dot{\vec{\boldsymbol{x}}} = \begin{pmatrix} \dot{\vec{\boldsymbol{x}}}^{\mathsf{T}}\boldsymbol{G}_0\dot{\vec{\boldsymbol{x}}} \\ \vdots \\ \dot{\vec{\boldsymbol{x}}}^{\mathsf{T}}\boldsymbol{G}_3\dot{\vec{\boldsymbol{x}}} \end{pmatrix}.$$

Auf die skalare Komponente $\dot{\vec{\boldsymbol{x}}}^{\mathsf{T}}\boldsymbol{G}_k\dot{\vec{\boldsymbol{x}}}$ den $\boldsymbol{vec}$-Operator aus dem Anhang (4.51) angewendet, liefert

$$\boldsymbol{vec}(\dot{\vec{\boldsymbol{x}}}^{\mathsf{T}}\boldsymbol{G}_k\dot{\vec{\boldsymbol{x}}}) = (\dot{\vec{\boldsymbol{x}}}^{\mathsf{T}} \otimes \dot{\vec{\boldsymbol{x}}}^{\mathsf{T}})\boldsymbol{vec}(\boldsymbol{G}_k) = (\boldsymbol{vec}(\boldsymbol{G}_k))^{\mathsf{T}}(\dot{\vec{\boldsymbol{x}}} \otimes \dot{\vec{\boldsymbol{x}}}),$$

also

$$\underline{\underline{(\boldsymbol{I}_4 \otimes \dot{\vec{\boldsymbol{x}}}^{\mathsf{T}})\frac{\partial \boldsymbol{G}}{\partial \vec{\boldsymbol{x}}}\dot{\vec{\boldsymbol{x}}} = \overline{\frac{\partial \boldsymbol{G}}{\partial \vec{\boldsymbol{x}}^{\mathsf{T}}}}(\dot{\vec{\boldsymbol{x}}} \otimes \dot{\vec{\boldsymbol{x}}}),}} \tag{2.76}$$

mit ($\boldsymbol{G}_k$ ist die partielle Ableitung von $\boldsymbol{G}$ nach x_k)

$$\overline{\frac{\partial \boldsymbol{G}}{\partial \vec{\boldsymbol{x}}^{\mathsf{T}}}} \overset{\text{def}}{=} \begin{pmatrix} (\boldsymbol{vec}(\boldsymbol{G}_0))^{\mathsf{T}} \\ \vdots \\ (\boldsymbol{vec}(\boldsymbol{G}_3))^{\mathsf{T}} \end{pmatrix} = \begin{pmatrix} \boldsymbol{g}_{0,0}^{\mathsf{T}} & & \boldsymbol{g}_{0,3}^{\mathsf{T}} \\ \boldsymbol{g}_{1,0}^{\mathsf{T}} & \cdots & \boldsymbol{g}_{1,3}^{\mathsf{T}} \\ \boldsymbol{g}_{2,0}^{\mathsf{T}} & & \boldsymbol{g}_{2,3}^{\mathsf{T}} \\ \boldsymbol{g}_{3,0}^{\mathsf{T}} & & \boldsymbol{g}_{3,3}^{\mathsf{T}} \end{pmatrix} \in \mathbb{R}^{4\times 16}, \tag{2.77}$$

wenn $\boldsymbol{g}_{i,j}^{\mathsf{T}}$ die j-te Zeile von $\boldsymbol{G}_i$ ist.

Durch die *Methode des scharfen Ansehens* kann man für die Matrix $\overline{\frac{\partial \boldsymbol{G}}{\partial \vec{\boldsymbol{x}}^{\mathsf{T}}}}$ auch

$$\overline{\frac{\partial \boldsymbol{G}}{\partial \vec{\boldsymbol{x}}^{\mathsf{T}}}} = \begin{pmatrix} \boldsymbol{g}_{0,0}^{\mathsf{T}} \\ \boldsymbol{g}_{1,0}^{\mathsf{T}} \\ \boldsymbol{g}_{2,0}^{\mathsf{T}} \\ \boldsymbol{g}_{3,0}^{\mathsf{T}} \\ \vdots \\ \boldsymbol{g}_{0,3}^{\mathsf{T}} \\ \boldsymbol{g}_{1,3}^{\mathsf{T}} \\ \boldsymbol{g}_{2,3}^{\mathsf{T}} \\ \boldsymbol{g}_{3,3}^{\mathsf{T}} \end{pmatrix}^{B} = \left(\boldsymbol{U}_{4\times 4} \frac{\partial \boldsymbol{G}}{\partial \vec{\boldsymbol{x}}} \right)^{B} \tag{2.78}$$

schreiben, wobei das hochgestellte B die *Blocktransponierte* der entsprechenden Matrix bedeuten soll. Unter der Blocktransponierten einer Blockmatrix versteht man:

$$\boldsymbol{A}^{B} \stackrel{\text{def}}{=} \begin{pmatrix} \boldsymbol{A}_1 \\ \vdots \\ \boldsymbol{A}_n \end{pmatrix}^{B} = \begin{pmatrix} \boldsymbol{A}_1 & \cdots & \boldsymbol{A}_n \end{pmatrix}.$$

(2.76) in (2.49) eingesetzt, ergibt

$$\ddot{\vec{\boldsymbol{x}}} = -\boldsymbol{G}^{-1} \left[\frac{\partial \boldsymbol{G}}{\partial \vec{\boldsymbol{x}}^{\mathsf{T}}} - \frac{1}{2} \overline{\frac{\partial \boldsymbol{G}}{\partial \vec{\boldsymbol{x}}^{\mathsf{T}}}} \right] (\dot{\vec{\boldsymbol{x}}} \otimes \dot{\vec{\boldsymbol{x}}}). \tag{2.79}$$

Mit

$$\tilde{\boldsymbol{\Gamma}} \stackrel{\text{def}}{=} \boldsymbol{G}^{-1} \left[\frac{\partial \boldsymbol{G}}{\partial \vec{\boldsymbol{x}}^{\mathsf{T}}} - \frac{1}{2} \overline{\frac{\partial \boldsymbol{G}}{\partial \vec{\boldsymbol{x}}^{\mathsf{T}}}} \right] \in \mathbb{R}^{4\times 16}, \tag{2.80}$$

erhält man schließlich

$$\ddot{\vec{\boldsymbol{x}}} = -\tilde{\boldsymbol{\Gamma}} (\dot{\vec{\boldsymbol{x}}} \otimes \dot{\vec{\boldsymbol{x}}}). \tag{2.81}$$

Zu (2.81) kann man auch auf diesem Weg kommen:

Es ist $\ddot{x}_k = \dot{\boldsymbol{x}}^\mathsf{T} \boldsymbol{\Gamma}_k \dot{\boldsymbol{x}}$. Wendet man hierauf den $\boldsymbol{vec}$-Operator gemäß (4.51) an, erhält man

$$-\ddot{x}_k = \boldsymbol{vec}(\dot{\vec{\boldsymbol{x}}}^\mathsf{T} \boldsymbol{\Gamma}_k \dot{\vec{\boldsymbol{x}}}) = (\dot{\vec{\boldsymbol{x}}}^\mathsf{T} \otimes \dot{\vec{\boldsymbol{x}}}^\mathsf{T})\boldsymbol{vec}(\boldsymbol{\Gamma}_k) = (\boldsymbol{vec}(\boldsymbol{\Gamma}_k))^\mathsf{T} (\dot{\vec{\boldsymbol{x}}} \otimes \dot{\vec{\boldsymbol{x}}}).$$

Mit

$$\tilde{\boldsymbol{\Gamma}} \stackrel{\text{def}}{=} \begin{pmatrix} (\boldsymbol{vec}(\boldsymbol{\Gamma}_0))^\mathsf{T} \\ \vdots \\ (\boldsymbol{vec}(\boldsymbol{\Gamma}_3))^\mathsf{T} \end{pmatrix} \tag{2.82}$$

erhält man wieder (2.81). Auch hier kann man wieder für $\tilde{\boldsymbol{\Gamma}}$ schreiben

$$\tilde{\boldsymbol{\Gamma}} = \left(\boldsymbol{U}_{4\times 4} \frac{\partial \boldsymbol{\Gamma}}{\partial \vec{\boldsymbol{x}}} \right)^B . \tag{2.83}$$

Noch ein Wort zu den Ableitungen nach s. Ist s^2 bzw. $\mathrm{d}s^2$ positiv, dann handelt es sich um ein sogenanntes zeitartiges Ereignis. Es ist

$$(\mathrm{d}s)^2 = c^2 \mathrm{d}t^2 - \mathrm{d}\boldsymbol{x}^\mathsf{T} \mathrm{d}\boldsymbol{x} = c^2 \mathrm{d}t^2 - \dot{\boldsymbol{x}}^\mathsf{T} \dot{\boldsymbol{x}}\, \mathrm{d}t^2$$

$$\mathrm{d}s = \sqrt{c^2 - v^2}\, \mathrm{d}t,$$

also

$$\gamma\, \mathrm{d}s = c\, \mathrm{d}t.$$

Setzt man $\mathrm{d}s = c\, \mathrm{d}\tau$, erhält man

$$\gamma\, \mathrm{d}\tau = \mathrm{d}t.$$

Ein Vergleich mit den Ergebnissen der Speziellen Relativitätstheorie liefert $\mathrm{d}\tau = \mathrm{d}t'$, also die Zeit, die im bewegten Koordinatensystem $\mathcal{X}'$ abläuft. Man bezeichnet in diesem Zusammenhang τ auch wieder als *Eigenzeit*.

2.4 Beispiel: Gleichförmig rotierende Systeme

Es wird ein gegenüber einem festen Inertialsystem $\mathcal{X}$ mit den Koordinaten t, x, y und z gleichförmig um die z-Achse *rotierendes* Koordinatensystem $\mathcal{K}$ mit den Koordinaten τ, r, φ und z betrachtet. Dann heißen die Transformationsgleichungen

$$\begin{aligned} t &= \tau \\ x &= r\, \cos(\varphi + \omega t) \\ y &= r\, \sin(\varphi + \omega t) \\ z &= z. \end{aligned} \tag{2.84}$$

Für die Jacobi-Matrix $\boldsymbol{J}$ erhält man in diesem Fall

$$\boldsymbol{J} = \begin{pmatrix} 1 & 0 & 0 & 0 \\ -r\,\frac{\omega}{c}\sin(\varphi+\omega\,t) & \cos(\varphi+\omega\,t) & -r\,\sin(\varphi+\omega\,t) & 0 \\ r\,\frac{\omega}{c}\cos(\varphi+\omega\,t) & \sin(\varphi+\omega\,t) & r\,\cos(\varphi+\omega\,t) & 0 \\ 0 & 0 & 0 & 1 \end{pmatrix} \tag{2.85}$$

und für die metrische Matrix

$$\boldsymbol{G} = \boldsymbol{J}^{\mathsf{T}}\boldsymbol{M}\boldsymbol{J} = \begin{pmatrix} 1-r^2\frac{\omega^2}{c^2} & 0 & -r^2\frac{\omega}{c} & 0 \\ 0 & -1 & 0 & 0 \\ -r^2\frac{\omega}{c} & 0 & -r^2 & 0 \\ 0 & 0 & 0 & -1 \end{pmatrix} \tag{2.86}$$

und daraus

$$\boldsymbol{G}^{-1} = \begin{pmatrix} 1 & 0 & -\frac{\omega}{c} & 0 \\ 0 & -1 & 0 & 0 \\ -\frac{\omega}{c} & 0 & \frac{\omega^2}{c^2}-\frac{1}{r^2} & 0 \\ 0 & 0 & 0 & -1 \end{pmatrix}. \tag{2.87}$$

$\mathrm{d}s^2$ hat in diesem Fall den Wert

$$\mathrm{d}s^2 = (1-r^2\frac{\omega^2}{c^2})\mathrm{d}\tau^2 - \mathrm{d}r^2 - r\,\mathrm{d}\varphi^2 - 2r^2\frac{\omega}{c}\mathrm{d}\varphi\,\mathrm{d}\tau - \mathrm{d}z^2. \tag{2.88}$$

Befindet sich auf dem rotierenden System an dem Ort (r, φ, z) eine Uhr und betrachtet man zwei zeitlich direkt benachbarte Ereignisse mit $\mathrm{d}r = \mathrm{d}\varphi = \mathrm{d}z = 0$, dann erhält man für die Eigenzeit $\mathrm{d}s$ in diesem Fall den Zusammenhang (mit $v = r\omega$)

$$\mathrm{d}s = \mathrm{d}\tau\sqrt{1-r^2\omega^2/c^2} = \mathrm{d}\tau\sqrt{1-v^2/c^2} = \mathrm{d}\tau/\gamma.$$

Das ist der aus der Speziellen Relativitätstheorie bekannte Zusammmenhang! Für die Berechnung der Beschleunigungen werden die Ableitungen der metrischen Matrix $\boldsymbol{G}$ benötigt. In diesem Fall ist $\boldsymbol{G}_0 = \boldsymbol{G}_2 = \boldsymbol{G}_3 = \boldsymbol{0}$, aber

$$\boldsymbol{G}_1 = \frac{\partial \boldsymbol{G}}{\partial r} = \begin{pmatrix} -2r\frac{\omega^2}{c^2} & 0 & -2r\frac{\omega}{c} & 0 \\ 0 & 0 & 0 & 0 \\ -2r\frac{\omega}{c} & 0 & -2r & 0 \\ 0 & 0 & 0 & 0 \end{pmatrix}.$$

Da nur die Matrix $\boldsymbol{G}_1 \neq \boldsymbol{0}$ ist, vereinfacht sich in diesem Fall (2.57) zu

$$\ddot{x}_k = \left[\frac{1}{2}(g^{k1}\dot{\boldsymbol{x}}^{\mathsf{T}}) - (\dot{x}_1\boldsymbol{g}_k^{-\mathsf{T}})\right]\boldsymbol{G}_1\dot{\boldsymbol{x}}.$$

Im einzelnen erhält man mit $\dot{\vec{x}} = [c|\dot{r}|\dot{\varphi}|\dot{z}]^{\mathsf{T}}$

$$\ddot{r} = -\frac{1}{2}\dot{\vec{x}}^{\mathsf{T}} \boldsymbol{G}_1 \dot{\vec{x}}$$

$$= -\frac{1}{2}[-2r\omega^2/c - \dot{\varphi}2r\omega/c| \;\; 0 \;\; | -2r\omega - 2r\dot{\varphi}| \;\; 0 \;\;]\dot{\boldsymbol{x}} = r(\omega + \dot{\varphi})^2 \qquad (2.89)$$

und

$$\ddot{\varphi} = -\dot{r}[-\omega/c| \;\; 0 \;\; |\omega^2/c^2 - 1/r^2| \;\; 0 \;\;]\boldsymbol{G}_1\dot{\vec{x}} = -2\dot{r}\omega/r - 2\dot{r}\dot{\varphi}/r, \qquad (2.90)$$

bzw.

$$r\ddot{\varphi} = -2\dot{r}(\dot{\varphi} + \omega). \qquad (2.91)$$

(2.89) stellt mit der Masse m multipliziert die *Zentrifugalkraft* und (2.91) die *Coriolis-Kraft* dar! Die in diesem rotierenden System auftretenden Beschleunigungen werden bestimmt durch die Elemente $g_{ij} = g_{ij}(\vec{x})$ der koordinatenabhängigen metrischen Matrix $\boldsymbol{G}(\vec{x})$. Für ein lokales Bezugssystem kann man immer eine Koordinatentransformation (mit $\boldsymbol{J}^{-1}(\vec{x})$) angeben, so dass das transformierte System offensichtlich ein Inertialsystem ist. Im Allgemeinen kann man aber für ein beschleunigtes oder ungleichförmig bewegtes (z. B. rotierendes) System keine *global* geltende Transformationsmatrix $\boldsymbol{J}$ angeben. Der gegebene Raum ist *gekrümmt*!

Es soll jetzt noch gezeigt werden, dass für die Christoffel-Symbole des rotierenden Systems bei Anwendung von (2.19) die gleichen Ergebnisse herauskommen. Gemäß (2.85) ist

$$\boldsymbol{J} = \begin{pmatrix} 1 & 0 & 0 & 0 \\ -r\,\frac{\omega}{c}\sin(\varphi + \omega\, t) & \cos(\varphi + \omega\, t) & -r\,\sin(\varphi + \omega\, t) & 0 \\ r\,\frac{\omega}{c}\cos(\varphi + \omega\, t) & \sin(\varphi + \omega\, t) & r\,\cos(\varphi + \omega\, t) & 0 \\ 0 & 0 & 0 & 1 \end{pmatrix}, \qquad (2.92)$$

d. h.,

$$\boldsymbol{J}^{-1} = \begin{pmatrix} 1 & 0 & 0 & 0 \\ 0 & \cos(\varphi + \omega\, t) & \sin(\varphi + \omega\, t) & 0 \\ -\frac{\omega}{c} & \frac{1}{r}\,\sin(\varphi + \omega\, t) & \frac{1}{r}\,\cos(\varphi + \omega\, t) & 0 \\ 0 & 0 & 0 & 1 \end{pmatrix}. \qquad (2.93)$$

Aus (2.89) und (2.90) können für die Christoffel-Symbole die Werte abgelesen werden (alle übrigen sind gleich Null):

$$\Gamma^1_{00} = -r\frac{\omega^2}{c^2},\; \Gamma^1_{02} = -r\frac{\omega}{c},\; \Gamma^1_{03} = -r\frac{\omega}{c},\; \Gamma^1_{22} = -1,$$

$$\Gamma^2_{01} = \frac{4\omega}{r\,c},\text{ und } \Gamma^2_{12} = \frac{4}{r}.$$

Entsprechend erhält man gemäß (2.19) z. B.

$$\Gamma^1_{00} = [0|\cos(\varphi+\omega\,t)|\sin(\varphi+\omega\,t)|0] \begin{pmatrix} 0 \\ -r\frac{\omega^2}{c^2}\cos(\varphi+\omega\,t) \\ -r\frac{mega^2}{c^2}\sin(\varphi+\omega\,t) \\ 0 \end{pmatrix}$$

$$= -r\frac{\omega^2}{c^2}.$$

2.5 Allgemeine Koordinatentransformationen

In der Allgemeinen Relativitätstheorie wird die Invarianz der allgemeinen Naturgesetze in Bezug auf beliebig zueinander bewegte Koordinatensysteme gefordert. Noch allgemeiner gesagt:

Es wird die Invarianz gegenüber beliebigen Koordinatentransformationen gefordert.

2.5.1 Absolute Ableitung

Zunächst muss geklärt werden, wie die Ableitungen eventuell modifiziert werden müssen, damit die abgeleiteten Ausdrücke invariant gegenüber Koordinatentransformationen werden.

Gegeben sei ein Vektorfeld $\boldsymbol{a}(\lambda)$, definiert entlang einer Kurve, deren Parameterdarstellung durch $\vec{\boldsymbol{x}}(\lambda)$ gegeben sei. Geht man zu einem anderen Koordinatensystem $\mathcal{K}'$ mit $\boldsymbol{a}'$ über, so interessiert für die mathematische Beschreibung insbesondere von dynamischen Vorgängen, wie die Ableitung $\mathrm{d}\boldsymbol{a}/\mathrm{d}\lambda$ in die Ableitung $\mathrm{d}\boldsymbol{a}'/\mathrm{d}\lambda$ transformiert wird. Es ist, da $\boldsymbol{T} = \boldsymbol{T}(\vec{\boldsymbol{x}}(\lambda))$ ist,

$$\frac{\mathrm{d}\boldsymbol{a}'}{\mathrm{d}\lambda} = \frac{\mathrm{d}(\boldsymbol{T}\boldsymbol{a})}{\mathrm{d}\lambda} = \boldsymbol{T}\frac{\mathrm{d}\boldsymbol{a}}{\mathrm{d}\lambda} + \left(\frac{\mathrm{d}\vec{\boldsymbol{x}}^{\mathsf{T}}}{\mathrm{d}\lambda} \otimes \boldsymbol{I}_4\right)\frac{\partial \boldsymbol{T}}{\partial \vec{\boldsymbol{x}}}\boldsymbol{a}, \tag{2.94}$$

d. h., $\mathrm{d}\boldsymbol{a}/\mathrm{d}\lambda$ wird nicht wie $\boldsymbol{a}$ einfach durch Multiplikation mit der Transformationsmatrix $\boldsymbol{T}$ in $\mathrm{d}\boldsymbol{a}'/\mathrm{d}\lambda$ transformiert. Der Grund hierfür liegt in der Definition der Ableitung als

$$\frac{\mathrm{d}\boldsymbol{a}}{\mathrm{d}\lambda} = \lim_{\delta\lambda\to 0}\frac{\boldsymbol{a}(\lambda+\delta\lambda) - \boldsymbol{a}(\lambda)}{\delta\lambda},$$

wobei die Differenz der Vektoren an verschiedenen Orten auf der Kurve γ gebildet wird, wozu im Allgemeinen eine Transformationsmatrix $\boldsymbol{T}(\lambda) \neq \boldsymbol{T}(\lambda+\delta\lambda)$ gehört.

Damit immer dieselbe Transformationsmatrix genommen werden kann, muss die Differenz von zwei Vektoren am *selben* Ort der Kurve genommen werden. Es ist

$$\delta \boldsymbol{a} \approx \frac{\mathrm{d}\boldsymbol{a}}{\mathrm{d}\lambda}\delta\lambda \tag{2.95}$$

und, wenn die Verschiebung von $\boldsymbol{a}$ entlang einer geodätischen Linie erfolgt

$$\frac{\mathrm{d}\boldsymbol{a}}{\mathrm{d}\lambda} + (\boldsymbol{I}_4 \otimes \boldsymbol{a}^{\mathsf{T}})\boldsymbol{\Gamma}\frac{\mathrm{d}\vec{\boldsymbol{x}}}{\mathrm{d}\lambda} = \boldsymbol{0},$$

also

$$\frac{\mathrm{d}\boldsymbol{a}}{\mathrm{d}\lambda} = -(\boldsymbol{I}_4 \otimes \boldsymbol{a}^{\mathsf{T}})\boldsymbol{\Gamma}\frac{\mathrm{d}\vec{\boldsymbol{x}}}{\mathrm{d}\lambda}. \tag{2.96}$$

Hierbei ist $\frac{\mathrm{d}\vec{\boldsymbol{x}}}{\mathrm{d}\lambda}$ der Tangentenvektor an die geodätische Kurve γ, wobei $\vec{\boldsymbol{x}}(\lambda)$ die Parameterdarstellung von γ ist. Multipliziert man (2.96) mit $\delta\lambda$, erhält man

$$\delta \boldsymbol{a} = -(\boldsymbol{I}_4 \otimes \boldsymbol{a}^{\mathsf{T}})\boldsymbol{\Gamma}\delta\vec{\boldsymbol{x}}. \tag{2.97}$$

Verschiebt man den Vektor $\boldsymbol{a}(\lambda)$ vom Ort $\vec{\boldsymbol{x}}(\lambda)$ parallel in den Ort $\vec{\boldsymbol{x}}(\lambda + \delta\lambda)$, dann erhält man den Vektor

$$\overline{\boldsymbol{a}} \stackrel{\text{def}}{=} \boldsymbol{a}(\lambda) + \delta\boldsymbol{a},$$

bzw. mit (2.97)

$$\overline{\boldsymbol{a}} \approx \boldsymbol{a}(\lambda) - (\boldsymbol{I}_4 \otimes \boldsymbol{a}^{\mathsf{T}})\boldsymbol{\Gamma}\delta\vec{\boldsymbol{x}}. \tag{2.98}$$

Andererseits ist $\boldsymbol{a}(\lambda + \delta\lambda) - \overline{\boldsymbol{a}}$ ein Vektor am Ort $\gamma(\lambda + \delta\lambda)$, ebenso wie $(\boldsymbol{a}(\lambda + \delta\lambda) - \overline{\boldsymbol{a}})/\delta\lambda$. Für $\delta\lambda \to 0$ bleibt dieser Quotient immer ein Vektor am selben, sich allerdings ändernden Ort.

Der Grenzwert dieses Quotienten wird *absolute Ableitung* $\frac{\mathrm{D}\boldsymbol{a}}{\mathrm{d}\lambda}$ von $\boldsymbol{a}(\lambda)$ entlang der Kurve γ genannt. Mit (2.98) wird

$$\lim_{\delta\lambda \to 0} \frac{\boldsymbol{a}(\lambda + \delta\lambda) - \overline{\boldsymbol{a}}}{\delta\lambda} \approx \frac{\mathrm{d}\boldsymbol{a}}{\mathrm{d}\lambda} + \lim_{\delta\lambda \to 0}\left(\boldsymbol{I}_4 \otimes \boldsymbol{a}^{\mathsf{T}}\right)\boldsymbol{\Gamma}\frac{\delta\vec{\boldsymbol{x}}}{\delta\lambda}$$

und deshalb definiert man die absolute Ableitung schließlich so

$$\frac{\mathrm{D}\boldsymbol{a}}{\mathrm{d}\lambda} \stackrel{\text{def}}{=} \frac{\mathrm{d}\boldsymbol{a}}{\mathrm{d}\lambda} + \left(\boldsymbol{I}_4 \otimes \boldsymbol{a}^{\mathsf{T}}\right)\boldsymbol{\Gamma}\frac{\mathrm{d}\vec{\boldsymbol{x}}}{\mathrm{d}\lambda} = \dot{\boldsymbol{a}} + \left(\boldsymbol{I}_4 \otimes \boldsymbol{a}^{\mathsf{T}}\right)\boldsymbol{\Gamma}\dot{\vec{\boldsymbol{x}}}. \tag{2.99}$$

Den abgeleiteten Vektor $\dot{\boldsymbol{a}}$ kann man zerlegen in

$$\dot{\boldsymbol{a}} = \frac{\partial \boldsymbol{a}}{\partial \vec{\boldsymbol{x}}^{\mathsf{T}}}\dot{\vec{\boldsymbol{x}}}, \tag{2.100}$$

so dass man in (2.99) $\dot{\vec{\boldsymbol{x}}}$ nach rechts herausziehen kann:

$$\frac{\mathrm{D}\boldsymbol{a}}{\mathrm{d}\lambda} = \left[\frac{\partial \boldsymbol{a}}{\partial \vec{\boldsymbol{x}}^{\mathsf{T}}} + (\boldsymbol{I}_4 \otimes \boldsymbol{a}^{\mathsf{T}})\boldsymbol{\Gamma}\right]\dot{\vec{\boldsymbol{x}}}. \tag{2.101}$$

Der in eckigen Klammern stehenden Ausdruck ist eine 4×4-Matrix ($\in \mathbb{R}^{4\times 4}$), die man *kovariante Ableitung* von $\boldsymbol{a}$ nennt. Man kürzt ihn mit $\boldsymbol{a}_{||\vec{\boldsymbol{x}}^{\mathsf{T}}}$ ab:

$$\boldsymbol{a}_{||\vec{\boldsymbol{x}}^{\mathsf{T}}} \stackrel{\text{def}}{=} \frac{\partial \boldsymbol{a}}{\partial \vec{\boldsymbol{x}}^{\mathsf{T}}} + (\boldsymbol{I}_4 \otimes \boldsymbol{a}^{\mathsf{T}})\boldsymbol{\Gamma}. \tag{2.102}$$

Diese kovariante Ableitung $\boldsymbol{a}_{||\vec{\boldsymbol{x}}^{\mathsf{T}}}$ geht in die normale partielle Ableitung $\frac{\partial \boldsymbol{a}}{\partial \vec{\boldsymbol{x}}^{\mathsf{T}}}$ über, wenn $\boldsymbol{\Gamma} = \boldsymbol{0}$ ist, also kein Gravitationsfeld vorliegt.

2.5.2 Transformation der Christoffel-Matrix $\tilde{\boldsymbol{\Gamma}}$

Nach (2.23) ist die Christoffel-Matrix so definiert

$$\tilde{\boldsymbol{\Gamma}} \stackrel{\text{def}}{=} \boldsymbol{J}^{-1}\frac{\partial \boldsymbol{J}}{\partial \vec{\boldsymbol{x}}^{\mathsf{T}}} = \frac{\partial \vec{\boldsymbol{x}}}{\partial \vec{\boldsymbol{\xi}}^{\mathsf{T}}} \cdot \frac{\partial^2 \vec{\boldsymbol{\xi}}}{\partial \vec{\boldsymbol{x}}^{\mathsf{T}} \partial \vec{\boldsymbol{x}}^{\mathsf{T}}}. \tag{2.103}$$

Geht man von dem Koordinatensystem mit $\vec{\boldsymbol{x}}$ zu dem Koordinatensystem mit den Koordinaten $\vec{\boldsymbol{x}}'$ über, dann erhält man mit den Transformationsmatrizen

$$\boldsymbol{T} \stackrel{\text{def}}{=} \frac{\partial \vec{\boldsymbol{x}}'}{\partial \vec{\boldsymbol{x}}^{\mathsf{T}}} \tag{2.104}$$

und

$$\bar{\boldsymbol{T}} \stackrel{\text{def}}{=} \frac{\partial \vec{\boldsymbol{x}}}{\partial \vec{\boldsymbol{x}}'^{\mathsf{T}}}. \tag{2.105}$$

für die Christoffel-Matrix $\tilde{\boldsymbol{\Gamma}}'$ in dem Koordinatensystem mit $\vec{\boldsymbol{x}}'$

$$\tilde{\boldsymbol{\Gamma}}' \overset{\text{def}}{=} \frac{\partial \vec{\boldsymbol{x}}'}{\partial \vec{\boldsymbol{\xi}}^{\mathsf{T}}} \cdot \frac{\partial^2 \vec{\boldsymbol{\xi}}}{\partial \vec{\boldsymbol{x}}'^{\mathsf{T}} \partial \vec{\boldsymbol{x}}'^{\mathsf{T}}} = \frac{\partial \vec{\boldsymbol{x}}'}{\partial \vec{\boldsymbol{x}}^{\mathsf{T}}} \frac{\partial \vec{\boldsymbol{x}}}{\partial \vec{\boldsymbol{\xi}}^{\mathsf{T}}} \frac{\partial}{\partial \vec{\boldsymbol{x}}'^{\mathsf{T}}} \left(\frac{\partial \vec{\boldsymbol{\xi}}}{\partial \vec{\boldsymbol{x}}'^{\mathsf{T}}} \right)$$

$$= \boldsymbol{T} \cdot \underbrace{\frac{\partial \vec{\boldsymbol{x}}}{\partial \vec{\boldsymbol{\xi}}^{\mathsf{T}}}}_{\boldsymbol{J}^{-1}} \frac{\partial}{\partial \vec{\boldsymbol{x}}'^{\mathsf{T}}} \left(\underbrace{\frac{\partial \vec{\boldsymbol{\xi}}}{\partial \vec{\boldsymbol{x}}^{\mathsf{T}}}}_{\boldsymbol{J}} \cdot \underbrace{\frac{\partial \vec{\boldsymbol{x}}}{\partial \vec{\boldsymbol{x}}'^{\mathsf{T}}}}_{\bar{\boldsymbol{T}}} \right). \tag{2.106}$$

Mit der Produkt- und Kettenregel erhält man für

$$\frac{\partial}{\partial \vec{\boldsymbol{x}}'^{\mathsf{T}}} \left(\boldsymbol{J} \cdot \bar{\boldsymbol{T}} \right) = \frac{\partial \boldsymbol{J}}{\partial \vec{\boldsymbol{x}}'^{\mathsf{T}}} (\boldsymbol{I}_4 \otimes \bar{\boldsymbol{T}}) + \boldsymbol{J} \frac{\partial \bar{\boldsymbol{T}}}{\partial \vec{\boldsymbol{x}}'^{\mathsf{T}}}$$
$$= \frac{\partial \boldsymbol{J}}{\partial \vec{\boldsymbol{x}}^{\mathsf{T}}} (\bar{\boldsymbol{T}} \otimes \boldsymbol{I}_4)(\boldsymbol{I}_4 \otimes \bar{\boldsymbol{T}}) + \boldsymbol{J} \frac{\partial \bar{\boldsymbol{T}}}{\partial \vec{\boldsymbol{x}}^{\mathsf{T}}} (\bar{\boldsymbol{T}} \otimes \boldsymbol{I}_4)$$
$$= \frac{\partial \boldsymbol{J}}{\partial \vec{\boldsymbol{x}}^{\mathsf{T}}} (\bar{\boldsymbol{T}} \otimes \bar{\boldsymbol{T}}) + \boldsymbol{J} \frac{\partial \bar{\boldsymbol{T}}}{\partial \vec{\boldsymbol{x}}^{\mathsf{T}}} (\bar{\boldsymbol{T}} \otimes \boldsymbol{I}_4). \tag{2.107}$$

(2.107) in (2.106) eingesetzt liefert schließlich

$$\tilde{\boldsymbol{\Gamma}}' = \boldsymbol{T} \tilde{\boldsymbol{\Gamma}} (\bar{\boldsymbol{T}} \otimes \bar{\boldsymbol{T}}) + \boldsymbol{T} \frac{\partial \bar{\boldsymbol{T}}}{\partial \vec{\boldsymbol{x}}^{\mathsf{T}}} (\bar{\boldsymbol{T}} \otimes \boldsymbol{I}_4). \tag{2.108}$$

Der zweite Summand auf der rechten Seite bringt die Koordinatenabhängigkeit der Transformationsmatrix $\boldsymbol{T}$ zum Ausdruck.

Eine weitere wichtige Eigenschaft erhält man wie folgt. Differenziert man $\boldsymbol{I}_4 = \boldsymbol{T}\bar{\boldsymbol{T}}$ nach $\vec{\boldsymbol{x}}^{\mathsf{T}}$, erhält man

$$\boldsymbol{0} = \frac{\partial \boldsymbol{T}}{\partial \vec{\boldsymbol{x}}^{\mathsf{T}}} (\boldsymbol{I}_4 \otimes \bar{\boldsymbol{T}}) + \boldsymbol{T} \frac{\partial \bar{\boldsymbol{T}}}{\partial \vec{\boldsymbol{x}}^{\mathsf{T}}},$$

d. h.,

$$\boldsymbol{T} \frac{\partial \bar{\boldsymbol{T}}}{\partial \boldsymbol{x}^{\mathsf{T}}} = -\frac{\partial \boldsymbol{T}}{\partial \vec{\boldsymbol{x}}^{\mathsf{T}}} (\boldsymbol{I}_4 \otimes \bar{\boldsymbol{T}}). \tag{2.109}$$

Geht man damit in (2.108) erhält man eine weitere Form für die transformierte Christoffel-Matrix, nämlich

$$\tilde{\boldsymbol{\Gamma}}' = \boldsymbol{T}\tilde{\boldsymbol{\Gamma}}(\bar{\boldsymbol{T}} \otimes \bar{\boldsymbol{T}}) - \frac{\partial \boldsymbol{T}}{\partial \vec{\boldsymbol{x}}^{\mathsf{T}}}(\bar{\boldsymbol{T}} \otimes \bar{\boldsymbol{T}}). \tag{2.110}$$

Es ist weiterhin

$$\frac{\mathrm{d}^2\vec{\boldsymbol{x}}'}{\mathrm{d}\tau^2} = \frac{\mathrm{d}}{\mathrm{d}\tau}\left(\underbrace{\frac{\partial \vec{\boldsymbol{x}}'}{\partial \vec{\boldsymbol{x}}^{\mathsf{T}}}}_{\boldsymbol{T}} \cdot \frac{\mathrm{d}\vec{x}}{\mathrm{d}\tau}\right) = \boldsymbol{T}\frac{\mathrm{d}^2\vec{x}}{\mathrm{d}\tau^2} + \frac{\partial \boldsymbol{T}}{\partial \vec{\boldsymbol{x}}^{\mathsf{T}}}\underbrace{\left(\frac{\mathrm{d}\vec{x}}{\mathrm{d}\tau} \otimes \boldsymbol{I}_4\right)\frac{\mathrm{d}\vec{x}}{\mathrm{d}\tau}}_{\left(\frac{\mathrm{d}\vec{x}}{\mathrm{d}\tau} \otimes \frac{\mathrm{d}\vec{x}}{\mathrm{d}\tau}\right)}. \tag{2.111}$$

(2.110) von rechts mit dem Vektor $\left(\frac{\mathrm{d}\vec{x}'}{\mathrm{d}\tau} \otimes \frac{\mathrm{d}\vec{x}'}{\mathrm{d}\tau}\right)$ multipliziert, liefert

$$\tilde{\boldsymbol{\Gamma}}'\left(\frac{\mathrm{d}\vec{\boldsymbol{x}}'}{\mathrm{d}\tau} \otimes \frac{\mathrm{d}\vec{\boldsymbol{x}}'}{\mathrm{d}\tau}\right) = \boldsymbol{T}\tilde{\boldsymbol{\Gamma}}\underbrace{(\bar{\boldsymbol{T}} \otimes \bar{\boldsymbol{T}})\left(\frac{\mathrm{d}\vec{\boldsymbol{x}}'}{\mathrm{d}\tau} \otimes \frac{\mathrm{d}\vec{\boldsymbol{x}}'}{\mathrm{d}\tau}\right)}_{\left(\frac{\mathrm{d}\vec{x}}{\mathrm{d}\tau} \otimes \frac{\mathrm{d}\vec{x}}{\mathrm{d}\tau}\right)} - \frac{\partial \boldsymbol{T}}{\partial \vec{\boldsymbol{x}}^{\mathsf{T}}}\underbrace{(\bar{\boldsymbol{T}} \otimes \bar{\boldsymbol{T}})\left(\frac{\mathrm{d}\vec{\boldsymbol{x}}'}{\mathrm{d}\tau} \otimes \frac{\mathrm{d}\vec{\boldsymbol{x}}'}{\mathrm{d}\tau}\right)}_{\left(\frac{\mathrm{d}\vec{x}}{\mathrm{d}\tau} \otimes \frac{\mathrm{d}\vec{x}}{\mathrm{d}\tau}\right)}. \tag{2.112}$$

Addiert man Gl. (2.111) und (2.112), erhält man schließlich

$$\frac{\mathrm{d}^2\vec{\boldsymbol{x}}'}{\mathrm{d}\tau^2} + \tilde{\boldsymbol{\Gamma}}'\left(\frac{\mathrm{d}\vec{\boldsymbol{x}}'}{\mathrm{d}\tau} \otimes \frac{\mathrm{d}\vec{\boldsymbol{x}}'}{\mathrm{d}\tau}\right) = \boldsymbol{T}\left[\frac{\mathrm{d}^2\vec{\boldsymbol{x}}}{\mathrm{d}\tau^2} + \tilde{\boldsymbol{\Gamma}}\left(\frac{\mathrm{d}\vec{\boldsymbol{x}}}{\mathrm{d}\tau} \otimes \frac{\mathrm{d}\vec{\boldsymbol{x}}}{\mathrm{d}\tau}\right)\right]. \tag{2.113}$$

Der Vektor in der eckigen Klammer in (2.113) transformiert sich also wie ein Vektor im Allgemeinen! Die Bewegungsgleichung ist invariant.

2.5.3 Transformation der Christoffel-Matrix $\hat{\boldsymbol{\Gamma}}$

Nach (2.16) ist

$$\hat{\boldsymbol{\Gamma}} = \boldsymbol{U}_{4\times 4}\begin{pmatrix} \boldsymbol{J}^{-1}\boldsymbol{J}_0 \\ \cdot \\ \cdot \\ \boldsymbol{J}^{-1}\boldsymbol{J}_3 \end{pmatrix} = \boldsymbol{U}_{4\times 4}(\boldsymbol{I}_4 \otimes \boldsymbol{J}^{-1})\frac{\partial \boldsymbol{J}}{\partial \vec{\boldsymbol{x}}}, \tag{2.114}$$

wobei

$$J = \frac{\partial \vec{\xi}}{\partial \vec{x}^{\mathsf{T}}}$$

ist. Definiert man weiter

$$J' = \frac{\partial \vec{\xi}}{\partial \vec{x}'^{\mathsf{T}}}, \tag{2.115}$$

erhält man mit den Transformationsmatrizen T und $\bar{T}$ die Beziehung

$$J = \frac{\partial \vec{\xi}}{\partial \vec{x}^{\mathsf{T}}} = \frac{\partial \vec{\xi}}{\partial \vec{x}'^{\mathsf{T}}} \frac{\partial \vec{x}'}{\partial \vec{x}^{\mathsf{T}}} = \frac{\partial \vec{\xi}}{\partial \vec{x}'^{\mathsf{T}}} T, \tag{2.116}$$

d. h., mit (2.115) ist

$$J = J'T \tag{2.117}$$

bzw.

$$J' = J\bar{T}. \tag{2.118}$$

Es ist

$$\hat{\Gamma}' = U_{4\times4}(I_4 \otimes J'^{-1})\frac{\partial J'}{\partial \vec{x}'}. \tag{2.119}$$

Mit

$$J'^{-1} = TJ^{-1}$$

und

$$\frac{\partial J'}{\partial \vec{x}'} = \frac{\partial J\bar{T}}{\partial \vec{x}'} = \frac{\partial J}{\partial \vec{x}'}\bar{T} + (I_4 \otimes J)\frac{\partial \bar{T}}{\partial x'}$$

erhält man dann

$$\begin{aligned}\hat{\Gamma}' &= U_{4\times4}(I_4 \otimes T)(I_4 \otimes J^{-1})\left(\frac{\partial J}{\partial \vec{x}'}\bar{T} + (I_4 \otimes J)\frac{\partial \bar{T}}{\partial x'}\right)\\ &= U_{4\times4}(I_4 \otimes T)\left((I_4 \otimes J^{-1})\frac{\partial J}{\partial \vec{x}'}\bar{T} + \frac{\partial \bar{T}}{\partial x'}\right).\end{aligned} \tag{2.120}$$

Weiter ist

$$\frac{\partial J}{\partial \vec{x}'} = \left(\frac{\partial \vec{x}^{\mathsf{T}}}{\partial \vec{x}'} \otimes I_4\right)\frac{\partial J}{\partial \vec{x}} = \left(\bar{T}^{\mathsf{T}} \otimes I_4\right)\frac{\partial J}{\partial \vec{x}}; \tag{2.121}$$

also

$$\hat{\boldsymbol{\Gamma}}' = \boldsymbol{U}_{4\times 4}\left[(\bar{\boldsymbol{T}}^{\mathsf{T}} \otimes \boldsymbol{T}\boldsymbol{J}^{-1})\frac{\partial \boldsymbol{J}}{\partial \vec{\boldsymbol{x}}}\bar{\boldsymbol{T}} + (\boldsymbol{I}_4 \otimes \boldsymbol{T})\frac{\partial \bar{\boldsymbol{T}}}{\partial \vec{\boldsymbol{x}}'}\right]$$
$$= \underbrace{\boldsymbol{U}_{4\times 4}(\bar{\boldsymbol{T}}^{\mathsf{T}} \otimes \boldsymbol{T})\boldsymbol{U}_{4\times 4}}_{\boldsymbol{T}\otimes\bar{\boldsymbol{T}}^{\mathsf{T}}}\underbrace{\boldsymbol{U}_{4\times 4}(\boldsymbol{I}_4 \otimes \boldsymbol{J}^{-1})\frac{\partial \boldsymbol{J}}{\partial \vec{\boldsymbol{x}}}}_{\hat{\boldsymbol{\Gamma}}}\bar{\boldsymbol{T}} + \boldsymbol{U}_{4\times 4}(\boldsymbol{I}_4 \otimes \boldsymbol{T})\frac{\partial \bar{\boldsymbol{T}}}{\partial \vec{\boldsymbol{x}}'},$$

d. h. mit (2.114)

$$\hat{\boldsymbol{\Gamma}}' = (\boldsymbol{T} \otimes \bar{\boldsymbol{T}}^{\mathsf{T}})\hat{\boldsymbol{\Gamma}}\bar{\boldsymbol{T}} + \boldsymbol{U}_{4\times 4}(\boldsymbol{I}_4 \otimes \boldsymbol{T})\frac{\partial \bar{\boldsymbol{T}}}{\partial \vec{\boldsymbol{x}}'}. \tag{2.122}$$

Der zweite Summand auf der rechten Seite bringt wieder die Koordinatenabhängigkeit der Transformationsmatrix $\boldsymbol{T}$ zum Ausdruck.

2.5.4 Koordinatentransformation und kovariante Ableitung

Es ist

$$\boldsymbol{T}\bar{\boldsymbol{T}} = \boldsymbol{I},$$

also

$$\frac{\partial}{\partial \vec{\boldsymbol{x}}'}(\boldsymbol{T}\bar{\boldsymbol{T}}) = \boldsymbol{0} = \frac{\partial \boldsymbol{T}}{\partial \vec{\boldsymbol{x}}'}\bar{\boldsymbol{T}} + (\boldsymbol{I}_4 \otimes \boldsymbol{T})\frac{\partial \bar{\boldsymbol{T}}}{\partial \vec{\boldsymbol{x}}'},$$

bzw.

$$(\boldsymbol{I}_4 \otimes \boldsymbol{T})\frac{\partial \bar{\boldsymbol{T}}}{\partial \vec{\boldsymbol{x}}'} = -\frac{\partial \boldsymbol{T}}{\partial \vec{\boldsymbol{x}}'}\bar{\boldsymbol{T}}. \tag{2.123}$$

Für

$$\boldsymbol{a}' = \boldsymbol{T}\boldsymbol{a} \tag{2.124}$$

ist die partielle Ableitung nach $\vec{\boldsymbol{x}}'$:

$$\frac{\partial \boldsymbol{a}'}{\partial \vec{\boldsymbol{x}}'} = \frac{\partial}{\partial \vec{\boldsymbol{x}}'}(\boldsymbol{T}\boldsymbol{a}) = \frac{\partial \boldsymbol{T}}{\partial \vec{\boldsymbol{x}}'}\boldsymbol{a} + (\boldsymbol{I}_4 \otimes \boldsymbol{T})\frac{\partial \boldsymbol{a}}{\partial \vec{\boldsymbol{x}}'}. \tag{2.125}$$

Andererseits ist

$$\frac{\partial \boldsymbol{a}}{\partial \vec{\boldsymbol{x}}'} = \left(\frac{\partial \vec{\boldsymbol{x}}^{\mathsf{T}}}{\partial \vec{\boldsymbol{x}}'} \otimes \boldsymbol{I}_4 \right) \frac{\partial \boldsymbol{a}}{\partial \vec{\boldsymbol{x}}} = (\bar{\boldsymbol{T}}^{\mathsf{T}} \otimes \boldsymbol{I}_4) \frac{\partial \boldsymbol{a}}{\partial \vec{\boldsymbol{x}}}.$$

Das in (2.125) liefert schließlich

$$\frac{\partial \boldsymbol{a}'}{\partial \vec{\boldsymbol{x}}'} = (\bar{\boldsymbol{T}}^{\mathsf{T}} \otimes \boldsymbol{T}) \frac{\partial \boldsymbol{a}}{\partial \vec{\boldsymbol{x}}} + \frac{\partial \boldsymbol{T}}{\partial \vec{\boldsymbol{x}}'} \boldsymbol{a}. \tag{2.126}$$

Wie transformiert sich das Produkt aus $\boldsymbol{\Gamma}$ und einem Vektor $\boldsymbol{a}$? Es ist

$$\boldsymbol{\Gamma}' \boldsymbol{a}' = (\boldsymbol{T} \otimes \bar{\boldsymbol{T}}^{\mathsf{T}}) \boldsymbol{\Gamma} \bar{\boldsymbol{T}} \boldsymbol{T} \boldsymbol{a} + \boldsymbol{U}_{4\times 4} (\boldsymbol{I}_4 \otimes \boldsymbol{T}) \frac{\partial \boldsymbol{T}^{-1}}{\partial \vec{\boldsymbol{x}}'} \boldsymbol{T} \boldsymbol{a}. \tag{2.127}$$

Darin erhält man für

$$\frac{\partial \boldsymbol{T}^{-1}}{\partial \vec{\boldsymbol{x}}'} = -(\boldsymbol{I}_4 \otimes \boldsymbol{T}^{-1}) \frac{\partial \boldsymbol{T}}{\partial \vec{\boldsymbol{x}}'} \boldsymbol{T}^{-1}.$$

Das in (2.127) eingesetzt, ergibt

$$\boldsymbol{\Gamma}' \boldsymbol{a}' = (\boldsymbol{T} \otimes \bar{\boldsymbol{T}}^{\mathsf{T}}) \boldsymbol{\Gamma} \boldsymbol{a} - \boldsymbol{U}_{4\times 4} \frac{\partial \boldsymbol{T}}{\partial \vec{\boldsymbol{x}}'} \boldsymbol{a}. \tag{2.128}$$

Addiert man zu Gl. (2.126) die von links mit der Matrix $\boldsymbol{U}_{4\times 4}$ multiplizierte Gl. (2.128), erhält man

$$\frac{\partial \boldsymbol{a}'}{\partial \vec{\boldsymbol{x}}'} + \boldsymbol{U}_{4\times 4} \boldsymbol{\Gamma}' \boldsymbol{a}' = (\bar{\boldsymbol{T}}^{\mathsf{T}} \otimes \boldsymbol{T}) \frac{\partial \boldsymbol{a}}{\partial \vec{\boldsymbol{x}}} + \boldsymbol{U}_{4\times 4} (\boldsymbol{T} \otimes \bar{\boldsymbol{T}}^{\mathsf{T}}) \boldsymbol{U}_{4\times 4} \boldsymbol{U}_{4\times 4} \boldsymbol{\Gamma} \boldsymbol{a},$$

also

$$\frac{\partial \boldsymbol{a}'}{\partial \vec{\boldsymbol{x}}'} + \boldsymbol{U}_{4\times 4} \boldsymbol{\Gamma}' \boldsymbol{a}' = (\bar{\boldsymbol{T}}^{\mathsf{T}} \otimes \boldsymbol{T}) \left[\frac{\partial \boldsymbol{a}}{\partial \vec{\boldsymbol{x}}} + \boldsymbol{U}_{4\times 4} \boldsymbol{\Gamma} \boldsymbol{a} \right]. \tag{2.129}$$

(2.129) legt die Definition nahe,

$$\boldsymbol{\Gamma}^* \stackrel{\text{def}}{=} \boldsymbol{U}_{4\times 4} \boldsymbol{\Gamma} = \frac{1}{2} (\boldsymbol{I} \otimes \boldsymbol{G}^{-1}) \left[(\boldsymbol{I}_{16} - \boldsymbol{U}_{4\times 4}) \frac{\partial \boldsymbol{G}}{\partial \vec{\boldsymbol{x}}} + \boldsymbol{U}_{4\times 4} \begin{pmatrix} \frac{\partial \boldsymbol{g}_0}{\partial \vec{\boldsymbol{x}}^{\mathsf{T}}} \\ \vdots \\ \frac{\partial \boldsymbol{g}_3}{\partial \vec{\boldsymbol{x}}^{\mathsf{T}}} \end{pmatrix} \right] \tag{2.130}$$

um kompakter

$$\frac{\partial \boldsymbol{a}'}{\partial \vec{\boldsymbol{x}}'} + \boldsymbol{\Gamma}^{*\prime}\boldsymbol{a}' = (\bar{\boldsymbol{T}}^{\mathsf{T}} \otimes \boldsymbol{T})\left[\frac{\partial \boldsymbol{a}}{\partial \vec{\boldsymbol{x}}} + \boldsymbol{\Gamma}^{*}\boldsymbol{a}\right] \tag{2.131}$$

zu erhalten. In dieser Gleichung wird auf der rechten Gleichungsseite ein Vektor aus $\mathbb{R}^{16}$ mit einer 16×16-Matrix multipliziert! Wir führen folgende Abkürzungen ein:

$$\boldsymbol{a}_{|\vec{x}} \stackrel{\text{def}}{=} \frac{\partial \boldsymbol{a}}{\partial \vec{\boldsymbol{x}}} \tag{2.132}$$

und

$$\underline{\underline{\boldsymbol{a}_{\|\vec{x}} \stackrel{\text{def}}{=} \boldsymbol{a}_{|\vec{x}} + \boldsymbol{\Gamma}^{*}\boldsymbol{a}.}} \tag{2.133}$$

$\boldsymbol{a}_{\|\vec{x}}$ nennt man die *kovariante Ableitung von* $\boldsymbol{a}$ *bezüglich* $\vec{\boldsymbol{x}}$. Der Zusammenhang (2.131) schreibt sich jetzt

$$\boldsymbol{a}'_{\|\vec{x}'} = (\bar{\boldsymbol{T}}^{\mathsf{T}} \otimes \boldsymbol{T})\boldsymbol{a}_{\|\vec{x}}. \tag{2.134}$$

Die Form auf der rechten Seite von (2.131) erinnert an die rechte Seite der Form, die bei der **vec**-Operation auftritt; denn es ist allgemein

$$\boldsymbol{vec}(\boldsymbol{ABC}) = (\boldsymbol{C}^{\mathsf{T}} \otimes \boldsymbol{A})\boldsymbol{vec}(\boldsymbol{B}). \tag{2.135}$$

Um dieses Lemma verwenden zu können, wird (2.131) zunächst etwas ausführlicher geschrieben. Mit

$$\boldsymbol{\Gamma}_k^{*} \stackrel{\text{def}}{=} (\boldsymbol{i}_k^{\mathsf{T}} \otimes \boldsymbol{G}^{-1})\left[\frac{1}{2}\boldsymbol{I}_{16} - \boldsymbol{U}_{4\times 4}\right]\frac{\partial \boldsymbol{G}}{\partial \vec{\boldsymbol{x}}}, \tag{2.136}$$

wobei $\boldsymbol{i}_k^{\mathsf{T}}$ die k-te Zeile der Einheitsmatrix $\boldsymbol{I}_4$ ist, erhält man für (2.131)

$$\left(\frac{\partial \boldsymbol{a}'}{\partial x_0'}\right) \cdots \frac{\partial \boldsymbol{a}'}{\partial x_3'} + \begin{pmatrix} \boldsymbol{\Gamma}^{*\prime}{}_0\boldsymbol{a}' \\ \vdots \\ \boldsymbol{\Gamma}^{*\prime}{}_3\boldsymbol{a}' \end{pmatrix} = (\boldsymbol{I}_4^{\mathsf{T}} \otimes \boldsymbol{I}_4)\left[\begin{pmatrix} \dfrac{\partial \boldsymbol{a}'}{\partial x_0'} \\ \vdots \\ \dfrac{\partial \boldsymbol{a}'}{\partial x_3'} \end{pmatrix} + \begin{pmatrix} \boldsymbol{\Gamma}^{*\prime}{}_0\boldsymbol{a}' \\ \vdots \\ \boldsymbol{\Gamma}^{*\prime}{}_3\boldsymbol{a}' \end{pmatrix}\right]$$

$$= (\bar{\boldsymbol{T}}^{\mathsf{T}} \otimes \boldsymbol{T}) \left[\begin{pmatrix} \frac{\partial \boldsymbol{a}}{\partial x_0} \\ \cdot \\ \cdot \\ \frac{\partial \boldsymbol{a}}{\partial x_3} \end{pmatrix} + \begin{pmatrix} \boldsymbol{\Gamma}_0^* \boldsymbol{a} \\ \cdot \\ \cdot \\ \boldsymbol{\Gamma}_3^* \boldsymbol{a} \end{pmatrix} \right]. \tag{2.137}$$

Jetzt Lemma (2.135) auf diese Gleichung angewendet, liefert

$$\left[\frac{\partial \boldsymbol{a}'}{\partial x_0'} || .. || \frac{\partial \boldsymbol{a}'}{\partial x_3'} \right] + \left[\boldsymbol{\Gamma}^{*\prime}{}_0 \boldsymbol{a}' || .. || \boldsymbol{\Gamma}^{*\prime}{}_3 \boldsymbol{a}' \right] = \boldsymbol{T} \left\{ \left[\frac{\partial \boldsymbol{a}}{\partial x_0} || .. || \frac{\partial \boldsymbol{a}}{\partial x_3} \right] + \left[\boldsymbol{\Gamma}^*{}_0 \boldsymbol{a} || .. || \boldsymbol{\Gamma}^*{}_3 \boldsymbol{a} \right] \right\} \boldsymbol{T}^{-1}. \tag{2.138}$$

Mit

$$\frac{\partial \boldsymbol{a}}{\partial \vec{\boldsymbol{x}}^{\mathsf{T}}} \stackrel{\text{def}}{=} \left[\frac{\partial \boldsymbol{a}}{\partial x_0} | .. | \frac{\partial \boldsymbol{a}}{\partial x_3} \right] \in \mathbb{R}^{4 \times 4} \text{ und } \bar{\boldsymbol{\Gamma}} \stackrel{\text{def}}{=} \left[\boldsymbol{\Gamma}_0^* | .. | \boldsymbol{\Gamma}_3^* \right] \in \mathbb{R}^{4 \times 16}$$

erhält man daraus

$$\frac{\partial \boldsymbol{a}'}{\partial \vec{\boldsymbol{x}}'^{\mathsf{T}}} + \bar{\boldsymbol{\Gamma}}'(\boldsymbol{I}_4 \otimes \boldsymbol{a}') = \boldsymbol{T} \left[\frac{\partial \boldsymbol{a}}{\partial \vec{\boldsymbol{x}}^{\mathsf{T}}} + \bar{\boldsymbol{\Gamma}}(\boldsymbol{I}_4 \otimes \boldsymbol{a}) \right] \boldsymbol{T}^{-1}. \tag{2.139}$$

Die Matrizensumme

$$\frac{\partial \boldsymbol{a}}{\partial \vec{\boldsymbol{x}}^{\mathsf{T}}} + \bar{\boldsymbol{\Gamma}}(\boldsymbol{I}_4 \otimes \boldsymbol{a})$$

wird also mittels einer normalen Ähnlichkeitstransformation in die Matrizensumme

$$\frac{\partial \boldsymbol{a}'}{\partial \vec{\boldsymbol{x}}'^{\mathsf{T}}} + \bar{\boldsymbol{\Gamma}}'(\boldsymbol{I}_4 \otimes \boldsymbol{a}')$$

überführt! Es werden wieder folgende Abkürzungen eingeführt (jetzt ist $\vec{\boldsymbol{x}}$ transponiert!):

$$\boldsymbol{a}_{|\vec{\boldsymbol{x}}^{\mathsf{T}}} \stackrel{\text{def}}{=} \frac{\partial \boldsymbol{a}}{\partial \vec{\boldsymbol{x}}^{\mathsf{T}}} \tag{2.140}$$

und

$$\boldsymbol{a}_{||\vec{\boldsymbol{x}}^{\mathsf{T}}} \stackrel{\text{def}}{=} \boldsymbol{a}_{|\vec{\boldsymbol{x}}^{\mathsf{T}}} + \bar{\boldsymbol{\Gamma}}(\boldsymbol{I}_4 \otimes \boldsymbol{a}) \in \mathbb{R}^{4 \times 4}. \tag{2.141}$$

$\boldsymbol{a}_{\|\vec{x}^{\top}}$ nennt man wieder *kovariante Ableitung* von $\boldsymbol{a}$, jetzt aber bezüglich dem *transponierten* Vektor $\vec{\boldsymbol{x}}^{\top}$. Der Zusammenhang (2.139) schreibt sich jetzt

$$\boldsymbol{a}'_{\|\vec{x}'^{\top}} = \boldsymbol{T}\,\boldsymbol{a}_{\|\vec{x}^{\top}}\,\boldsymbol{T}^{-1}. \tag{2.142}$$

Wichtige Folgerung:

Damit in den Formeln der Allgemeinen Relativitätstheorie Invarianz gegenüber Koordinatentransformationen besteht, müssen in Formeln aus der Speziellen Relativitätstheorie gewöhnliche Ableitungen $\frac{\partial \boldsymbol{a}}{\partial \boldsymbol{x}^{\top}}$ durch kovariante Ableitungen $\boldsymbol{a}_{\|\boldsymbol{x}^{\top}}$ ersetzt werden!

Die in (2.141) definierte kovariante Ableitung unterscheidet sich von der in (2.101) definierten in dem Summanden $\bar{\boldsymbol{\Gamma}}(\boldsymbol{I}_4 \otimes \boldsymbol{a})$; dort stand an dessen Stelle $(\boldsymbol{I}_4 \otimes \boldsymbol{a}^{\top})\boldsymbol{\Gamma}$. Es ist aber in der Tat

$$\bar{\boldsymbol{\Gamma}}(\boldsymbol{I}_4 \otimes \boldsymbol{a}) = (\boldsymbol{I}_4 \otimes \boldsymbol{a}^{\top})\boldsymbol{\Gamma}. \tag{2.143}$$

Denn bezeichnet man mit $\boldsymbol{\gamma}_j^{i\,\top}$ die j-te Zeile der Untermatrix $\boldsymbol{\Gamma}_i$, dann setzt sich die Matrix $\boldsymbol{\Gamma}^*$ wie folgt zusammen

$$\boldsymbol{\Gamma}^* = \boldsymbol{U}_{4\times 4}\boldsymbol{\Gamma} = \begin{pmatrix} \boldsymbol{\gamma}_0^{0\,\top} \\ \boldsymbol{\gamma}_0^{1\,\top} \\ \boldsymbol{\gamma}_0^{2\,\top} \\ \boldsymbol{\gamma}_0^{3\,\top} \\ \hline \vdots \\ \hline \boldsymbol{\gamma}_3^{0\,\top} \\ \boldsymbol{\gamma}_3^{1\,\top} \\ \boldsymbol{\gamma}_3^{2\,\top} \\ \boldsymbol{\gamma}_3^{3\,\top} \end{pmatrix},$$

d. h., es ist

$$\bar{\boldsymbol{\Gamma}} = \begin{pmatrix} \boldsymbol{\gamma}_0^{0\,\top} & & \boldsymbol{\gamma}_3^{0\,\top} \\ \boldsymbol{\gamma}_0^{1\,\top} & & \boldsymbol{\gamma}_3^{1\,\top} \\ \boldsymbol{\gamma}_0^{2\,\top} & \cdots & \boldsymbol{\gamma}_3^{2\,\top} \\ \boldsymbol{\gamma}_0^{3\,\top} & & \boldsymbol{\gamma}_3^{3\,\top} \end{pmatrix}. \tag{2.144}$$

Damit erhält man unter Beachtung von $\boldsymbol{\Gamma}_i = \boldsymbol{\Gamma}_i^{\mathsf{T}}$:

$$\underline{\underline{\bar{\boldsymbol{\Gamma}}(\boldsymbol{I}_4 \otimes \boldsymbol{a})}} = \begin{pmatrix} \boldsymbol{\gamma}_0^{0\mathsf{T}}\boldsymbol{a} & \boldsymbol{\gamma}_3^{0\mathsf{T}}\boldsymbol{a} \\ \boldsymbol{\gamma}_0^{1\mathsf{T}}\boldsymbol{a} & \boldsymbol{\gamma}_3^{1\mathsf{T}}\boldsymbol{a} \\ \boldsymbol{\gamma}_0^{2\mathsf{T}}\boldsymbol{a} \,..\, & \boldsymbol{\gamma}_3^{2\mathsf{T}}\boldsymbol{a} \\ \boldsymbol{\gamma}_0^{3\mathsf{T}}\boldsymbol{a} & \boldsymbol{\gamma}_3^{3\mathsf{T}}\boldsymbol{a} \end{pmatrix} = \begin{pmatrix} \boldsymbol{a}^{\mathsf{T}}\boldsymbol{\gamma}_0^0 & \boldsymbol{a}^{\mathsf{T}}\boldsymbol{\gamma}_3^0 \\ \boldsymbol{a}^{\mathsf{T}}\boldsymbol{\gamma}_0^1 & \boldsymbol{a}^{\mathsf{T}}\boldsymbol{\gamma}_3^1 \\ \boldsymbol{a}^{\mathsf{T}}\boldsymbol{\gamma}_0^2 \,..\, & \boldsymbol{a}^{\mathsf{T}}\boldsymbol{\gamma}_3^2 \\ \boldsymbol{a}^{\mathsf{T}}\boldsymbol{\gamma}_0^3 & \boldsymbol{a}^{\mathsf{T}}\boldsymbol{\gamma}_3^3 \end{pmatrix}$$

$$= \begin{pmatrix} \boldsymbol{a}^{\mathsf{T}}\boldsymbol{\Gamma}_0^{\mathsf{T}} \\ \vdots \\ \boldsymbol{a}^{\mathsf{T}}\boldsymbol{\Gamma}_3^{\mathsf{T}} \end{pmatrix} = \begin{pmatrix} \boldsymbol{a}^{\mathsf{T}}\boldsymbol{\Gamma}_0 \\ \vdots \\ \boldsymbol{a}^{\mathsf{T}}\boldsymbol{\Gamma}_3 \end{pmatrix} = \underline{\underline{(\boldsymbol{I}_4 \otimes \boldsymbol{a}^{\mathsf{T}})\boldsymbol{\Gamma}}}, \tag{2.145}$$

d. h., man kann statt (2.141) auch schreiben

$$\boldsymbol{a}_{\|\bar{\boldsymbol{x}}^{\mathsf{T}}} = \boldsymbol{a}_{|\bar{\boldsymbol{x}}^{\mathsf{T}}} + (\boldsymbol{I}_4 \otimes \boldsymbol{a}^{\mathsf{T}})\boldsymbol{\Gamma} \in \mathbb{R}^{4\times 4}. \tag{2.146}$$

2.6 Zwischenbemerkung

Geht man von einer Gleichung aus, die beim Vorhandensein von Gravitation in der Allgemeinen Relativitätstheorie gilt, dann muß diese Gleichung für $v^2 \ll c^2$ in die entsprechende Gleichung von *Newton* übergehen. Die Kraft, mit der sich zwei diskrete Massen m und m_1 anziehen, ist bekanntlich proportional dem Produkt der beiden Massen und umgekehrt proportional dem Quadrat der Entfernung der beiden Schwerpunkte:

$$\boldsymbol{f} = G\,\frac{m\,m_1}{|\boldsymbol{x} - \boldsymbol{x}_1|^2}\,\frac{\boldsymbol{x} - \boldsymbol{x}_1}{|\boldsymbol{x} - \boldsymbol{x}_1|}.$$

Die Kraft wirkt in Richtung des Differenzvektors $\boldsymbol{x} - \boldsymbol{x}_1$. Das kann man auch so schreiben

$$\boldsymbol{f} = m \cdot G\,\frac{m_1}{|\boldsymbol{x} - \boldsymbol{x}_1|^3}(\boldsymbol{x} - \boldsymbol{x}_1).$$

Für mehrere diskrete Massen m_i erhält man als Anziehungskraft:

$$\boldsymbol{f} = m \cdot G \sum_i \frac{m_i}{|\boldsymbol{x} - \boldsymbol{x}_i|^3}(\boldsymbol{x} - \boldsymbol{x}_i)$$

und für eine verteilte Masse mit der Massendichte ρ

$$f = m \cdot G \int_V \rho(\boldsymbol{x}_i) \frac{\boldsymbol{x} - \boldsymbol{x}_i}{|\boldsymbol{x} - \boldsymbol{x}_i|^3} \, \mathrm{d}V .$$

In Anlehnung an die elektrische Feldstärke $\boldsymbol{e}$, die zusammen mit einer Ladung q die Kraft $\boldsymbol{f} = q\,\boldsymbol{e}$ hervorbringt, definiert man die Gravitationsfeldstärke $\boldsymbol{e}_G$, die auf die Masse m die Kraft $\boldsymbol{f} = m\,\boldsymbol{e}_G$ ausübt. Für den Fall mehrerer diskreter Massen erhält man die Gravitationsfeldstärke

$$\boldsymbol{e}_G = G \sum_i \frac{m_i}{|\boldsymbol{x} - \boldsymbol{x}_i|^3} (\boldsymbol{x} - \boldsymbol{x}_i).$$

Man kann also die Analyse des Problems in zwei Schritte aufteilen. Im ersten Schritt wird z. B. zunächst das durch die verschiedenen Massen m_i erzeugte Gravitationsfeld im Punkt $\boldsymbol{x}$ bestimmt und dann im zweiten Schritt wird die auf die im Punkt $\boldsymbol{x}$ auf die Masse m wirkende Kraft ermittelt.

Die potentielle Energie ist das Integral über Kraft mal Weg, also

$$U = -\int \boldsymbol{f}^{\mathsf{T}} \mathrm{d}\boldsymbol{s} = -m \int \boldsymbol{e}_G^{\mathsf{T}} \mathrm{d}\boldsymbol{s} \stackrel{\mathrm{def}}{=} m\,\phi .$$

Wird die Masse m um den kleinen Weg Δx verschoben, so ist die geleistete Arbeit gleich der Änderung der potentiellen Energie

$$\Delta W = -\Delta U = f_x \Delta x .$$

Dividiert man diese Gleichung durch Δx, erhält man die Kraft in x-Richtung

$$f_x = -\frac{\Delta U}{\Delta x}$$

bzw., wenn man durch die Masse m dividiert die x-Komponente der Gravitationsfeldstärke

$$e_x = -\frac{\Delta \phi}{\Delta x} .$$

Allgemein wird daraus schließlich mit $\Delta \boldsymbol{x} \to \boldsymbol{0}$

$$\boldsymbol{e} = -\nabla \phi ,$$

also

$$\boldsymbol{f} = -m\,\nabla \phi ,$$

oder

$$\frac{\mathrm{d}^2\boldsymbol{x}}{\mathrm{d}t^2} = -\nabla\phi(\boldsymbol{x}), \tag{2.147}$$

wobei man das Gravitationspotential ϕ, das eine skalare Funktion des Ortes $\boldsymbol{x}$ ist, aus der linearen partiellen Differentialgleichung zweiter Ordnung, der Poisson-Gleichung.

$$\Delta\phi(\boldsymbol{x}) = 4\pi G\rho(\boldsymbol{x}), \tag{2.148}$$

mit der Gravitationskonstanten G und der Massendichte $\rho(\boldsymbol{x})$, ermittelt. Diese Gleichung stellt den Zusammenhang zwischen Gravitationspotential und Materie in der Newtonschen Physik dar.

Die oben angegebenen beiden Schritte sind also:

1. Finden der Lösung $\phi(\boldsymbol{x})$ der *Poisson*-Gleichung (2.148).
2. Aufstellung und Lösung der Gl. (2.147), um $\boldsymbol{x}(t)$ zu finden.

Das ist das Vorgehen in der klassischen Newtonschen Physik. Wie muß man in der Allgemeine Relativitätstheorie die beiden Schritte ausführen bzw. modifizieren, d. h., wie erhält man allgemein die g_{ik} und wie stellt man die dynamischen Gleichungen auf? Angenommen, es liegt der Fall vor, dass nur das Element g_{00} von $\boldsymbol{x}$ abhängt, dann ist nur das 00-Elemente der Submatrizen $\boldsymbol{\Gamma}_i$ von null verschieden, d. h., es ist

$$\boldsymbol{\Gamma}_i = \begin{pmatrix} \frac{\partial g_{00}}{\partial x_i} & 0\,0\,0 \\ 0 & 0\,0\,0 \\ 0 & 0\,0\,0 \\ 0 & 0\,0\,0 \end{pmatrix}.$$

Die Beschleunigung ist proportional zu den partiellen Ableitungen des Gravitationspotentials ϕ nach den Koordinaten x_i. Betrachtet man die Gleichung

$$\ddot{\boldsymbol{x}} = -(\boldsymbol{I}_4 \otimes \dot{\boldsymbol{x}}^{\mathsf{T}})\boldsymbol{\Gamma}\dot{\boldsymbol{x}}, \tag{2.149}$$

dann steht auf der linken Gleichungsseite eine Beschleunigung und auf der rechten Seite besteht die Matrix $\boldsymbol{\Gamma}$ aus partiellen Ableitungen der g_{ij} nach den Koordinaten x_ℓ. Die g_{ij} spielen anscheinend in der Allgemeine Relativitätstheorie die gleiche Rolle wie das Gravitationspotential ϕ in der klassischen Physik! Dort wurde das Gravitationspotential ϕ mit Hilfe der Poissonschen Gleichung ermittelt, deren Form vor allem durch den Laplace-Operator Δ in

$$\Delta\phi = \frac{\partial^2\phi}{\partial x_1^2} + \frac{\partial^2\phi}{\partial x_2^2} + \frac{\partial^2\phi}{\partial x_3^2} = 4\pi G\rho(\boldsymbol{x})$$

bestimmt wird. Gesucht wird jetzt also ein mathematischer Ausdruck, in dem die zweiten Ableitungen der g_{ij} nach den vier x_i-Raumzeitkoordinaten vorkommen. So ein Ausdruck taucht in der Tat in der Differentialgeometrie von *Gauß* und *Riemann* auf, und zwar bei der Untersuchung der Krümmung von Flächen bzw. Hyperflächen im drei- bzw. n-dimensionalen Raum, wobei die Flächen durch quadratische Formen mit den g_{ij} als Elementen der dazugehörigen Matrix beschrieben werden. Deshalb befasst sich der Anhang *Etwas Differentialgeometrie* mit der Theorie der Krümmung von Flächen im drei- und n-dimensionalen Raum.

2.7 Parallelverschiebung

Für die weitere Betrachtung wird die Definition der *Parallelverschiebung* benötigt:

1. Die Parallelverschiebung eines Vektors $\boldsymbol{a}$, der tangential zu der gekrümmten Fläche ist und entlang einer Geodätischen dieser Fläche verläuft, ist wie folgt definert: Der Ursprungspunkt des Vektors bewegt sich entlang der Geodätischen und der Vektor selbst bewegt sich stetig so, dass sein Winkel mit der Geodätischen und seine Länge konstant bleiben. Er verändert sich dann bei einer Parallelverschiebung entlang $\delta\boldsymbol{x}$ gemäß (2.97) um $\delta\boldsymbol{a} = -(\boldsymbol{I}_4 \otimes \boldsymbol{a}^{\mathsf{T}})\boldsymbol{\Gamma}\delta\boldsymbol{x}$.
2. Die Parallelverschiebung eines Vektors auf einer Fläche entlang einer gebrochenen Linie, die aus einigen geodätischen Stücken besteht, geschieht so, dass von der ersten Ecke zur zweiten Ecke entlang des ersten geodätischen Bogenstücks verschoben wird, dann entlang des zweiten Bogenstücks, usw.
3. Schließlich wird die Parallelverschiebung eines Vektors entlang einer glatten Kurve durch den Grenzprozess beschrieben, bei dem die Kurve durch gebrochene Linien angenähert wird, die aus geodätischen Stücken besteht.

Wird ein Vektor $\boldsymbol{a}$ in einem *flachen* Raum, bei dem also $\boldsymbol{\Gamma} = \boldsymbol{0}$ ist, entlang einer geschlossenen Schleife parallelverschoben, so kommt er mit der gleichen Länge und Richtung wieder an den Anfangsort zurück. Kommt dagegen ein geänderter Vektor zurück, so muss $\boldsymbol{\Gamma} \neq \boldsymbol{0}$ sein, es liegt eine Krümmung vor.

Beispiel: Verschiebt man auf einer Kugel, am Nordpol beginnend, einen Vektor $\boldsymbol{a}$ zuerst entlang eines Längskreises bis zum Äquator, dann entlang des Äquators, z. B. entlang eines Viertelkreises, und schließlich wieder entlang eines Längskreises bis zum Nordpol, so wird der dort ankommende Vektor $\boldsymbol{a}'$ eine andere Richtung haben als der Anfangsvektor $\boldsymbol{a}$. Nennt man die Differenz zwischen dem Anfangs- und Endvektor

$$\Delta\boldsymbol{a} \stackrel{\text{def}}{=} \boldsymbol{a}' - \boldsymbol{a},$$

so ist die Frage, was passiert mit $\Delta\boldsymbol{a}$, wenn die umlaufene Fläche immer kleiner wird? Natürlich geht $\Delta\boldsymbol{a}$ gegen den Nullvektor, aber nicht das Verhältnis $\Delta\boldsymbol{a}$/(umlaufene Fläche).

Es wird jetzt das sphärische Dreieck des Beispiels durch ein differentiell kleines Viereck ersetzt und nicht mehr der Differenzvektor $\Delta\boldsymbol{a}$ bei einem kompletten Umlauf betrachtet. Es wird der Anfangsvektor $\boldsymbol{a}$ den halben Weg um das Viereck in einer Richtung verschoben. Dann wird der gleiche Vektor $\boldsymbol{a}$ den halben Weg in der anderen Richtung verschoben. Am Treffpunkt entsteht die Differenz $\Delta \boldsymbol{a}$. Dieser Differenzvektor soll im folgenden Abschnitt genauer hergeleitet und betrachtet werden.

2.8 Riemannsche Krümmungsmatrix

Verschiebt man einen Vektor $\boldsymbol{a}(p_0) \in \mathbb{R}^4$ vom Punkte p_0 um $\delta \boldsymbol{x} \in \mathbb{R}^4$ in den Punkt p_1, so ändert er sich gemäß (2.97) um

$$\delta \boldsymbol{a} = -(\boldsymbol{I}_4 \otimes \boldsymbol{a}(p_0)^{\mathsf{T}})\boldsymbol{\Gamma}(p_0)\delta \boldsymbol{x}. \tag{2.150}$$

Es ist also

$$\boldsymbol{a}(p_1) = \boldsymbol{a}(p_0) + \delta \boldsymbol{a} = \boldsymbol{a}(p_0) - (\boldsymbol{I}_4 \otimes \boldsymbol{a}(p_0)^{\mathsf{T}})\boldsymbol{\Gamma}(p_0)\delta \boldsymbol{x}. \tag{2.151}$$

Eine weitere Verschiebung von p_1 nach p_2 in Richtung $\delta \bar{\boldsymbol{x}}$ ergibt die Änderung

$$\delta \bar{\boldsymbol{a}} = -(\boldsymbol{I}_4 \otimes \boldsymbol{a}(p_1)^{\mathsf{T}})\boldsymbol{\Gamma}(p_1)\delta \bar{\boldsymbol{x}}. \tag{2.152}$$

Für $\boldsymbol{\Gamma}(p_1)$ kann in erster Näherung

$$\boldsymbol{\Gamma}(p_1) \approx \boldsymbol{\Gamma}(p_0) + \sum_{\nu=0}^{3} \frac{\partial \boldsymbol{\Gamma}}{\partial x_\nu}\delta x_\nu = \boldsymbol{\Gamma}(p_0) + \frac{\partial \boldsymbol{\Gamma}}{\partial \boldsymbol{x}^{\mathsf{T}}}(\delta \boldsymbol{x} \otimes \boldsymbol{I}_4) \tag{2.153}$$

geschrieben werden. (2.151) und (2.153) in (2.152) eingesetzt, ergibt

$$\begin{aligned}
\delta \bar{\boldsymbol{a}} &= -(\boldsymbol{I}_4 \otimes [\boldsymbol{a}(p_0) - (\boldsymbol{I}_4 \otimes \boldsymbol{a}(p_0)^{\mathsf{T}})\boldsymbol{\Gamma}(p_0)\delta \boldsymbol{x}]^{\mathsf{T}})(\boldsymbol{\Gamma}(p_0) + \frac{\partial \boldsymbol{\Gamma}}{\partial \boldsymbol{x}^{\mathsf{T}}}(\delta \boldsymbol{x} \otimes \boldsymbol{I}_4))\delta \bar{\boldsymbol{x}} \\
&= -(\boldsymbol{I}_4 \otimes \boldsymbol{a}(p_0)^{\mathsf{T}})\boldsymbol{\Gamma}(p_0)\delta \bar{\boldsymbol{x}} - (\boldsymbol{I}_4 \otimes \boldsymbol{a}(p_0)^{\mathsf{T}})\frac{\partial \boldsymbol{\Gamma}}{\partial \boldsymbol{x}^{\mathsf{T}}}(\delta \boldsymbol{x} \otimes \boldsymbol{I}_4)\delta \bar{\boldsymbol{x}} \\
&\quad + (\boldsymbol{I}_4 \otimes [(\boldsymbol{I}_4 \otimes \boldsymbol{a}(p_0)^{\mathsf{T}})\boldsymbol{\Gamma}\delta \boldsymbol{x}]^{\mathsf{T}})\boldsymbol{\Gamma}\delta \bar{\boldsymbol{x}} + \mathcal{O}(\delta \bar{\boldsymbol{x}} \cdot (\mathrm{d}x^2)) \\
&= \left[-(\boldsymbol{I}_4 \otimes \boldsymbol{a}^{\mathsf{T}})\boldsymbol{\Gamma} - (\boldsymbol{I}_4 \otimes \boldsymbol{a}^{\mathsf{T}})\frac{\partial \boldsymbol{\Gamma}}{\partial \boldsymbol{x}^{\mathsf{T}}}(\delta \boldsymbol{x} \otimes \boldsymbol{I}_4) + (\boldsymbol{I}_4 \otimes [(\boldsymbol{I}_4 \otimes \boldsymbol{a}(p_0)^{\mathsf{T}})\boldsymbol{\Gamma}\delta \boldsymbol{x}]^{\mathsf{T}})\boldsymbol{\Gamma}\right]\delta \bar{\boldsymbol{x}}.
\end{aligned} \tag{2.154}$$

Der dritte Term in der großen eckigen Klammer kann so umgeformt werden:

$$\begin{aligned}
(\boldsymbol{I}_4 \otimes [(\boldsymbol{I}_4 \otimes \boldsymbol{a}^{\mathsf{T}})\boldsymbol{\Gamma}\delta \boldsymbol{x}]^{\mathsf{T}})\boldsymbol{\Gamma} &= \overline{\boldsymbol{\Gamma}}(\boldsymbol{I}_4 \otimes (\boldsymbol{I}_4 \otimes \boldsymbol{a}^{\mathsf{T}})\boldsymbol{\Gamma}\delta \boldsymbol{x}) \\
&= \overline{\boldsymbol{\Gamma}}(\boldsymbol{I}_{16} \otimes \boldsymbol{a}^{\mathsf{T}})(\boldsymbol{I}_4 \otimes \boldsymbol{\Gamma}\delta \boldsymbol{x}) = (\overline{\boldsymbol{\Gamma}} \otimes \boldsymbol{a}^{\mathsf{T}})(\boldsymbol{I}_4 \otimes \boldsymbol{\Gamma})(\boldsymbol{I}_4 \otimes \delta \boldsymbol{x}) \\
&= (\boldsymbol{I}_4 \otimes \boldsymbol{a}^{\mathsf{T}})(\overline{\boldsymbol{\Gamma}} \otimes \boldsymbol{I}_4)(\boldsymbol{I}_4 \otimes \boldsymbol{\Gamma})(\boldsymbol{I}_4 \otimes \delta \boldsymbol{x}).
\end{aligned} \tag{2.155}$$

(2.155) in (2.154) eingesetzt, ergibt

$$\delta\bar{\boldsymbol{a}} = -(\boldsymbol{I}_4 \otimes \boldsymbol{a}^\top)\left[\boldsymbol{\Gamma} + \frac{\partial \boldsymbol{\Gamma}}{\partial \boldsymbol{x}^\top}(\delta\boldsymbol{x} \otimes \boldsymbol{I}_4) - (\bar{\boldsymbol{\Gamma}} \otimes \boldsymbol{I}_4)(\boldsymbol{I}_4 \otimes \boldsymbol{\Gamma})(\boldsymbol{I}_4 \otimes \delta\boldsymbol{x})\right]\delta\bar{\boldsymbol{x}}. \tag{2.156}$$

Geht man jetzt zunächst in Richtung $\delta\bar{\boldsymbol{x}}$ und dann erst in Richtung $\delta\boldsymbol{x}$, dann erhält man entsprechend

$$\delta\bar{\bar{\boldsymbol{a}}} = -(\boldsymbol{I}_4 \otimes \boldsymbol{a}^\top)\left[\boldsymbol{\Gamma} + \frac{\partial \boldsymbol{\Gamma}}{\partial \boldsymbol{x}^\top}(\delta\bar{\boldsymbol{x}} \otimes \boldsymbol{I}_4) - (\bar{\boldsymbol{\Gamma}} \otimes \boldsymbol{I}_4)(\boldsymbol{I}_4 \otimes \boldsymbol{\Gamma})(\boldsymbol{I}_4 \otimes \delta\bar{\boldsymbol{x}})\right]\delta\boldsymbol{x}. \tag{2.157}$$

Für das letzte Produkt im dritten Summanden von (2.156) kann man auch schreiben

$$(\boldsymbol{I}_4 \otimes \delta\boldsymbol{x})\delta\bar{\boldsymbol{x}} = (\boldsymbol{I}_4 \otimes \delta\boldsymbol{x})(\delta\bar{\boldsymbol{x}} \otimes 1) = (\delta\bar{\boldsymbol{x}} \otimes \delta\boldsymbol{x}) = \boldsymbol{U}_{4\times 4}(\delta\boldsymbol{x} \otimes \delta\bar{\boldsymbol{x}}). \tag{2.158}$$

Es ist

$$\Delta\boldsymbol{a} = (\boldsymbol{a} + \delta\bar{\boldsymbol{a}}) - (\boldsymbol{a} + \delta\bar{\bar{\boldsymbol{a}}}) = \delta\bar{\boldsymbol{a}} - \delta\bar{\bar{\boldsymbol{a}}}, \tag{2.159}$$

also mit (2.156),(2.157) und (2.158)

$$\Delta\boldsymbol{a} = (\boldsymbol{I}_4 \otimes \boldsymbol{a}^\top)\left(\boldsymbol{\Gamma}(\delta\boldsymbol{x} - \delta\bar{\boldsymbol{x}}) + \left[\frac{\partial \boldsymbol{\Gamma}}{\partial \boldsymbol{x}^\top} + (\bar{\boldsymbol{\Gamma}} \otimes \boldsymbol{I}_4)(\boldsymbol{I}_4 \otimes \boldsymbol{\Gamma})\right](\boldsymbol{U}_{4\times 4} - \boldsymbol{I}_{16})(\delta\boldsymbol{x} \otimes \delta\bar{\boldsymbol{x}})\right). \tag{2.160}$$

Mit der *Riemannschen Krümmungsmatrix*

$$\boldsymbol{R} \stackrel{\text{def}}{=} \left[\frac{\partial \boldsymbol{\Gamma}}{\partial \boldsymbol{x}^\top} + (\bar{\boldsymbol{\Gamma}} \otimes \boldsymbol{I}_4)(\boldsymbol{I}_4 \otimes \boldsymbol{\Gamma})\right](\boldsymbol{U}_{4\times 4} - \boldsymbol{I}_{16}) \in \mathbb{R}^{16\times 16}, \tag{2.161}$$

ist also

$$\Delta\boldsymbol{a} = (\boldsymbol{I}_4 \otimes \boldsymbol{a}^\top)\left[\boldsymbol{\Gamma}(\delta\boldsymbol{x} - \delta\bar{\boldsymbol{x}}) + \boldsymbol{R}(\delta\boldsymbol{x} \otimes \delta\bar{\boldsymbol{x}})\right] \in \mathbb{R}^4. \tag{2.162}$$

Außerdem definieren wir die etwas modifizierte Krümmungsmatrix

$$\check{\boldsymbol{R}} \stackrel{\text{def}}{=} (\boldsymbol{G} \otimes \boldsymbol{I}_4)\boldsymbol{R}. \tag{2.163}$$

2.8.1 Eigenschaften der Riemannschen Krümmungsmatrix

Zusammensetzung von R und $\check{R}$

Welche Form haben die Komponenten der *Riemannschen Krümmungsmatrix*

$$\boldsymbol{R} = \left[\frac{\partial \boldsymbol{\Gamma}}{\partial \boldsymbol{x}^{\intercal}} + (\bar{\boldsymbol{\Gamma}} \otimes \boldsymbol{I}_4)(\boldsymbol{I}_4 \otimes \boldsymbol{\Gamma})\right](\boldsymbol{U}_{4\times 4} - \boldsymbol{I}_{16}) \in \mathbb{R}^{16\times 16}?$$

Die bereits weiter oben erwähnte Eigenschaft, dass in der auftretenden Matrizendifferenz $\boldsymbol{U}_{4\times 4} - \boldsymbol{I}_{16}$ die erste, (4+2)-te, (8+3)-te und die 16. Zeile bzw. Spalte gleich der Nullzeile bzw. Nullspalte sind, hat für die *Riemannsche Krümmungsmatrix* $\boldsymbol{R}$ zur Folge, dass ihre entsprechenden Spalten gleich Nullspalten sind!

Weiter erhält man mit (2.144)

$$\bar{\boldsymbol{\Gamma}} = \begin{pmatrix} \boldsymbol{\gamma}_0^{0\intercal} & & \boldsymbol{\gamma}_3^{0\intercal} \\ \boldsymbol{\gamma}_0^{1\intercal} & & \boldsymbol{\gamma}_3^{1\intercal} \\ \boldsymbol{\gamma}_0^{2\intercal} & \cdots & \boldsymbol{\gamma}_3^{2\intercal} \\ \boldsymbol{\gamma}_0^{3\intercal} & & \boldsymbol{\gamma}_3^{3\intercal} \end{pmatrix} = [\bar{\boldsymbol{\Gamma}}_0, .., \bar{\boldsymbol{\Gamma}}_3]$$

für

$$(\bar{\boldsymbol{\Gamma}} \otimes \boldsymbol{I}_4)(\boldsymbol{I}_4 \otimes \boldsymbol{\Gamma}) = \left[(\bar{\boldsymbol{\Gamma}}_0 \otimes \boldsymbol{I}_4), \ldots, (\bar{\boldsymbol{\Gamma}}_3 \otimes \boldsymbol{I}_4)\right] \begin{pmatrix} \boldsymbol{\Gamma} & 0 & 0 & 0 \\ 0 & \boldsymbol{\Gamma} & 0 & 0 \\ 0 & 0 & \boldsymbol{\Gamma} & 0 \\ 0 & 0 & 0 & \boldsymbol{\Gamma} \end{pmatrix}$$
$$= \left[(\bar{\boldsymbol{\Gamma}}_0 \otimes \boldsymbol{I}_4)\boldsymbol{\Gamma}, \ldots, (\bar{\boldsymbol{\Gamma}}_3 \otimes \boldsymbol{I}_4)\boldsymbol{\Gamma}\right].$$

Dieses Matrizenprodukt trägt zu dem Matrixelement $R_{\alpha\beta}^{\gamma\delta}$ die Summe bei

$$\left[(\boldsymbol{\gamma}_\delta^{\gamma\intercal} \otimes \boldsymbol{I}_4)\boldsymbol{\Gamma}\right]_{\alpha\beta} = \left[\Gamma_{\delta 0}^{\gamma}\boldsymbol{\Gamma}_0 + \cdots + \Gamma_{\delta 3}^{\gamma}\boldsymbol{\Gamma}_3\right]_{\alpha\beta} = \underline{\underline{\sum_{\nu} \Gamma_{\delta\nu}^{\gamma}\Gamma_{\alpha\beta}^{\nu}}}, \tag{2.164}$$

bei. $\boldsymbol{\gamma}_\delta^{\gamma\intercal} \in \mathbb{R}^4$ ist die γ-te Zeile der Untermatrix $\bar{\boldsymbol{\Gamma}}_\delta$, d. h., die δ-te Zeile der Untermatrix $\boldsymbol{\Gamma}_\gamma$.

Weiter ist

$$(\bar{\boldsymbol{\Gamma}} \otimes \boldsymbol{I}_4)(\boldsymbol{I}_4 \otimes \boldsymbol{\Gamma})\boldsymbol{U}_{4\times 4} = (\bar{\boldsymbol{\Gamma}} \otimes \boldsymbol{I}_4) \begin{pmatrix} \boldsymbol{\Gamma} & 0 & 0 & 0 \\ 0 & \boldsymbol{\Gamma} & 0 & 0 \\ 0 & 0 & \boldsymbol{\Gamma} & 0 \\ 0 & 0 & 0 & \boldsymbol{\Gamma} \end{pmatrix} \boldsymbol{U}_{4\times 4}$$
$$= (\bar{\boldsymbol{\Gamma}} \otimes \boldsymbol{I}_4) \left(\begin{array}{ccc|ccc|ccc|ccc} \boldsymbol{\gamma}_0 & & & \boldsymbol{\gamma}_1 & & & \boldsymbol{\gamma}_2 & & & \boldsymbol{\gamma}_3 & & \\ & \ddots & & & \ddots & & & \ddots & & & \ddots & \\ & & \boldsymbol{\gamma}_0 & & & \boldsymbol{\gamma}_1 & & & \boldsymbol{\gamma}_2 & & & \boldsymbol{\gamma}_3 \end{array}\right).$$

Dieses Matrizenprodukt trägt zu dem Matrixelement $R^{\gamma\delta}_{\alpha\beta}$ die Summe ($\boldsymbol{\gamma}_\delta \in \mathbb{R}^{16}$ ist die δ-te Spalte von $\boldsymbol{\Gamma}$)

$$\begin{aligned}
&\left[(\boldsymbol{\gamma}^{\gamma\mathsf{T}} \otimes \boldsymbol{I}_4)\begin{pmatrix}\boldsymbol{\gamma}_\delta & & \\ & \ddots & \\ & & \boldsymbol{\gamma}_\delta\end{pmatrix}\right]_{\alpha\beta} \\
&= \left[\left[\boldsymbol{\gamma}_0^{\gamma\mathsf{T}} \otimes \boldsymbol{I}_4, \cdots, \boldsymbol{\gamma}_0^{\gamma\mathsf{T}} \otimes \boldsymbol{I}_4\right]\begin{pmatrix}\boldsymbol{\gamma}_\delta & & \\ & \ddots & \\ & & \boldsymbol{\gamma}_\delta\end{pmatrix}\right]_{\alpha\beta} \\
&= \left[(\boldsymbol{\gamma}_0^{\gamma\mathsf{T}} \otimes \boldsymbol{I}_4)\boldsymbol{\gamma}_\delta, \cdots, (\boldsymbol{\gamma}_3^{\gamma\mathsf{T}} \otimes \boldsymbol{I}_4)\boldsymbol{\gamma}_\delta\right]_{\alpha\beta} = \left[(\boldsymbol{\gamma}_\beta^{\gamma\mathsf{T}} \otimes \boldsymbol{I}_4)\boldsymbol{\gamma}_\delta\right]_\alpha \\
&= \left[\Gamma^\gamma_{\beta 0}\boldsymbol{\gamma}^0_\delta + \cdots + \Gamma^\gamma_{\beta 3}\boldsymbol{\gamma}^3_\delta\right]_\alpha = \underline{\underline{\sum_\nu \Gamma^\gamma_{\beta\nu}\Gamma^\nu_{\delta\alpha}}}
\end{aligned} \tag{2.165}$$

bei. Gemäß (2.161) erhält man mit (2.164) und (2.165) schließlich

$$R^{\gamma\delta}_{\alpha\beta} = \frac{\partial}{\partial x_\beta}\Gamma^\gamma_{\alpha\delta} - \frac{\partial}{\partial x_\delta}\Gamma^\gamma_{\alpha\beta} + \sum_\nu \Gamma^\gamma_{\beta\nu}\Gamma^\nu_{\delta\alpha} - \sum_\nu \Gamma^\gamma_{\delta\nu}\Gamma^\nu_{\alpha\beta}. \tag{2.166}$$

Aus dieser Form kann man sofort die Eigenschaft

$$\underline{\underline{R^{\gamma\delta}_{\alpha\beta} = -R^{\gamma\beta}_{\alpha\delta}}} \tag{2.167}$$

ablesen. Mit Hilfe von (2.166) kann man auch die sogenannte *zyklische Identität* verifizieren:

$$R^{\gamma\delta}_{\alpha\beta} + R^{\gamma\alpha}_{\beta\delta} + R^{\gamma\beta}_{\delta\alpha} = 0. \tag{2.168}$$

Aus (2.166) kann mit Hilfe von (2.64), (2.74) und (2.66) auch eine geschlossene Form für $\check{R}^{\gamma\delta}_{\alpha\beta}$ in (2.161) wie folgt berechnet werden: Es ist

$$
\begin{aligned}
\check{R}^{\gamma\delta}_{\alpha\beta} &= \sum_i g_{\gamma i} R^{i\delta}_{\alpha\beta} = \sum_i g_{\gamma i}\left(\frac{\partial}{\partial x_\beta}\Gamma^i_{\alpha\delta} - \frac{\partial}{\partial x_\delta}\Gamma^i_{\alpha\beta} + \sum_\nu \Gamma^i_{\beta\nu}\Gamma^\nu_{\delta\alpha} - \sum_\nu \Gamma^i_{\delta\nu}\Gamma^\nu_{\alpha\beta}\right) \\
&= \left(\frac{\partial}{\partial x_\beta}\check{\Gamma}^\gamma_{\alpha\delta} - \sum_i \Gamma^i_{\alpha\delta}\frac{\partial g_{\gamma i}}{\partial x_\beta}\right) - \left(\frac{\partial}{\partial x_\delta}\check{\Gamma}^\gamma_{\alpha\beta} - \sum_i \Gamma^i_{\alpha\beta}\frac{\partial g_{\gamma i}}{\partial x_\delta}\right) + \sum_\nu \check{\Gamma}^\gamma_{\beta\nu}\Gamma^\nu_{\delta\alpha} - \sum_\nu \check{\Gamma}^\gamma_{\delta\nu}\Gamma^\nu_{\alpha\beta} \\
&= \left(\frac{\partial}{\partial x_\beta}\check{\Gamma}^\gamma_{\alpha\delta} - \sum_i \Gamma^i_{\alpha\delta}\left(\check{\Gamma}^i_{\gamma\beta} + \check{\Gamma}^\gamma_{i\beta}\right)\right) - \left(\frac{\partial}{\partial x_\delta}\check{\Gamma}^\gamma_{\alpha\beta} - \sum_i \Gamma^i_{\alpha\beta}\left(\check{\Gamma}^i_{\gamma\delta} + \check{\Gamma}^\gamma_{i\delta}\right)\right) \\
&\quad + \sum_\nu \check{\Gamma}^\gamma_{\beta\nu}\Gamma^\nu_{\delta\alpha} - \sum_\nu \check{\Gamma}^\gamma_{\delta\nu}\Gamma^\nu_{\alpha\beta} \\
&= \frac{1}{2}\left(\frac{\partial}{\partial x_\beta}\left(\frac{\partial g_{\delta\gamma}}{\partial x_\alpha} + \frac{\partial g_{\alpha\gamma}}{\partial x_\delta} - \frac{\partial g_{\alpha\delta}}{\partial x_\gamma}\right) - \frac{\partial}{\partial x_\delta}\left(\frac{\partial g_{\beta\gamma}}{\partial x_\alpha} + \frac{\partial g_{\alpha\gamma}}{\partial x_\beta} - \frac{\partial g_{\alpha\beta}}{\partial x_\gamma}\right)\right) \\
&\quad - \sum_i \Gamma^i_{\alpha\delta}\check{\Gamma}^i_{\gamma\beta} - \sum_i \Gamma^i_{\alpha\delta}\check{\Gamma}^\gamma_{i\beta} + \sum_i \Gamma^i_{\alpha\beta}\check{\Gamma}^i_{\gamma\delta} + \sum_i \Gamma^i_{\alpha\beta}\check{\Gamma}^\gamma_{i\delta} + \sum_\nu \check{\Gamma}^\gamma_{\beta\nu}\Gamma^\nu_{\delta\alpha} - \sum_\nu \check{\Gamma}^\gamma_{\delta\nu}\Gamma^\nu_{\alpha\beta}.
\end{aligned}
$$

Nach dem Herausheben einiger Terme erhält man schließlich die geschlossene Form

$$
\check{R}^{\gamma\delta}_{\alpha\beta} = \frac{\partial}{\partial x_\beta}\check{\Gamma}^\gamma_{\alpha\delta} - \frac{\partial}{\partial x_\delta}\check{\Gamma}^\gamma_{\alpha\beta} + \sum_i \Gamma^i_{\alpha\beta}\check{\Gamma}^i_{\gamma\delta} - \sum_i \Gamma^i_{\alpha\delta}\check{\Gamma}^i_{\gamma\beta} \tag{2.169}
$$

$$
= \frac{1}{2}\left(\frac{\partial^2 g_{\delta\gamma}}{\partial x_\alpha \partial x_\beta} - \frac{\partial^2 g_{\alpha\delta}}{\partial x_\gamma \partial x_\beta} - \frac{\partial^2 g_{\beta\gamma}}{\partial x_\alpha \partial x_\delta} + \frac{\partial^2 g_{\alpha\beta}}{\partial x_\gamma \partial x_\delta}\right) + \sum_i \Gamma^i_{\alpha\beta}\check{\Gamma}^i_{\gamma\delta} - \sum_i \Gamma^i_{\alpha\delta}\check{\Gamma}^i_{\gamma\beta}, \tag{2.170}
$$

oder auch

$$
\begin{aligned}
\check{R}^{\gamma\delta}_{\alpha\beta} &= \frac{1}{2}\left(\frac{\partial^2 g_{\delta\gamma}}{\partial x_\alpha \partial x_\beta} - \frac{\partial^2 g_{\alpha\delta}}{\partial x_\gamma \partial x_\beta} - \frac{\partial^2 g_{\beta\gamma}}{\partial x_\alpha \partial x_\delta} + \frac{\partial^2 g_{\alpha\beta}}{\partial x_\gamma \partial x_\delta}\right) \\
&\quad + \sum_i \check{\Gamma}^i_{\gamma\delta}\sum_\nu g^{(-1)}_{i\nu}\check{\Gamma}^\nu_{\alpha\beta} - \sum_i \check{\Gamma}^i_{\gamma\beta}\sum_\nu g^{(-1)}_{i\nu}\check{\Gamma}^\nu_{\alpha\delta}.
\end{aligned} \tag{2.171}
$$

Aus (2.171) folgt direkt durch Vergleich der entsprechenden Formen

$$\underline{\underline{\check{R}^{\gamma\delta}_{\alpha\beta} = -\check{R}^{\alpha\delta}_{\gamma\beta},}} \tag{2.172}$$

$$\underline{\underline{\check{R}^{\gamma\delta}_{\alpha\beta} = -\check{R}^{\gamma\beta}_{\alpha\delta},}} \tag{2.173}$$

$$\underline{\underline{\check{R}^{\gamma\delta}_{\alpha\beta} = \check{R}^{\alpha\beta}_{\gamma\delta}.}} \tag{2.174}$$

Auch in diesem Fall gilt die *zyklische Identität*

$$\check{R}^{\gamma\delta}_{\alpha\beta} + \check{R}^{\gamma\alpha}_{\beta\delta} + \check{R}^{\gamma\beta}_{\delta\alpha} = 0. \tag{2.175}$$

Stehen die beiden Vektoren $\mathrm{d}\boldsymbol{x}$ und $\mathrm{d}\bar{\boldsymbol{x}}$ aufeinander senkrecht, dann ist der Flächeninhalt des umfahrenen Rechtecks gleich $|\mathrm{d}\boldsymbol{x}| \cdot |\mathrm{d}\bar{\boldsymbol{x}}|$. In der *Differentialgeometrie* (siehe Anhang) wird nun der Grenzwert des Verhältnisses von $\Delta\boldsymbol{a}$ zu dem Flächeninhalt als *Krümmung* κ bezeichnet

$$\kappa \stackrel{\text{def}}{=} \lim_{|\mathrm{d}\boldsymbol{x}|,|\mathrm{d}\bar{\boldsymbol{x}}|\to 0} \frac{|\Delta\boldsymbol{a}(\mathrm{d}\boldsymbol{x}, \mathrm{d}\bar{\boldsymbol{x}})|}{|\mathrm{d}\boldsymbol{x}| \cdot |\mathrm{d}\bar{\boldsymbol{x}}|}$$

oder mit

$$\boldsymbol{n} \stackrel{\text{def}}{=} \frac{\mathrm{d}\boldsymbol{x}}{|\mathrm{d}\boldsymbol{x}|} \quad \text{und} \quad \bar{\boldsymbol{n}} \stackrel{\text{def}}{=} \frac{\mathrm{d}\bar{\boldsymbol{x}}}{|\mathrm{d}\bar{\boldsymbol{x}}|}$$

$$\kappa \stackrel{\text{def}}{=} \lim_{\epsilon\to 0} \frac{|\Delta\boldsymbol{a}(\epsilon\boldsymbol{n}, \epsilon\bar{\boldsymbol{n}})|}{\epsilon^2}.$$

Mit Hilfe von (2.162) erhält man dann

$$\kappa = |(\boldsymbol{I}_4 \otimes \boldsymbol{a}^{\mathsf{T}})\boldsymbol{R}(\boldsymbol{n} \otimes \bar{\boldsymbol{n}})|. \tag{2.176}$$

Riemannsches Koordinatensystem

Für die Untersuchung der Eigenschaften der *Riemann*schen Krümmungsmatrix ist es vorteilhaft, zunächst eine Koordinatentransformation so durchzuführen, dass in dem neuen Koordinatensystem die *Christoffel*-Matrizen $\boldsymbol{\Gamma} = \boldsymbol{0}$ werden. Eine solche Koordinatentransformation ist im Fall einer gekrümmten Raumzeit, wo also $\boldsymbol{G}$ von $\vec{\boldsymbol{x}}$ abhängt, zwar nur lokal möglich, aber dann auch für jedes $\vec{\boldsymbol{x}}$! Durch Rücktransformation der gewonnenen Aussagen, sind sie auch wieder global gültig. Gesucht ist also eine lokale Koordinatentransformation so, dass in dem neuen Koordinatensystem $\boldsymbol{\Gamma} = \boldsymbol{0}$ wird. Für geodätische Linien gilt für die vier Koordinaten

$$\frac{d^2 x_k}{ds^2} + \left(\frac{d\vec{x}}{ds}\right)^{\mathsf{T}} \boldsymbol{\Gamma}_k \frac{d\vec{x}}{ds} = 0. \tag{2.177}$$

Hierbei gehören die x_k zu einem beliebigen Koordinatensystem, in dem die Geodätische durch $x_k = x_k(s)$ dargestellt und s die Bogenlänge entlang der Kurve ist. In einem festen Punkt $\mathcal{P}$ mit der Koordinate $\vec{x}^{(0)}$ kann man jede Koordinate in eine Potenzreihe entwickeln:

$$x_k = x_k^{(0)} + \zeta_k s + \frac{1}{2}\left(\frac{d^2 x_k}{ds^2}\right)_{\mathcal{P}} s^2 + \frac{1}{3!}\left(\frac{d^3 x_k}{ds^3}\right)_{\mathcal{P}} s^3 + \dots. \tag{2.178}$$

Hierbei ist ζ_k die k-te Komponente des Tangentenvektors

$$\boldsymbol{\zeta} \stackrel{\text{def}}{=} \left(\frac{d\vec{x}}{ds}\right)_{\mathcal{P}}$$

an die Geodäte im Punkt $\mathcal{P}$. Dann gilt aber gemäß (2.177)

$$\frac{d^2 x_k}{ds^2} = -\boldsymbol{\zeta}^{\mathsf{T}} (\boldsymbol{\Gamma}_k)_{\mathcal{P}}\, \boldsymbol{\zeta}. \tag{2.179}$$

Dies in (2.178) eingesetzt ergibt für eine kleine Umgebung von $\mathcal{P}$, also für kleine $x_k - x_k^{(0)}$ unter Vernachlässigung der Potenzen höher als zwei:

$$x_k = x_k^{(0)} + \zeta_k s - \frac{1}{2}\boldsymbol{\zeta}^{\mathsf{T}} (\boldsymbol{\Gamma}_k)_{\mathcal{P}}\, \boldsymbol{\zeta} s^2. \tag{2.180}$$

Nennt man jetzt $\boldsymbol{\zeta} s = \vec{x}'$, erhält man aus (2.180)

$$x_k = x_k^{(0)} + x_k' - \frac{1}{2}\vec{x}'^{\mathsf{T}} (\boldsymbol{\Gamma}_k)_{\mathcal{P}}\, \vec{x}'.$$

Dieser Zusammenhang legt folgende Koordinatentransformation von $\vec{x}$ nach $\vec{x}'$ nahe

$$x_k' = x_k - x_k^{(0)} + \frac{1}{2}(\vec{x} - \vec{x}^{(0)})^{\mathsf{T}} (\boldsymbol{\Gamma}_k)_{\mathcal{P}}\, (\vec{x} - \vec{x}^{(0)}). \tag{2.181}$$

Wie lautet die dazugehörige metrische Matrix $\boldsymbol{G}'$ in

$$ds^2 = \vec{x}'^{\mathsf{T}} \boldsymbol{G}' \vec{x}'? \tag{2.182}$$

In diesem Koordinatensystem hat die Geodätische die Gleichung

$$\frac{d^2 \vec{x}'}{ds^2} + \left(\boldsymbol{I}_4 \otimes \left(\frac{d\vec{x}'}{ds}\right)^{\mathsf{T}})\boldsymbol{\Gamma}'(\vec{x}')\right)\left(\frac{d\vec{x}'}{ds}\right) = \boldsymbol{0}. \tag{2.183}$$

Da in dem neuen Koordinatensystem aber die Geodätischen Geraden der Form $\vec{x}' = \boldsymbol{\zeta} s$ sind, muss in (2.183) der Ausdruck $(\boldsymbol{I}_4 \otimes \boldsymbol{\zeta}^{\mathsf{T}})\boldsymbol{\Gamma}'(\boldsymbol{\zeta} s)\boldsymbol{\zeta}$ gleich dem Nullvektor sein. Da $\boldsymbol{\zeta}$ beliebige Vektoren sind, muss für $s = 0$ gelten

$$\underline{\underline{\boldsymbol{\Gamma}'(0) = \mathbf{0}}}. \tag{2.184}$$

Folgerungen für die Riemannsche Krümmungsmatrix

Wenn in einem Punkt $\mathcal{P}$ für ein besonderes Koordinatensystem $\boldsymbol{\Gamma}_{\mathcal{P}} = \mathbf{0}$ ist, dann sind natürlich auch sämtliche in (2.64) definierten $\check{\Gamma}^{\gamma}_{\alpha\beta}$ gleich null. Da aber

$$\underline{\underline{\check{\Gamma}^{i}_{k\ell} + \check{\Gamma}^{\ell}_{ki} = \frac{1}{2}\left(\frac{\partial g_{\ell i}}{\partial x_k} + \frac{\partial g_{ki}}{\partial x_\ell} - \frac{\partial g_{k\ell}}{\partial x_i}\right) + \frac{1}{2}\left(\frac{\partial g_{i\ell}}{\partial x_k} + \frac{\partial g_{k\ell}}{\partial x_i} - \frac{\partial g_{ki}}{\partial x_\ell}\right) = \frac{\partial g_{i\ell}}{\partial x_k}}} \tag{2.185}$$

ist, sind auch sämtliche ersten partiellen Ableitungen der Elemente der metrischen Matrix gleich null, d. h., es ist:

$$\underline{\underline{\left.\frac{\partial \boldsymbol{G}}{\partial \vec{x}}\right|_{\mathcal{P}} = \mathbf{0}}}. \tag{2.186}$$

In dem lokalen Koordinatensystem mit $\boldsymbol{\Gamma}_{\mathcal{P}} = \mathbf{0}$ hat die Riemannsche Krümmungsmatrix die Form

$$\boldsymbol{R}_{\mathcal{P}} = \left.\frac{\partial \boldsymbol{\Gamma}}{\partial \vec{x}^{\mathsf{T}}}\right|_{\mathcal{P}} (\boldsymbol{U}_{4\times 4} - \boldsymbol{I}_{16})\,. \tag{2.187}$$

Sie hat die Struktur

$$\boldsymbol{R} = \begin{pmatrix} \boldsymbol{R}^{00} & \boldsymbol{R}^{01} & \boldsymbol{R}^{02} & \boldsymbol{R}^{03} \\ \boldsymbol{R}^{10} & \boldsymbol{R}^{11} & \boldsymbol{R}^{12} & \boldsymbol{R}^{13} \\ \boldsymbol{R}^{20} & \boldsymbol{R}^{21} & \boldsymbol{R}^{22} & \boldsymbol{R}^{23} \\ \boldsymbol{R}^{30} & \boldsymbol{R}^{31} & \boldsymbol{R}^{32} & \boldsymbol{R}^{33} \end{pmatrix}. \tag{2.188}$$

Hierbei hat jede Untermatrix $\boldsymbol{R}^{\gamma\delta}$ die Form

$$\boldsymbol{R}^{\gamma\delta} = \begin{pmatrix} R^{\gamma\delta}_{00} & R^{\gamma\delta}_{01} & R^{\gamma\delta}_{02} & R^{\gamma\delta}_{03} \\ R^{\gamma\delta}_{10} & R^{\gamma\delta}_{11} & R^{\gamma\delta}_{12} & R^{\gamma\delta}_{13} \\ R^{\gamma\delta}_{20} & R^{\gamma\delta}_{21} & R^{\gamma\delta}_{22} & R^{\gamma\delta}_{23} \\ R^{\gamma\delta}_{30} & R^{\gamma\delta}_{31} & R^{\gamma\delta}_{32} & R^{\gamma\delta}_{33} \end{pmatrix}. \tag{2.189}$$

$\boldsymbol{R}^{\gamma\delta}$ ist also die Untermatrix, die in $\boldsymbol{R}$ in der γ-ten Zeile und δ-ten Spalte steht. Weiterhin ist $R^{\gamma\delta}_{\alpha\beta}$ das Matrixelement, dass in der Untermatrix $\boldsymbol{R}^{\gamma\delta}$ in der α-ten Zeile und β-ten Spalte steht.

Es ist mit (2.69) und (2.186)

$$\left|\frac{\partial \boldsymbol{\Gamma}}{\partial \vec{\boldsymbol{x}}^{\mathsf{T}}}\right|_{\mathcal{P}} = \frac{1}{2}\frac{\partial}{\partial \vec{\boldsymbol{x}}^{\mathsf{T}}}\left((\boldsymbol{G}^{-1}\otimes \boldsymbol{I}_4)\left[\begin{pmatrix}\frac{\partial \boldsymbol{g}_0^{\mathsf{T}}}{\partial \vec{\boldsymbol{x}}}\\ \vdots \\ \frac{\partial \boldsymbol{g}_3^{\mathsf{T}}}{\partial \vec{\boldsymbol{x}}}\end{pmatrix} + \begin{pmatrix}\frac{\partial \boldsymbol{g}_0}{\partial \vec{\boldsymbol{x}}^{\mathsf{T}}}\\ \vdots \\ \frac{\partial \boldsymbol{g}_3}{\partial \vec{\boldsymbol{x}}^{\mathsf{T}}}\end{pmatrix} - \frac{\partial \boldsymbol{G}}{\partial \vec{\boldsymbol{x}}}\right]\right)$$

$$= \frac{1}{2}(\boldsymbol{G}^{-1}\otimes \boldsymbol{I}_4)\left[\begin{pmatrix}\frac{\partial^2 \boldsymbol{g}_0^{\mathsf{T}}}{\partial \vec{\boldsymbol{x}}^{\mathsf{T}}\partial \vec{\boldsymbol{x}}}\\ \vdots \\ \frac{\partial^2 \boldsymbol{g}_3^{\mathsf{T}}}{\partial \vec{\boldsymbol{x}}^{\mathsf{T}}\partial \vec{\boldsymbol{x}}}\end{pmatrix} + \begin{pmatrix}\frac{\partial^2 \boldsymbol{g}_0}{\partial \vec{\boldsymbol{x}}^{\mathsf{T}}\partial \vec{\boldsymbol{x}}^{\mathsf{T}}}\\ \vdots \\ \frac{\partial^2 \boldsymbol{g}_3}{\partial \vec{\boldsymbol{x}}^{\mathsf{T}}\partial \vec{\boldsymbol{x}}^{\mathsf{T}}}\end{pmatrix} - \frac{\partial^2 \boldsymbol{G}}{\partial \vec{\boldsymbol{x}}^{\mathsf{T}}\partial \vec{\boldsymbol{x}}}\right]. \quad (2.190)$$

Für

$$\check{\boldsymbol{R}} = (\boldsymbol{G}\otimes \boldsymbol{I}_4)\boldsymbol{R} \quad (2.191)$$

erhält man mit

$$\check{\boldsymbol{\Gamma}} \stackrel{\text{def}}{=} (\boldsymbol{G}\otimes \boldsymbol{I}_4)\boldsymbol{\Gamma} \quad (2.192)$$

schließlich

$$\check{\boldsymbol{R}}_{\mathcal{P}} \stackrel{\text{def}}{=} \frac{\partial \check{\boldsymbol{\Gamma}}}{\partial \vec{\boldsymbol{x}}^{\mathsf{T}}}(\boldsymbol{U}_{4\times 4} - \boldsymbol{I}_{16}). \quad (2.193)$$

Natürlich sind wegen der auftretenden Matrizendifferenz $\boldsymbol{U}_{4\times 4} - \boldsymbol{I}_{16}$ in $\boldsymbol{R}$ auch die erste, $(4+2)$-te, $(8+3)$-te und die 16. Spalte von $\check{\boldsymbol{R}}$ und von $\check{\boldsymbol{R}}_{\mathcal{P}}$ gleich der Nullspalte.

In

$$\check{\boldsymbol{\Gamma}} = \begin{pmatrix}\check{\boldsymbol{\Gamma}}_0\\ \check{\boldsymbol{\Gamma}}_1\\ \check{\boldsymbol{\Gamma}}_2\\ \check{\boldsymbol{\Gamma}}_3\end{pmatrix}$$

hat $\check{\boldsymbol{\Gamma}}_\nu$ die Form

$$\check{\boldsymbol{\Gamma}}_\nu = \frac{1}{2}\left(\frac{\partial \boldsymbol{g}_\nu^{\mathsf{T}}}{\partial \boldsymbol{x}} + \frac{\partial \boldsymbol{g}_\nu}{\partial \boldsymbol{x}^{\mathsf{T}}} - \frac{\partial \boldsymbol{G}}{\partial x_\nu}\right),$$

d. h., die Elemente von $\check{\boldsymbol{\Gamma}}_\nu$ sind (siehe auch (2.64)

$$\check{\Gamma}^{\nu}_{\alpha\beta} = \frac{1}{2}\left(\frac{\partial g_{\beta\nu}}{\partial x_\alpha} + \frac{\partial g_{\alpha\nu}}{\partial x_\beta} - \frac{\partial g_{\alpha\beta}}{\partial x_\nu}\right). \quad (2.194)$$

Für $\left(\check{R}^{\gamma\delta}_{\alpha\beta}\right)_{\mathcal{P}}$ erhält man aus (2.166)

$$\underline{\underline{\left(\check{R}^{\gamma\delta}_{\alpha\beta}\right)_{\mathcal{P}} = \frac{1}{2}\left(\frac{\partial^2 g_{\gamma\delta}}{\partial x_\alpha \partial x_\beta} - \frac{\partial^2 g_{\alpha\delta}}{\partial x_\gamma \partial x_\beta} - \frac{\partial^2 g_{\beta\gamma}}{\partial x_\alpha \partial x_\delta} + \frac{\partial^2 g_{\alpha\beta}}{\partial x_\gamma \partial x_\delta}\right).}} \tag{2.195}$$

Aus (2.195) folgt direkt durch Vergleich der entsprechenden Formen

$$\underline{\underline{\left(\check{R}^{\gamma\delta}_{\alpha\beta}\right)_{\mathcal{P}} = \left(\check{R}^{\delta\gamma}_{\alpha\beta}\right)_{\mathcal{P}},}} \tag{2.196}$$

und die sogenannte *zyklische Identität*

$$\underline{\underline{\left(\check{R}^{\gamma\delta}_{\alpha\beta}\right)_{\mathcal{P}} + \left(\check{R}^{\delta\beta}_{\alpha\gamma}\right)_{\mathcal{P}} + \left(\check{R}^{\beta\gamma}_{\alpha\delta}\right)_{\mathcal{P}} = 0.}} \tag{2.197}$$

Aus (2.166) folgt in $\mathcal{P}$

$$\underline{\underline{\left(R^{\gamma\delta}_{\alpha\beta}\right)_{\mathcal{P}} = \left(\frac{\partial}{\partial x_\beta}\Gamma^{\gamma}_{\alpha\delta} - \frac{\partial}{\partial x_\delta}\Gamma^{\gamma}_{\alpha\beta}\right)_{\mathcal{P}}.}} \tag{2.198}$$

(2.198) partiell differenziert, liefert

$$\underline{\underline{\left(\frac{\partial}{\partial x_\kappa} R^{\gamma\delta}_{\alpha\beta}\right)_{\mathcal{P}} = \left(\frac{\partial^2}{\partial x_\kappa \partial x_\beta}\Gamma^{\gamma}_{\alpha\delta} - \frac{\partial^2}{\partial x_\kappa \partial x_\delta}\Gamma^{\gamma}_{\alpha\beta}\right)_{\mathcal{P}}.}} \tag{2.199}$$

Mit Hilfe von (2.199) erhält man durch Einsetzen der entsprechenden Terme die sogenannte *Bianchi-Identität*

$$\underline{\underline{\frac{\partial}{\partial x_\kappa} R^{\gamma\delta}_{\alpha\beta} + \frac{\partial}{\partial x_\beta} R^{\gamma\kappa}_{\alpha\delta} + \frac{\partial}{\partial x_\delta} R^{\gamma\beta}_{\alpha\kappa} = 0.}} \tag{2.200}$$

Da das in einem *beliebigen* Ereignis $\mathcal{P}$ gilt, gilt es *überall*.

2.9 Die *Ricci*-Matrix und ihre Eigenschaften

Ziel der Betrachtungen der *Riemann*schen Krümmungstheorie ist, mit ihrer Hilfe einen Weg zu finden, wie man die Komponenten der Christoffel-Matrix $\boldsymbol{\Gamma}$ ermitteln kann. Diese braucht man für die Lösung der, das dynamische Verhalten eines Masseteilchens in einem Schwerefeld beschreibenden Gleichung

$$\ddot{\boldsymbol{x}} = -(\boldsymbol{I}_4 \otimes \dot{\boldsymbol{x}}^{\mathsf{T}})\boldsymbol{\Gamma}\dot{\boldsymbol{x}}.$$

Um die Komponenten der Christoffel-Matrix berechnen zu können, benötigt man die zehn Komponenten der symmetrischen Metrischen Matrix $\boldsymbol{G}$. Also wären zehn Differentialgleichungen nötig. Die Riemannsche Krümmungsmatrix hat aber, als 16×16-Matrix, 256 Komponenten, würde also im Extremfall 256 Gleichungen liefern. Berücksichtigt man allerdings, dass vier Zeilen und vier Spalten von $\boldsymbol{R}$ nur aus Nullen bestehen, so bleiben nur noch $12 \cdot 12 = 144$ Gleichungen. Immer noch zu viele. Die Zahl der Gleichungen kann man allerdings entscheidend verringern, indem man durch geschickte Addition von Matrixelementen die Zahl der Komponenten der neu entstehenden Matrix verringert. Erzeugt man auf diesem Weg eine symmetrische 4×4-Matrix, erhält man genau zehn unabhängige Gleichungen für die Ermittlung der zehn unabhängigen Komponenten von $\boldsymbol{G}$. Eine solche Matrix ist die sogenannte *Ricci*-Matrix, die man auf zwei Wegen erhalten kann. Ein Weg führt über die Summe der Untermatrizen in der Hauptdiagonalen von $\boldsymbol{R}$; er wird im Anhang beschrieben. Der zweite Weg geht wie folgt.

Die *Ricci*-Matrix $\boldsymbol{R}_{Ric}$ wird aus der Summe der Elemente der Hauptdiagonalen, den Spuren, der Untermatrizen $\boldsymbol{R}^{\gamma\delta}$ von $\boldsymbol{R}$ gebildet:

$$R_{Ric,\gamma\delta} \stackrel{\text{def}}{=} \text{spur}(\boldsymbol{R}^{\gamma\delta}) = \sum_{\nu=0}^{3} R_{\nu\nu}^{\gamma\delta}. \tag{2.201}$$

Entsprechend werden die Komponenten der neuen Matrix $\check{\boldsymbol{R}}_{Ric}$ so definiert

$$\check{R}_{Ric,\gamma\delta} \stackrel{\text{def}}{=} \sum_{\nu=0}^{3} \check{R}_{\nu\nu}^{\gamma\delta}. \tag{2.202}$$

Aus (2.195) kann man sofort ablesen, daß die Ricci-Matrix $\check{\boldsymbol{R}}_{Ric}$ **symmetrisch** ist; denn es ist

$$\check{R}_{\nu\nu}^{\gamma\delta} = \check{R}_{\nu\nu}^{\delta\gamma}.$$

Außerdem ist wegen (2.163)

$$\boldsymbol{R} = (\boldsymbol{G}^{-1} \otimes \boldsymbol{I}_4)\check{\boldsymbol{R}}, \tag{2.203}$$

also

$$\boldsymbol{R}^{\gamma\delta} = (\boldsymbol{g}_{\gamma}^{-T} \otimes \boldsymbol{I}_4)\check{\boldsymbol{R}}^{\delta} = \sum_{\mu=0}^{3} g_{\gamma\mu}^{[-1]} \check{\boldsymbol{R}}^{\mu\delta}, \tag{2.204}$$

wobei $\boldsymbol{g}_{\gamma}^{-T}$ die γ-te Zeile von $\boldsymbol{G}^{-1}$ ist und $\check{\boldsymbol{R}}^{\delta}$ die 16×4-Matrix ist, die aus den vier Untermatrizen in der δ-ten Blockspalte von $\check{\boldsymbol{R}}$ besteht, d.h., es gilt für die Matrizenelemente

$$R_{\alpha\beta}^{\gamma\delta} = \sum_{\mu=0}^{3} g_{\gamma\mu}^{[-1]} \check{R}_{\alpha\beta}^{\mu\delta}. \tag{2.205}$$

Mit Hilfe von (2.201) erhält man für die Ricci-Matrixkomponenten

$$R_{Ric,\gamma\delta} = \sum_{\nu} R^{\gamma\delta}_{\nu\nu} = \sum_{\nu}\sum_{\mu} g^{[-1]}_{\gamma\mu} \check{R}^{\mu\delta}_{\nu\nu}, \tag{2.206}$$

oder mit (2.174)

$$R_{Ric,\gamma\delta} = \sum_{\nu}\sum_{\mu} g^{[-1]}_{\gamma\mu} \check{R}^{\nu\nu}_{\mu\delta}. \tag{2.207}$$

Der *Krümmungsskalar* R wird aus der Ricci-Matrix durch Spurbildung so gewonnen

$$R \overset{\text{def}}{=} \mathrm{spur}(\boldsymbol{R}_{Ric}) = \sum_{\alpha}\sum_{\nu} R^{\alpha\alpha}_{\nu\nu}$$

$$= \sum_{\alpha}\sum_{\nu}\sum_{\mu} g^{[-1]}_{\alpha\mu} \check{R}^{\mu\alpha}_{\nu\nu} = \sum_{\alpha}\sum_{\mu} g^{[-1]}_{\alpha\mu} \check{R}_{Ric,\mu\alpha}. \tag{2.208}$$

Umgekehrt erhält man entsprechend

$$\check{R}^{\gamma\delta}_{\alpha\beta} = \sum_{\mu=0}^{3} g_{\gamma\mu} R^{\mu\delta}_{\alpha\beta}. \tag{2.209}$$

Aus (2.166) folgt direkt

$$\underline{\underline{R_{Ric,\gamma\delta} = \sum_{\nu=0}^{3} \left(\frac{\partial}{\partial x_\delta}\Gamma^{\nu}_{\gamma\nu} - \frac{\partial}{\partial x_\nu}\Gamma^{\nu}_{\gamma\delta} + \sum_{\mu=0}^{3} \Gamma^{\nu}_{\delta\mu}\Gamma^{\mu}_{\nu\gamma} - \sum_{\mu=0}^{3} \Gamma^{\mu}_{\nu\mu}\Gamma^{\mu}_{\gamma\delta} \right)}} \tag{2.210}$$

und aus (2.169)

$$\underline{\underline{\check{R}_{Ric,\gamma\delta} = \sum_{\nu=0}^{3} \left(\frac{\partial}{\partial x_\delta}\check{\Gamma}^{\nu}_{\gamma\nu} - \frac{\partial}{\partial x_\nu}\check{\Gamma}^{\nu}_{\gamma\delta} + \sum_{\mu=0}^{3} \Gamma^{\mu}_{\gamma\delta}\check{\Gamma}^{\mu}_{\nu\nu} - \sum_{\mu=0}^{3} \Gamma^{\mu}_{\gamma\nu}\check{\Gamma}^{\mu}_{\nu\delta} \right)}}. \tag{2.211}$$

2.9.1 Symmetrie der Ricci-Matrix R_{Ric}

Auch wenn $\boldsymbol{R}$ selbst nicht symmetrisch ist, so ist doch die aus ihr gewonnene Ricci-Matrix $\boldsymbol{R}_{Ric}$ symmetrisch, was im Folgenden gezeigt werden soll. Die Symmetrie wird mit der Komponentengleichung (2.210) der Ricci-Matrix gezeigt. Dass der zweite und vierte Summand symmetrisch in α und β sind, sieht man sofort. Dem Anteil

$$\sum_{\nu=0}^{3} \frac{\partial}{\partial x_\delta}\Gamma^{\nu}_{\gamma\nu}$$

sieht man nicht direkt an, dass er symmetrisch in γ und δ ist. Dies kan man mit Hilfe des *Laplace*schen Entwicklungssatzes für Determinanten[1] aber wie folgt zeigen. Die Entwicklung der Determinante von $\boldsymbol{G}$ nach der ν-ten Zeile liefert

$$g \stackrel{\text{def}}{=} \det(\boldsymbol{G}) = g_{\nu 1}A_{\nu 1} + \cdots + g_{\nu\delta}A_{\nu\delta} + \cdots + g_{\nu n}A_{\nu n},$$

wobei $A_{\nu\delta}$ das Element in der ν-ten Zeile und δ-ten Spalte der Adjungierten von $\boldsymbol{G}$ ist. Ist $g_{\delta\nu}^{[-1]}$ das $(\nu\delta)$-Element der Inversen von $\boldsymbol{G}$, dann ist

$$g_{\delta\nu}^{[-1]} = \frac{1}{g}A_{\nu\delta},$$

also

$$A_{\nu\delta} = g\, g_{\delta\nu}^{[-1]}.$$

Damit erhält man für

$$\frac{\partial g}{\partial g_{\nu\delta}} = A_{\nu\delta} = g\, g_{\delta\nu}^{[-1]},$$

oder

$$\delta g = g\, g_{\delta\nu}^{[-1]}\delta g_{\nu\delta},$$

bzw.

$$\frac{\partial g}{\partial x_\gamma} = g\, g_{\delta\nu}^{[-1]}\frac{\partial g_{\nu\delta}}{\partial x_\gamma},$$

d. h.,

$$\frac{1}{g}\frac{\partial g}{\partial x_\gamma} = g_{\delta\nu}^{[-1]}\frac{\partial g_{\nu\delta}}{\partial x_\gamma}. \tag{2.212}$$

Nach (2.63) ist andererseits

$$\sum_{\nu=0}^{3}\Gamma_{\gamma\nu}^{\nu} = \sum_{\nu=0}^{3}\sum_{\delta=0}^{3}\frac{g_{\delta\nu}^{[-1]}}{2}\left(\frac{\partial g_{\nu\delta}}{\partial x_\gamma} + \frac{\partial g_{\gamma\delta}}{\partial x_\nu} - \frac{\partial g_{\gamma\nu}}{\partial x_\delta}\right),$$

d. h., die beiden letzten Summanden heben sich heraus und es bleibt

$$\sum_{\nu=0}^{3}\Gamma_{\gamma\nu}^{\nu} = \sum_{\nu=0}^{3}\sum_{\delta=0}^{3}\frac{g_{\delta\nu}^{[-1]}}{2}\frac{\partial g_{\nu\delta}}{\partial x_\gamma}.$$

[1] Die Summe der Produkte aller Elemente einer Zeile (oder Spalte) mit ihren Adjunkten ist gleich dem Wert der Determinanten.

Daraus folgt dann mit (2.212)

$$\sum_{\nu=0}^{3} \frac{\partial}{\partial x_\delta} \Gamma^{\nu}_{\gamma\nu} = \sum_{\nu=0}^{3} \sum_{\delta=0}^{3} \frac{1}{\sqrt{|g|}} \frac{\partial^2 \sqrt{|g|}}{\partial x_\gamma \partial x_\delta}. \tag{2.213}$$

Dieser Form sieht man aber sofort die Symmetrie in γ und δ an.

Jetzt muss noch gezeigt werden, dass der dritte Summand in (2.210) symmetrisch ist. Er setzt sich so zusammen

$$\sum_{\nu=0}^{3} \sum_{\mu=0}^{3} \Gamma^{\nu}_{\delta\mu} \Gamma^{\mu}_{\nu\gamma}.$$

Daraus kann man ablesen, dass dieser Anteil symmetrisch ist, denn es ist

$$\sum_{\nu,\mu=0}^{3} \Gamma^{\nu}_{\delta\mu} \Gamma^{\mu}_{\nu\gamma} = \sum_{\nu,\mu=0}^{3} \Gamma^{\nu}_{\mu\delta} \Gamma^{\mu}_{\gamma\nu} = \sum_{\nu,\mu=0}^{3} \Gamma^{\mu}_{\nu\delta} \Gamma^{\nu}_{\gamma\mu}.$$

Damit wurde gezeigt, dass die Ricci-Matrix $\boldsymbol{R}_{Ric}$ in der Tat symmetrisch ist.

2.9.2 Divergenz der Ricci-Matrix $\boldsymbol{R}_{Ric}$

Multipliziert man die *Bianchi*-Identität (2.200) in der Form

$$\frac{\partial}{\partial x_\kappa} R^{\nu\delta}_{\alpha\beta} + \frac{\partial}{\partial x_\beta} R^{\nu\kappa}_{\alpha\delta} + \frac{\partial}{\partial x_\delta} R^{\nu\beta}_{\alpha\kappa} = 0,$$

mit $g_{\gamma\nu}$ und summiert über ν, erhält man in $\mathcal{P}$, da dort $\frac{\partial \boldsymbol{G}}{\partial \boldsymbol{x}} = \boldsymbol{0}$ ist,

$$\frac{\partial}{\partial x_\kappa} \sum_{\nu=0}^{3} g_{\gamma\nu} R^{\nu\delta}_{\alpha\beta} + \frac{\partial}{\partial x_\beta} \sum_{\nu=0}^{3} g_{\gamma\nu} R^{\nu\kappa}_{\alpha\delta} + \frac{\partial}{\partial x_\delta} \sum_{\nu=0}^{3} g_{\gamma\nu} R^{\nu\beta}_{\alpha\kappa} = 0.$$

Mit (2.209) wird daraus

$$\frac{\partial}{\partial x_\kappa} \check{R}^{\gamma\delta}_{\alpha\beta} + \frac{\partial}{\partial x_\beta} \check{R}^{\gamma\kappa}_{\alpha\delta} + \frac{\partial}{\partial x_\delta} \check{R}^{\gamma\beta}_{\alpha\kappa} = 0. \tag{2.214}$$

Für den dritten Summanden kann man nach (2.173) auch

$$-\frac{\partial}{\partial x_\delta} \check{R}^{\gamma\kappa}_{\alpha\beta}$$

schreiben. Setzt man jetzt $\alpha = \beta$ und summiert über α, erhält man

$$\frac{\partial}{\partial x_\kappa} \check{R}_{Ric,\gamma\delta} + \sum_{\alpha=0}^{3} \frac{\partial}{\partial x_\alpha} \check{R}^{\gamma\kappa}_{\alpha\delta} - \frac{\partial}{\partial x_\delta} \check{R}_{Ric,\gamma\kappa} = 0. \tag{2.215}$$

Im zweiten Summanden kann man nach (2.172) $\check{R}^{\gamma\kappa}_{\alpha\delta}$ durch $-\check{R}^{\alpha\kappa}_{\gamma\delta}$ ersetzen. Setzt man dann noch $\gamma = \delta$ und summiert über γ, erhält man für (2.215) mit der Spur $\check{R} \stackrel{\text{def}}{=} \sum_{\gamma=0}^{3} \check{R}_{Ric,\gamma\gamma}$ der Riccati-Matrix $\check{\boldsymbol{R}}_{Ric}$,

$$\frac{\partial}{\partial x_\kappa} \check{R} - \sum_{\alpha=0}^{3} \frac{\partial}{\partial x_\alpha} \check{R}_{Ric,\alpha\kappa} - \sum_{\gamma=0}^{3} \frac{\partial}{\partial x_\gamma} \check{R}_{Ric,\gamma\kappa} = 0. \tag{2.216}$$

Ersetzt man in der letzten Summe den Summationsindex γ durch α, so kann man schließlich zusammenfassen

$$\underline{\underline{\frac{\partial}{\partial x_\kappa} \check{R} - 2\sum_{\alpha=0}^{3} \frac{\partial}{\partial x_\alpha} \check{R}_{Ric,\alpha\kappa} = 0.}} \tag{2.217}$$

Zu dem gleichen Ergebnis wäre man auch gekommen, wenn man von der Gleichung ausgegangen wäre:

$$\frac{\partial}{\partial x_\kappa} \check{R}^{\alpha\beta}_{\gamma\delta} - 2\frac{\partial}{\partial x_\beta} \check{R}^{\alpha\kappa}_{\gamma\delta} = 0. \tag{2.218}$$

Denn setzt man $\delta = \gamma$ und summiert über γ, erhält man zunächst

$$\frac{\partial}{\partial x_\kappa} \check{R}_{Ric,\alpha\beta} - 2\frac{\partial}{\partial x_\beta} \check{R}_{Ric,\alpha\kappa} = 0.$$

Setzt man jetzt $\alpha = \beta$ und summiert über α, erhält man wieder (2.217).

Zu einem anderen Ergebnis kommt man, wenn man ausgehend von (2.218) (mit ν statt α) zunächst diese Gleichung mit $g^{[-1]}_{\alpha\nu}$ multipliziert,

$$\frac{\partial}{\partial x_\kappa} g^{[-1]}_{\alpha\nu} \check{R}^{\nu\beta}_{\gamma\delta} - 2\frac{\partial}{\partial x_\beta} g^{[-1]}_{\alpha\nu} \check{R}^{\nu\kappa}_{\gamma\delta} = 0,$$

und dann wieder $\gamma = \delta$ setzt und über γ und ν summiert und (2.215) beachtet:

$$\sum_\gamma \sum_\nu \frac{\partial}{\partial x_\kappa} g^{[-1]}_{\alpha\nu} \check{R}^{\nu\beta}_{\gamma\delta} - 2\sum_\gamma \sum_\nu \frac{\partial}{\partial x_\beta} g^{[-1]}_{\alpha\nu} \check{R}^{\nu\kappa}_{\gamma\delta}$$

$$= \frac{\partial}{\partial x_\kappa} R_{Ric,\alpha\beta} - 2\frac{\partial}{\partial x_\beta} R_{Ric,\alpha\kappa} = 0.$$

Setzt man jetzt noch $\alpha = \beta$ setzt und über α summiert, erhält man schließlich den wichtigen Zusammenhang

$$\frac{\partial}{\partial x_\kappa} R - 2 \sum_\alpha \frac{\partial}{\partial x_\alpha} R_{Ric,\alpha\kappa} = 0. \tag{2.219}$$

Das sind vier Gleichungen für die vier Raumzeitkoordinaten $x_0, \ldots, x_3$. Endgültig kann man das Gesamtergebnis auch so darstellen

$$\vec{\nabla}^\mathsf{T} \left(\boldsymbol{R}_{Ric} - \frac{1}{2} R \boldsymbol{I}_4 \right) = \mathbf{0}^\mathsf{T}. \tag{2.220}$$

Die Divergenz der zusammengesetzten Matrix $\boldsymbol{R}_{Ric} - \frac{1}{2} R \boldsymbol{I}_4$ ist gleich null.

2.10 Allgemeine Theorie der Gravitation

2.10.1 Die Einstein-Matrix $\mathfrak{E}$

Mit der *Einstein-Matrix*

$$\mathfrak{E} \stackrel{\text{def}}{=} \boldsymbol{R}_{Ric} - \frac{1}{2} R \boldsymbol{I}_4, \tag{2.221}$$

unter Beachtung, dass $\mathfrak{E}$ symmetrisch ist, kann man (2.220) so zusammenfassen

$$\mathfrak{E} \vec{\nabla} = \mathbf{0}. \tag{2.222}$$

Das ist eine sehr wichtige Eigenschaft der Einstein-Matrix:

Die Divergenz der Einstein-Matrix verschwindet!

2.10.2 Newtonsche Gravitationstheorie

Nach Newton gilt für die Beschleunigung

$$\frac{\mathrm{d}^2\boldsymbol{x}}{\mathrm{d}t^2} = -\nabla\phi(\boldsymbol{x}), \tag{2.223}$$

wobei $\phi(\boldsymbol{x})$ das Gravitationspotential und $\boldsymbol{x} \in \mathbb{R}^3$ ist. Das kann man auch so schreiben

$$\frac{\mathrm{d}^2\boldsymbol{x}}{\mathrm{d}t^2} + \nabla\phi(\boldsymbol{x}) = \mathbf{0}. \tag{2.224}$$

Die Newtonsche Universalzeit ist ein Parameter, der zwei Freiheitsgrade hat, nämlich den Zeitursprung t_0 und die Zeiteinheit a, die beide beliebig gewählt werden können: $t = t_0 + a\tau$. Damit erhält man

$$\frac{\mathrm{d}^2 t}{\mathrm{d}\tau^2} = 0, \quad \frac{\mathrm{d}^2\boldsymbol{x}}{\mathrm{d}\tau^2} + \frac{\partial\phi}{\partial\boldsymbol{x}}\left(\frac{\mathrm{d}t}{\mathrm{d}\tau}\right)^2 = \mathbf{0}. \tag{2.225}$$

Das kann man mit dem Raumzeitvektor

$$\vec{\boldsymbol{x}} = \begin{pmatrix} ct \\ \boldsymbol{x} \end{pmatrix} \in \mathbb{R}^4$$

auch so schreiben

$$\frac{\mathrm{d}^2\vec{\boldsymbol{x}}}{\mathrm{d}\tau^2} + (\boldsymbol{I}_4 \otimes \dot{\vec{\boldsymbol{x}}}^{\mathsf{T}})\boldsymbol{\Gamma}\dot{\vec{\boldsymbol{x}}} = \mathbf{0}. \tag{2.226}$$

Hierbei hat $\boldsymbol{\Gamma} \in \mathbb{R}^{16\times 4}$ die Form

$$\boldsymbol{\Gamma} = \begin{pmatrix} 0 & 0\,0\,0 \\ 0 & 0\,0\,0 \\ 0 & 0\,0\,0 \\ 0 & 0\,0\,0 \\ \hline \dfrac{\partial\phi}{\partial x_1} & 0\,0\,0 \\ 0 & 0\,0\,0 \\ 0 & 0\,0\,0 \\ 0 & 0\,0\,0 \\ \hline \dfrac{\partial\phi}{\partial x_2} & 0\,0\,0 \\ 0 & 0\,0\,0 \\ 0 & 0\,0\,0 \\ 0 & 0\,0\,0 \\ \hline \dfrac{\partial\phi}{\partial x_3} & 0\,0\,0 \\ 0 & 0\,0\,0 \\ 0 & 0\,0\,0 \\ 0 & 0\,0\,0 \end{pmatrix}.$$

Wie erhält man jetzt noch die Aussage der Poisson-Gleichung

$$\Delta\phi(\boldsymbol{x}) = \frac{\partial^2\phi}{\partial x_1^2} + \frac{\partial^2\phi}{\partial x_2^2} + \frac{\partial^2\phi}{\partial x_3^2} = 4\pi G\rho(\boldsymbol{x})? \tag{2.227}$$

Für die Krümmungsmatrix $\boldsymbol{R}$ wird neben der Matrix

$$\frac{\partial\boldsymbol{\Gamma}}{\partial\boldsymbol{x}^{\mathsf{T}}} = \left(\begin{array}{cccc|cccc|cccc|cccc}
0&0&0&0&0&0&0&0&0&0&0&0&0&0&0&0\\
0&0&0&0&0&0&0&0&0&0&0&0&0&0&0&0\\
0&0&0&0&0&0&0&0&0&0&0&0&0&0&0&0\\
0&0&0&0&0&0&0&0&0&0&0&0&0&0&0&0\\
\hline
0&0&0&0&\frac{\partial^2\phi}{\partial x_1^2}&0&0&0&\frac{\partial^2\phi}{\partial x_1\partial x_2}&0&0&0&\frac{\partial^2\phi}{\partial x_1\partial x_3}&0&0&0\\
0&0&0&0&0&0&0&0&0&0&0&0&0&0&0&0\\
0&0&0&0&0&0&0&0&0&0&0&0&0&0&0&0\\
0&0&0&0&0&0&0&0&0&0&0&0&0&0&0&0\\
\hline
0&0&0&0&\frac{\partial^2\phi}{\partial x_2\partial x_1}&0&0&0&\frac{\partial^2\phi}{\partial x_2^2}&0&0&0&\frac{\partial^2\phi}{\partial x_2\partial x_3}&0&0&0\\
0&0&0&0&0&0&0&0&0&0&0&0&0&0&0&0\\
0&0&0&0&0&0&0&0&0&0&0&0&0&0&0&0\\
0&0&0&0&0&0&0&0&0&0&0&0&0&0&0&0\\
\hline
0&0&0&0&\frac{\partial^2\phi}{\partial x_3\partial x_1}&0&0&0&\frac{\partial^2\phi}{\partial x_3\partial x_2}&0&0&0&\frac{\partial^2\phi}{\partial x_3^2}&0&0&0\\
0&0&0&0&0&0&0&0&0&0&0&0&0&0&0&0\\
0&0&0&0&0&0&0&0&0&0&0&0&0&0&0&0\\
0&0&0&0&0&0&0&0&0&0&0&0&0&0&0&0
\end{array}\right)$$

zunächst noch die Matrix

$$\boldsymbol{\Gamma}^* = \boldsymbol{U}_{4\times 4}\boldsymbol{\Gamma} = \left(\begin{array}{cccc}
0&0&0&0\\
\frac{\partial\phi}{\partial x_1}&0&0&0\\
\frac{\partial\phi}{\partial x_2}&0&0&0\\
\frac{\partial\phi}{\partial x_3}&0&0&0\\
\hline
0&0&0&0\\
0&0&0&0\\
0&0&0&0\\
0&0&0&0\\
\hline
0&0&0&0\\
0&0&0&0\\
0&0&0&0\\
0&0&0&0\\
\hline
0&0&0&0\\
0&0&0&0\\
0&0&0&0\\
0&0&0&0
\end{array}\right)$$

benötigt, um daraus die folgende Matrix zu ermitteln

$$\overline{\boldsymbol{\Gamma}} = \left(\begin{array}{cccc|cccc|cccc|cccc} 0 & 0 & 0 & 0 & 0 & 0 & 0 & 0 & 0 & 0 & 0 & 0 & 0 & 0 & 0 & 0 \\ \frac{\partial \phi}{\partial x_1} & 0 & 0 & 0 & 0 & 0 & 0 & 0 & 0 & 0 & 0 & 0 & 0 & 0 & 0 & 0 \\ \frac{\partial \phi}{\partial x_2} & 0 & 0 & 0 & 0 & 0 & 0 & 0 & 0 & 0 & 0 & 0 & 0 & 0 & 0 & 0 \\ \frac{\partial \phi}{\partial x_3} & 0 & 0 & 0 & 0 & 0 & 0 & 0 & 0 & 0 & 0 & 0 & 0 & 0 & 0 & 0 \end{array}\right).$$

Allerdings ergibt sich hier für das Produkt $(\overline{\boldsymbol{\Gamma}} \otimes \boldsymbol{I}_4)(\boldsymbol{I}_4 \otimes \boldsymbol{\Gamma})$ die Nullmatrix, sodass sich die Krümmungsmatrix nun so zusammensetzt

$$\boldsymbol{R} = \frac{\partial \boldsymbol{\Gamma}}{\partial \boldsymbol{x}^{\mathsf{T}}}(\boldsymbol{U}_{4\times 4} - \boldsymbol{I}_{16}).$$

Hierbei ist

$$\frac{\partial \boldsymbol{\Gamma}}{\partial \boldsymbol{x}^{\mathsf{T}}}\boldsymbol{U}_{4\times 4} = \left(\begin{array}{cccc|cccc|cccc|cccc} 0 & 0 & 0 & 0 & 0 & 0 & 0 & 0 & 0 & 0 & 0 & 0 & 0 & 0 & 0 & 0 \\ 0 & 0 & 0 & 0 & 0 & 0 & 0 & 0 & 0 & 0 & 0 & 0 & 0 & 0 & 0 & 0 \\ 0 & 0 & 0 & 0 & 0 & 0 & 0 & 0 & 0 & 0 & 0 & 0 & 0 & 0 & 0 & 0 \\ 0 & 0 & 0 & 0 & 0 & 0 & 0 & 0 & 0 & 0 & 0 & 0 & 0 & 0 & 0 & 0 \\ \hline 0 & \frac{\partial^2 \phi}{\partial x_1^2} & \frac{\partial^2 \phi}{\partial x_1 \partial x_2} & \frac{\partial^2 \phi}{\partial x_1 \partial x_3} & 0 & 0 & 0 & 0 & 0 & 0 & 0 & 0 & 0 & 0 & 0 & 0 \\ 0 & 0 & 0 & 0 & 0 & 0 & 0 & 0 & 0 & 0 & 0 & 0 & 0 & 0 & 0 & 0 \\ 0 & 0 & 0 & 0 & 0 & 0 & 0 & 0 & 0 & 0 & 0 & 0 & 0 & 0 & 0 & 0 \\ 0 & 0 & 0 & 0 & 0 & 0 & 0 & 0 & 0 & 0 & 0 & 0 & 0 & 0 & 0 & 0 \\ \hline 0 & \frac{\partial^2 \phi}{\partial x_2 \partial x_1} & \frac{\partial^2 \phi}{\partial x_2^2} & \frac{\partial^2 \phi}{\partial x_2 \partial x_3} & 0 & 0 & 0 & 0 & 0 & 0 & 0 & 0 & 0 & 0 & 0 & 0 \\ 0 & 0 & 0 & 0 & 0 & 0 & 0 & 0 & 0 & 0 & 0 & 0 & 0 & 0 & 0 & 0 \\ 0 & 0 & 0 & 0 & 0 & 0 & 0 & 0 & 0 & 0 & 0 & 0 & 0 & 0 & 0 & 0 \\ \hline 0 & \frac{\partial^2 \phi}{\partial x_3 \partial x_1} & \frac{\partial^2 \phi}{\partial x_3 \partial x_2} & \frac{\partial^2 \phi}{\partial x_3^2} & 0 & 0 & 0 & 0 & 0 & 0 & 0 & 0 & 0 & 0 & 0 & 0 \\ 0 & 0 & 0 & 0 & 0 & 0 & 0 & 0 & 0 & 0 & 0 & 0 & 0 & 0 & 0 & 0 \\ 0 & 0 & 0 & 0 & 0 & 0 & 0 & 0 & 0 & 0 & 0 & 0 & 0 & 0 & 0 & 0 \end{array}\right),$$

so daß sich endgültig ergibt

$$\boldsymbol{R} = \left(\begin{array}{cccc|cccc|cccc|cccc}
0 & 0 & 0 & 0 & 0 & 0 & 0 & 0 & 0 & 0 & 0 & 0 & 0 & 0 & 0 & 0 \\
0 & 0 & 0 & 0 & 0 & 0 & 0 & 0 & 0 & 0 & 0 & 0 & 0 & 0 & 0 & 0 \\
0 & 0 & 0 & 0 & 0 & 0 & 0 & 0 & 0 & 0 & 0 & 0 & 0 & 0 & 0 & 0 \\
0 & 0 & 0 & 0 & 0 & 0 & 0 & 0 & 0 & 0 & 0 & 0 & 0 & 0 & 0 & 0 \\
\hline
0 & \frac{\partial^2\phi}{\partial x_1^2} & \frac{\partial^2\phi}{\partial x_1 \partial x_2} & \frac{\partial^2\phi}{\partial x_1 \partial x_3} & -\frac{\partial^2\phi}{\partial x_1^2} & 0 & 0 & 0 & -\frac{\partial^2\phi}{\partial x_1 \partial x_2} & 0 & 0 & 0 & -\frac{\partial^2\phi}{\partial x_1 \partial x_3} & 0 & 0 & 0 \\
0 & 0 & 0 & 0 & 0 & 0 & 0 & 0 & 0 & 0 & 0 & 0 & 0 & 0 & 0 & 0 \\
0 & 0 & 0 & 0 & 0 & 0 & 0 & 0 & 0 & 0 & 0 & 0 & 0 & 0 & 0 & 0 \\
0 & 0 & 0 & 0 & 0 & 0 & 0 & 0 & 0 & 0 & 0 & 0 & 0 & 0 & 0 & 0 \\
\hline
0 & \frac{\partial^2\phi}{\partial x_2 \partial x_1} & \frac{\partial^2\phi}{\partial x_2^2} & \frac{\partial^2\phi}{\partial x_2 \partial x_3} & -\frac{\partial^2\phi}{\partial x_2 \partial x_1} & 0 & 0 & 0 & -\frac{\partial^2\phi}{\partial x_2^2} & 0 & 0 & 0 & -\frac{\partial^2\phi}{\partial x_2 \partial x_3} & 0 & 0 & 0 \\
0 & 0 & 0 & 0 & 0 & 0 & 0 & 0 & 0 & 0 & 0 & 0 & 0 & 0 & 0 & 0 \\
0 & 0 & 0 & 0 & 0 & 0 & 0 & 0 & 0 & 0 & 0 & 0 & 0 & 0 & 0 & 0 \\
0 & 0 & 0 & 0 & 0 & 0 & 0 & 0 & 0 & 0 & 0 & 0 & 0 & 0 & 0 & 0 \\
\hline
0 & \frac{\partial^2\phi}{\partial x_3 \partial x_1} & \frac{\partial^2\phi}{\partial x_3 \partial x_2} & \frac{\partial^2\phi}{\partial x_3^2} & -\frac{\partial^2\phi}{\partial x_3 \partial x_1} & 0 & 0 & 0 & -\frac{\partial^2\phi}{\partial x_3 \partial x_2} & 0 & 0 & 0 & -\frac{\partial^2\phi}{\partial x_3^2} & 0 & 0 & 0 \\
0 & 0 & 0 & 0 & 0 & 0 & 0 & 0 & 0 & 0 & 0 & 0 & 0 & 0 & 0 & 0 \\
0 & 0 & 0 & 0 & 0 & 0 & 0 & 0 & 0 & 0 & 0 & 0 & 0 & 0 & 0 & 0 \\
0 & 0 & 0 & 0 & 0 & 0 & 0 & 0 & 0 & 0 & 0 & 0 & 0 & 0 & 0 & 0
\end{array}\right). \tag{2.228}$$

Die 4×4-Untermatrizen in der Hauptdiagonalen der Krümmungsmatrix $\boldsymbol{R}$ enthalten genau die Komponenten der linken Seite der Poisson-Gleichung. Das liefert nachträglich die Motivation für die Einführung der Ricci-Matrix! Für sie ergibt sich hier speziell

$$\boldsymbol{R}_{Ric} = \begin{pmatrix}
0 & 0 & 0 & 0 \\
0 & -\frac{\partial^2\phi}{\partial x_1^2} & -\frac{\partial^2\phi}{\partial x_1 \partial x_2} & -\frac{\partial^2\phi}{\partial x_1 \partial x_3} \\
0 & -\frac{\partial^2\phi}{\partial x_2 \partial x_1} & -\frac{\partial^2\phi}{\partial x_2^2} & -\frac{\partial^2\phi}{\partial x_2 \partial x_3} \\
0 & -\frac{\partial^2\phi}{\partial x_3 \partial x_1} & -\frac{\partial^2\phi}{\partial x_3 \partial x_2} & -\frac{\partial^2\phi}{\partial x_3^2}
\end{pmatrix}. \tag{2.229}$$

Bildet man die Spur der *Ricci*-Matrix, so ist

$$R = \mathrm{spur}(\boldsymbol{R}_{Ric}) = -\left(\frac{\partial^2\phi}{\partial x_1^2} + \frac{\partial^2\phi}{\partial x_2^2} + \frac{\partial^2\phi}{\partial x_3^2}\right), \tag{2.230}$$

so daß man endgültig die *Poisson*-Gleichung auch kurz so schreiben kann

$$-R = 4\pi G\rho. \tag{2.231}$$

Den Zusammenhang zwischen Gravitationspotential ϕ und Materie in der *Newton*schen Mechanik stellt die *Poisson*sche Gleichung

$$\Delta\phi = 4\pi G\rho$$

her, wo ρ die Massendichte und G die *Newton*sche Gravitationskonstante sind. In der Allgemeinen Relativitätstheorie wird nun gefordert, allgemein invariante Gravitationsgleichungen zwischen den g_{ik} und der Materie aufzustellen. Es bietet sich an, die Materie durch die Energie-Impuls-Matrix $\boldsymbol{T} = \boldsymbol{T}_{total}$ zu charakterisieren.

Für das rotierende System in Abschn. 2.5 war $\ddot{r} = r(\omega + \dot{\varphi})^2$, so daß sich für das Potential $\phi = -\frac{\omega^2 r^2}{2}$ und für $g_{00} = 1 - \frac{r^2\omega^2}{c^2} = 1 + \frac{2\phi}{c^2}$ ergibt. Andererseits erhält man im *Newton*schen, nichtrelativistischen Grenzfall $\frac{v^2}{c^2} \leqslant 1$, für die Energie-Impuls-Matrix (Abschn. 1.9.2) $T_{00} = c^2\rho_0$ und für die übrigen $T_{ij} \approx 0$. Mit $\phi = \frac{c^2}{2}(g_{00} - 1)$ erhält man $\Delta\phi = \frac{c^2}{2}\Delta g_{00}$. Damit kann man für die obige Poissonsche Gleichung auch in der neuen Termanologie schreiben

$$\Delta g_{00} = \frac{8\pi G}{c^4} T_{00}. \tag{2.232}$$

2.10.3 Die Einstein-Gleichung mit $\mathfrak{E}$

Wenn man davon ausgeht, dass im allgemeinen Fall, d. h. bei Vorhandensein von Gravitationsfeldern, auf der rechten Seite von (2.232) die symmetrische Energie-Impuls-Matrix $\boldsymbol{T}$ steht, so muss anscheinend auf der linken Gleichungsseite eine Matrix stehen, die die zweiten partiellen Ableitungen der Elemente der metrischen Matrix $\boldsymbol{G}$ enthält. Wird hierfür die EINSTEIN–Matrix $\mathfrak{E}$ genommen, so erhält man als Ansatz für die *Einsteinsche Feldgleichung*

$$\mathfrak{E} = \frac{8\pi G}{c^4} \boldsymbol{T}. \tag{2.233}$$

Da die Matrix $\boldsymbol{T} \in \mathbb{R}^{4\times 4}$ symmetrisch ist, muss auch die *Einstein-Matrix*

$$\mathfrak{E} \stackrel{\text{def}}{=} \boldsymbol{R}_{Ric} - \frac{1}{2} R\,\boldsymbol{I}_4 \tag{2.234}$$

symmetrisch sein. Das ist in der Tat der Fall; denn sowohl die *Ricci*-Matrix $\boldsymbol{R}_{Ric}$, als auch die Diagonalmatrix $R\,\boldsymbol{I}_4$ sind symmetrisch. $\boldsymbol{R}_{Ric}$ wird aus der *Riemann*schen Krümmungsmatrix

$$\boldsymbol{R} = \left(\frac{\partial \boldsymbol{\Gamma}}{\partial \boldsymbol{x}^\top} + (\overline{\boldsymbol{\Gamma}} \otimes \boldsymbol{I}_4)(\boldsymbol{I}_4 \otimes \boldsymbol{\Gamma})\right)(\boldsymbol{U}_{4\times 4} - \boldsymbol{I}_{16}) \tag{2.235}$$

gewonnen.

Endgültige Form der Einstein-Gleichung

Die Energie-Impuls-Matrix $\boldsymbol{T}$ auf der rechten Seite der Einsteinschen Feldgleichung (2.233) hat die Eigenschaft, dass $\boldsymbol{T}\vec{\nabla} = \boldsymbol{0}$ ist, wenn es sich um ein abgeschlossenes System handelt, d. h., keine äußeren Kräfte wirken. Also muss auch auf der linken Seite $\mathfrak{E}\vec{\nabla} = \boldsymbol{0}$ gelten. Das ist aber für die symmetrische Matrix $\mathfrak{E}$ nach (2.222) der Fall!

Insgesamt wird endgültig axiomatisch die *Einstein*sche Feldgleichung so festgesetzt

$$\mathfrak{E} = \boldsymbol{R}_{Ric} - \frac{R}{2}\boldsymbol{I}_4 = -\frac{8\pi G}{c^4}\boldsymbol{T}. \tag{2.236}$$

Das ist eine Matrizendifferentialgleichung für die Ermittlung der metrischen Matrix $\boldsymbol{G}$. Das ist keine Fernwirkungsgleichung mehr, wie bei NEWTON, sondern beschreibt die Zusammenhänge an einem Raumzeitpunkt $\vec{x}$! $\boldsymbol{R}_{Ric}$ ist abhängig von den Ableitungen von g_{ik} bis zur zweiten Ordnung, wobei die Abhängigkeit von den zweiten Ableitungen linear ist, und nichtlinear abhängig von den g_{ik}. Einsteins Gleichung ist also ein gekoppeltes System von nichtlinearen partiellen Differentialgleichungen zweiter Ordnung für die Ermittlung der Komponenten g_{ik} der metrischen Matrix in Abhängigkeit von der durch $\boldsymbol{T}$ gegebenen Materieverteilung als Quelle des Gravitationsfeldes.

Durch Spurbildung folgt aus (2.236)

$$R - \frac{R}{2}\cdot 4 = -\frac{8\pi G}{c^4}T,$$

also

$$R = \frac{8\pi G}{c^4}T, \tag{2.237}$$

wobei

$$T \overset{\text{def}}{=} \text{spur}(\boldsymbol{T})$$

ist. Setzt man (2.237) in (2.236) ein, erhält man diese Form der Einsteinschen Feldgleichung

$$\boldsymbol{R}_{Ric} = \frac{8\pi G}{c^4}\left(\frac{T}{2}\boldsymbol{I}_4 - \boldsymbol{T}\right). \tag{2.238}$$

Der konstante Faktor $\frac{8\pi G}{c^4}$ hat übrigens den Zahlenwert

$$\frac{8\pi G}{c^4} = 1{,}86 \cdot 10^{-27}\text{cm/g}. \tag{2.239}$$

2.11 Zusammenfassung

2.11.1 Kovarianzprinzip

Einstein postulierte das Äquivalenzprinzip:

Gravitationskräfte sind äquivalent zu Trägheitskräften.

Schwerefelder können durch den Übergang zu einem beschleunigten Koordinatensystem eliminiert werden. In diesem neuen lokalen Inertialsystem gelten die Gesetze der Speziellen Relativitätstheorie. Aus dem Äquivalenzprinzip folgt also unmittelbar das *Kovarianzprinzip:*

Gesetze müssen invariant gegenüber allgemeinen Koordinatentransformationen sein.

Im Besonderen bedeutet das, daß sie auch in einem lokalen Inertialsystem gültig sein müssen, also beim Übergang von der metrischen Matrix $\boldsymbol{G}$ zur Minkowski-Matrix $\boldsymbol{M}$ sich die Gesetze der Speziellen Relativitätstheorie ergeben.

Es gilt der Zusammenhang $\boldsymbol{G} = \boldsymbol{J}^{\mathsf{T}}\boldsymbol{M}\boldsymbol{J}$, also auch $\boldsymbol{M} = \boldsymbol{J}^{-1^{\mathsf{T}}}\boldsymbol{G}\boldsymbol{J}^{-1}$, d. h., mit Hilfe der speziellen Transformationsmatrix $\boldsymbol{J}^{-1}(\vec{x})$ gelangt man für ein bestimmtes Ereignis $\vec{x}$ zu einem lokalen Inertialsystem in dem die Gesetze der Speziellen Relativitätstheorie gelten. Umgekehrt gelangt man von dem speziellen lokalen Inertialsystem mit dem Ereignis $\vec{\xi}$ zu dem selben Ereignis im allgemeinen Koordinatensystem $\vec{x}$ über die Transformation $\vec{x} = \boldsymbol{J}^{-1}\vec{\xi}$.

Die physikalischen Gleichungen in der Allgemeinen Relativitätstheorie müssen also so formuliert werden, daß sie invariant (kovariant) gegenüber allgemeinen Koordinatentransformationen sind. Oben wurde hergeleitet: Damit in den Formeln der Allgemeinen Relativitätstheorie Invarianz gegenüber Koordinatentransformationen besteht, müssen in Formeln aus der Speziellen Relativitätstheorie gewöhnliche

Ableitungen $\frac{\partial \boldsymbol{a}}{\partial \boldsymbol{x}^{\mathsf{T}}}$ durch kovariante Ableitungen $\boldsymbol{a}_{||\boldsymbol{x}^{\mathsf{T}}}$ ersetzt werden. Dann ist man schon fertig! Das Gesetz gilt allgemein.

Für ein Masseteilchen, auf das keine Kraft wirkt, gilt z. B. in einem Inertialsystem mit

$$\dot{\vec{\boldsymbol{\xi}}} \stackrel{\text{def}}{=} \frac{\mathrm{d}\vec{\boldsymbol{\xi}}}{\mathrm{d}\tau},$$

die Gleichung

$$\frac{\mathrm{d}\dot{\vec{\boldsymbol{\xi}}}}{\mathrm{d}\tau} = \mathbf{0}. \tag{2.240}$$

Ersetzt man hierin das gewöhnliche Differential $\mathrm{d}\dot{\vec{\boldsymbol{\xi}}}$ durch das kovariante Differential $\mathrm{D}\vec{\boldsymbol{u}}$, mit

$$\vec{\boldsymbol{u}} = \dot{\vec{\boldsymbol{x}}} \stackrel{\text{def}}{=} \boldsymbol{J}^{-1}\dot{\vec{\boldsymbol{\xi}}},$$

erhält man gemäß (2.146) zunächst

$$\mathrm{D}\boldsymbol{u} = \vec{\boldsymbol{u}}_{||\vec{\boldsymbol{x}}^{\mathsf{T}}}\mathrm{d}\vec{\boldsymbol{x}} = \frac{\partial \vec{\boldsymbol{u}}}{\partial \vec{\boldsymbol{x}}^{\mathsf{T}}}\mathrm{d}\vec{\boldsymbol{x}} + (\boldsymbol{I}_4 \otimes \vec{\boldsymbol{u}}^{\mathsf{T}})\boldsymbol{\Gamma}\mathrm{d}\vec{\boldsymbol{x}}, \tag{2.241}$$

also

$$\frac{\mathrm{D}\vec{\boldsymbol{u}}}{\mathrm{d}\tau} = \vec{\boldsymbol{u}}_{||\vec{\boldsymbol{x}}^{\mathsf{T}}}\frac{\mathrm{d}\vec{\boldsymbol{x}}}{\mathrm{d}\tau} = \frac{\mathrm{d}\vec{\boldsymbol{u}}}{\mathrm{d}\tau} + (\boldsymbol{I}_4 \otimes \vec{\boldsymbol{u}}^{\mathsf{T}})\boldsymbol{\Gamma}\frac{\mathrm{d}\vec{\boldsymbol{x}}}{\mathrm{d}\tau}.$$

Das in (2.240) statt $\frac{\mathrm{d}\vec{\boldsymbol{u}}}{\mathrm{d}\tau}$ eingesetzt, ergibt allgemein

$$\frac{\mathrm{D}\vec{\boldsymbol{u}}}{\mathrm{d}\tau} = \mathbf{0}, \tag{2.242}$$

oder

$$\frac{\mathrm{d}\vec{\boldsymbol{u}}}{\mathrm{d}\tau} = -(\boldsymbol{I}_4 \otimes \vec{\boldsymbol{u}}^{\mathsf{T}})\boldsymbol{\Gamma}\vec{\boldsymbol{u}}. \tag{2.243}$$

Durch die Christoffel-Matrix $\boldsymbol{\Gamma}$ kommt die Wirkung des Gravitationsfeldes zum Ausdruck. Ist kein Gravitationsfeld vorhanden, dann ist $\boldsymbol{\Gamma} = \mathbf{0}$ und man erhält wieder Gl. (2.240). Ein Vergleich von (2.243) mit der Gleichung einer Geodätischen zeigt, dass sich das Materieteilchen auf einer Geodätischen, also im gekrümmten Raum auf dem kürzesten Weg bewegt.

Treten neben den Gravitationskräften noch andere Kräfte auf, z. B. hervorgerufen durch elektrische Felder, so gilt für ein Inertialsystem die Gleichung

$$m\frac{\mathrm{d}\dot{\vec{\xi}}}{\mathrm{d}\tau} = \vec{f}. \tag{2.244}$$

Diese Gleichung von links mit $\boldsymbol{J}^{-1}$ multipliziert und wiederum die kovariante Ableitung verwendet, führt mit

$$\vec{f}_x \stackrel{\text{def}}{=} \boldsymbol{J}^{-1}\vec{f}$$

zu

$$m\frac{\mathrm{D}\vec{\boldsymbol{u}}}{\mathrm{d}\tau} = \vec{f}_x, \tag{2.245}$$

oder

$$\underline{\underline{m\frac{\mathrm{d}\vec{\boldsymbol{u}}}{\mathrm{d}\tau} = \vec{f}_x - m\,(\boldsymbol{I}_4 \otimes \vec{\boldsymbol{u}}^{\mathsf{T}})\boldsymbol{\Gamma}\vec{\boldsymbol{u}},}} \tag{2.246}$$

wobei auf der rechten Seite neben den sonstigen Kräften $\vec{f}_x$ die Gravitationskräfte auftreten.

2.11.2 Einsteinsche Feldgleichung und Dynamik

Die Einsteinsche Feldgleichung bringt zum Ausdruck, dass jede Form von Materie und Energie Quelle des Schwerefeldes sind. Das Schwerefeld wird durch die metrische Matrix $\boldsymbol{G}$ beschrieben, deren Komponenten mit Hilfe der Einsteinschen Feldgleichung

$$\boldsymbol{R}_{Ric} - \frac{R}{2}\boldsymbol{I}_4 = -\frac{8\,\pi\,G}{c^4}\boldsymbol{T} \tag{2.247}$$

ermittelt werden müssen. Damit hat man im Prinzip das gleiche Vorgehen wie bei der Newtonschen Dynamik:

1. Lösung der Poissonschen Gleichung $\Delta\phi(\boldsymbol{x}) = 4\pi G\rho(\boldsymbol{x})$ zur Ermittlung der Potentialfunktion ϕ.

2. Aufstellen und Lösen der Gleichung

$$\frac{\mathrm{d}^2 \boldsymbol{x}}{\mathrm{d}t^2} = -\nabla\phi(\boldsymbol{x}),$$

um $\boldsymbol{x}(t)$ zu ermitteln.

In der Allgemeinen Relativitätstheorie erhält man jetzt also das Vorgehen:

1. Lösen der Einsteinschen Feldgleichung (2.247)

$$\boldsymbol{R}_{Ric} - \frac{R}{2}\boldsymbol{I}_4 = -\frac{8\pi G}{c^4}\boldsymbol{T}$$

zur Ermittlung der metrischen Matrix $\boldsymbol{G}$.
2. Aufstellen und Lösen von (2.246)

$$m\frac{\mathrm{d}\vec{\boldsymbol{u}}}{\mathrm{d}\tau} = \vec{\boldsymbol{f}}_x - m\,(\boldsymbol{I}_4 \otimes \vec{\boldsymbol{u}}^{\mathsf{T}})\boldsymbol{\Gamma}\vec{\boldsymbol{u}},$$

um $\vec{\boldsymbol{u}}(t)$ zu ermitteln.

2.12 Hilbert-Funktional

Oben wurde die Einstein-Gleichung als Axiom postuliert. Einstein hat sie in jahrelanger Arbeit gefunden. Jetzt soll diese Gleichung, Hilbert folgend, aus einem Variationsprinzip hergeleitet werden, zunächst allerdings nur für das freie Gravitationsfeld $\boldsymbol{T} = \boldsymbol{0}$.

Bestimmt wird das Gravitationsfeld vor allem durch die metrische Matrix $\boldsymbol{G}$, d. h., durch die dadurch hervorgerufene Raumkrümmung. Alle Krümmungsparameter sind sozusagen in dem Krümmungsskalar R konzentriert, der durch Spurbildung der Ricci-Matrix $\boldsymbol{R}_{Ric}$ gebildet wird. Es wird nun ein Variationsfunktional so angesetzt, daß die Raumkrümmung minimal wird:

$$W_{Grav} = \int R \,\mathrm{d}V. \tag{2.248}$$

Allerdings ist dieses Integral so nicht invariant gegenüber Koordinatentransformationen mit einer Transformationsmatrix $\boldsymbol{\Theta}$. Dazu folgende Überlegung: Sei

$$\boldsymbol{\Theta}^{\mathsf{T}}(\vec{\boldsymbol{x}})\boldsymbol{G}(\vec{\boldsymbol{x}})\boldsymbol{\Theta}(\vec{\boldsymbol{x}}) = \boldsymbol{M}, \tag{2.249}$$

d. h. $\boldsymbol{\Theta}(\vec{\boldsymbol{x}})$ sei die Matrix, die im Punkt $\vec{\boldsymbol{x}}$ die metrische Matrix $\boldsymbol{G}$ in die Minkowski-Matrix $\boldsymbol{M}$ transformiert. Bildet man auf beiden Seiten von (2.249) die Determinanten, erhält man

$$\underbrace{\det(\boldsymbol{G})}_{g}\,\underbrace{\det(\boldsymbol{\Theta})^2}_{\Theta^2} = \det(\boldsymbol{M}) = -1, \tag{2.250}$$

d. h.,

$$\sqrt{-g} = \frac{1}{\Theta}.$$

In einem kartesischen Koordinatensystem ist das Integral eines Skalars über dem Skalar $\mathrm{d}V = \mathrm{d}x_0 \cdot \mathrm{d}x_1 \cdot \mathrm{d}x_2 \cdot \mathrm{d}x_3$ ebenfalls ein Skalar. Beim Übergang zu krummlinigen Koordinaten $\vec{x}'$ geht das Integrationselement $\mathrm{d}V$ in

$$\frac{1}{\Theta}\mathrm{d}V' = \sqrt{-g'}\mathrm{d}V'$$

über. In krummlinigen Koordinaten verhält sich also bei der Integration über irgendein Gebiet des vierdimensionalen Raums die Größe $\sqrt{-g}\,\mathrm{d}V$ wie eine Invariante. Ist f ein Skalar, so heißt die Größe $f\sqrt{-g}$, die bei der Integration über $\mathrm{d}V$ eine Invariante ergibt, auch *skalare Dichte*. Diese Größe liefert bei ihrer Multiplikation mit dem vierdimensionalen Volumenelement $\mathrm{d}V$ einen Skalar.

Aus diesem Grund betrachten wir jetzt nur noch die Wirkung

$$W_{Grav} = \int R\left(\boldsymbol{\Gamma}(\boldsymbol{x}), \frac{\partial \boldsymbol{\Gamma}}{\partial \boldsymbol{x}^{\mathrm{T}}}\right)\sqrt{-g}\ \mathrm{d}^4\vec{x}. \tag{2.251}$$

Unter $\mathrm{d}^4\vec{x}$ wird hier das vierdimensionale Volumenelement $\mathrm{d}x_0 \cdot \mathrm{d}x_1 \cdot \mathrm{d}x_2 \cdot \mathrm{d}x_3$ verstanden. Die Einstein-Gleichung soll aus (2.251) und der Bedingung $\delta\ W_{Grav} = 0$ bei beliebigen Variationen $\delta\ g_{ik}$ folgen. $R\sqrt{-g}$ ist eine sogenante Lagrange-Dichte, die über das Volumen integriert wird. Die Elemente $\Gamma^k_{\alpha\beta}$ der Christoffel-Matrix $\boldsymbol{\Gamma}$ lauten nach (2.63)

$$\Gamma^k_{\alpha\beta} = \sum_{i=0}^{3} \frac{g^{[-1]}_{ki}}{2}\left(\frac{\partial g_{\beta i}}{\partial x_\alpha} + \frac{\partial g_{\alpha i}}{\partial x_\beta} - \frac{\partial g_{\alpha\beta}}{\partial x_i}\right) \tag{2.252}$$

und die Elemente der Riemannschen Krümmungsmatrix $\boldsymbol{R}$ gemäß (2.166) lauten

$$R^{\gamma\delta}_{\alpha\beta} = \frac{\partial}{\partial x_\beta}\Gamma^\gamma_{\alpha\delta} - \frac{\partial}{\partial x_\delta}\Gamma^\gamma_{\alpha\beta} + \sum_\nu \Gamma^\gamma_{\beta\nu}\Gamma^\nu_{\delta\alpha} - \sum_\nu \Gamma^\gamma_{\delta\nu}\Gamma^\nu_{\alpha\beta}. \tag{2.253}$$

Der Krümmungsskalar R wird gemäß (2.208) aus der Ricci-Matrix durch Spurbildung gewonnen

$$\begin{aligned} R &= \mathrm{spur}(\boldsymbol{R}_{Ric}) = \sum_\alpha \sum_\nu R^{\alpha\alpha}_{\nu\nu} \\ &= \sum_\alpha \sum_\nu \sum_\mu g^{[-1]}_{\alpha\mu} \check{R}^{\mu\alpha}_{\nu\nu} = \sum_\alpha \sum_\mu g^{[-1]}_{\alpha\mu} \check{R}_{Ric,\mu\alpha}, \end{aligned} \tag{2.254}$$

gemäß (2.211) ist

$$\check{R}_{Ric,\gamma\delta} = \sum_{\nu=0}^{3} \left(\frac{\partial}{\partial x_\delta} \check{\Gamma}^{\nu}_{\gamma\nu} - \frac{\partial}{\partial x_\nu} \check{\Gamma}^{\nu}_{\gamma\delta} + \sum_{\mu=0}^{3} \Gamma^{\mu}_{\gamma\delta} \check{\Gamma}^{\mu}_{\nu\nu} - \sum_{\mu=0}^{3} \Gamma^{\mu}_{\gamma\nu} \check{\Gamma}^{\mu}_{\nu\delta} \right). \tag{2.255}$$

Die *Lagrange-Hamilton-Theorie* auf das Wirkungsintegral (2.251) angewendet, liefert die *Euler-Lagrange-Gleichungen* des zu (2.251) gehörenden Variationsproblems. Wir betrachten die Elemente von $g^{[-1]}_{ki}$ und von $\Gamma^{k}_{\alpha\beta}$ als eigenständige Funktionen $f_i(\vec{x})$. Es liegt also ein Funktional der Form vor

$$\int L \left(f_i(\vec{x}), \frac{\partial f_i}{\partial x_k}(\vec{x}) \right) \mathrm{d}^4\vec{x}. \tag{2.256}$$

Hierzu gehören diese Euler-Lagrange-Gleichungen

$$\frac{\partial L}{\partial f_i} = \sum_{k=0}^{3} \frac{\partial}{\partial x_k} \frac{\partial L}{\partial \left(\frac{\partial f_i}{\partial x_k} \right)}. \tag{2.257}$$

Die Euler-Lagrange-Gleichungen zu (2.251) lauten

$$\frac{\partial}{\partial g^{[-1]}_{\alpha\beta}} \left(\sqrt{-g} \sum_{\delta} \sum_{\mu} g^{[-1]}_{\mu\delta} \check{R}_{Ric,\mu\delta} \right) = 0, \tag{2.258}$$

$$\frac{\partial}{\partial \Gamma^{\gamma}_{\alpha\beta}} \left(\sqrt{-g} \sum_{\delta} \sum_{\mu} g^{[-1]}_{\mu\delta} \check{R}_{Ric,\mu\delta} \right) = \sum_{\delta=0}^{3} \frac{\partial}{\partial x_\delta} \left(\sqrt{-g} \sum_{\delta} \sum_{\mu} g^{[-1]}_{\mu\delta} \frac{\partial \check{R}_{Ric,\mu\delta}}{\partial \left(\frac{\partial \Gamma^{\gamma}_{\alpha\beta}}{\partial x_\delta} \right)} \right). \tag{2.259}$$

(2.258) liefert die Einsteinsche Feldgleichung. Denn zunächst kann man kompakt hierfür schreiben:

$$\frac{\partial L}{\partial \boldsymbol{G}^{-1}} = \frac{\partial(\sqrt{-g}R)}{\partial \boldsymbol{G}^{-1}} = \frac{\partial \sqrt{-g}}{\partial \boldsymbol{G}^{-1}} R + \sqrt{-g} \frac{\partial R}{\partial \boldsymbol{G}^{-1}} = 0. \tag{2.260}$$

Für $\dfrac{\partial \sqrt{-g}}{\partial \boldsymbol{G}^{-1}}$ erhält man zunächst

$$\frac{\partial \sqrt{-g}}{\partial \boldsymbol{G}^{-1}} = \frac{-1}{2\sqrt{-g}} \cdot \frac{\partial g}{\partial \boldsymbol{G}^{-1}}. \tag{2.261}$$

Außerdem ist

$$\frac{\partial}{\partial \boldsymbol{G}^{-1}}\left(\frac{1}{g}\cdot g\right)=\boldsymbol{0}=\frac{1}{g}\frac{\partial g}{\partial \boldsymbol{G}^{-1}}+g\frac{\partial(1/g)}{\partial \boldsymbol{G}^{-1}}. \tag{2.262}$$

Nach dem Laplaceschen Entwicklungssatz für Determinanten („Die Summe der Produkte aller Elemente einer Zeile mit ihren Adjunkten ist gleich dem Wert der Determinanten„) erhält man für die Entwicklung der Determinanten von $\boldsymbol{G}^{-1}$ nach der γ-ten Zeile:

$$\det(\boldsymbol{G}^{-1})=\frac{1}{g}=g_{\gamma 0}^{[-1]}A_{\gamma 0}^{[-1]}+\cdots+g_{\gamma\beta}^{[-1]}A_{\gamma\beta}^{[-1]}+\cdots+g_{\gamma 3}^{[-1]}A_{\gamma 3}^{[-1]}, \tag{2.263}$$

wobei $A_{\gamma\beta}^{[-1]}$ das Element in der γ-ten Zeile und β-ten Spalte der Adjungierten von $\boldsymbol{G}^{-1}$ ist. $g_{\gamma\beta}^{[-1]}$ ist das $(\gamma\beta)$-Element von $\boldsymbol{G}^{-1}$. Es ist natürlich

$$\boldsymbol{G}=\frac{\operatorname{adj}(\boldsymbol{G}^{-1})}{\det(\boldsymbol{G}^{-1})}$$

also elementweise $g_{\beta\gamma}=g\cdot A_{\gamma\beta}^{[-1]}$, oder $A_{\gamma\beta}^{[-1]}=\frac{1}{g}g_{\beta\gamma}$. Damit erhält man durch partielle Differentiation von (2.263) nach $g_{\gamma\beta}^{[-1]}$

$$\frac{\partial(1/g)}{\partial g_{\gamma\beta}^{[-1]}}=A_{\gamma\beta}^{[-1]}=\frac{1}{g}g_{\beta\gamma},$$

also

$$\frac{\partial(1/g)}{\partial \boldsymbol{G}^{-1}}=\frac{1}{g}\boldsymbol{G}. \tag{2.264}$$

Damit in (2.262), ergibt

$$\frac{\partial g}{\partial \boldsymbol{G}^{-1}}=-g\,\boldsymbol{G}. \tag{2.265}$$

Das in (2.261) eingesetzt, ergibt schließlich

$$\underline{\underline{\frac{\partial\sqrt{-g}}{\partial \boldsymbol{G}^{-1}}=\frac{-1}{2}\sqrt{-g}\cdot\boldsymbol{G}.}} \tag{2.266}$$

Jetzt fehlt in (2.260) noch $\frac{\partial R}{\partial \boldsymbol{G}^{-1}}$. Es ist mit $R=\sum_\alpha\sum_\mu g_{\alpha\mu}^{[-1]}\check{R}_{Ric,\mu\alpha}$

$$\underline{\underline{\frac{\partial R}{\partial \boldsymbol{G}^{-1}}}}=\begin{pmatrix}\frac{\partial R}{\partial g_{00}^{[-1]}} & \cdots & \frac{\partial R}{\partial g_{03}^{[-1]}}\\ \vdots & & \vdots\\ \frac{\partial R}{\partial g_{30}^{[-1]}} & \cdots & \frac{\partial R}{\partial g_{33}^{[-1]}}\end{pmatrix}=\begin{pmatrix}\check{R}_{Ric,00} & \cdots & \check{R}_{Ric,03}\\ \vdots & & \vdots\\ \check{R}_{Ric,30} & \cdots & \check{R}_{Ric,33}\end{pmatrix}=\underline{\underline{\check{\boldsymbol{R}}_{Ric}}}. \tag{2.267}$$

Multiplikation dieser Matrix mit $\boldsymbol{G}^{-1}$ ergibt übrigens

$$\boldsymbol{R}_{Ric} = \boldsymbol{G}^{-1} \check{\boldsymbol{R}}_{Ric}. \tag{2.268}$$

(2.266) und (2.267) in (2.260) eingesetzt liefert zunächst

$$\sqrt{-g} \left(\frac{-1}{2} \cdot \boldsymbol{G} R + \check{\boldsymbol{R}}_{Ric} \right) = \boldsymbol{0}, \tag{2.269}$$

d. h., diese spezielle Form der Einsteinschen Feldgleichung

$$\check{\boldsymbol{R}}_{Ric} - \frac{R}{2} \cdot \boldsymbol{G} = \boldsymbol{0}. \tag{2.270}$$

Multipliziert man diese Gleichung von links mit der invertierten metrischen Matrix $\boldsymbol{G}^{-1}$, erhält man schließlich wieder die Einsteinsche Feldgleichung für ein quellenfreies Gravitationsfeld ($\boldsymbol{T} = \boldsymbol{0}$) wie in (2.236)

$$\boldsymbol{R}_{Ric} - \frac{R}{2} \boldsymbol{I}_4 = \boldsymbol{0}. \tag{2.271}$$

2.12.1 Materiewirkung

Bisher wurde nur das Gravitationsfeld im Vakuum behandelt. Will man die Quellen des Gravitationsfeldes, also z. B. die Materie, mit erfassen, so muß das Wirkungsfunktional noch einen additiven Term W_M enthalten, der die Quelle beschreibt:

$$W \stackrel{\text{def}}{=} W_{Grav} + W_M = \int (k\, R + \mathcal{L}_M)\, \sqrt{-g}\, \mathrm{d}^4\vec{x}. \tag{2.272}$$

Die Lagrange-Gleichung bezüglich $\boldsymbol{G}^{-1}$ ist dann

$$\frac{\partial (k\, R + \mathcal{L}_M)}{\partial \boldsymbol{G}^{-1}} = \boldsymbol{0} \tag{2.273}$$

$$= k \left(\frac{\partial \sqrt{-g}}{\partial \boldsymbol{G}^{-1}} R + \sqrt{-g} \frac{\partial R}{\partial \boldsymbol{G}^{-1}} \right) + \frac{\partial (\sqrt{-g} \mathcal{L}_M)}{\partial \boldsymbol{G}^{-1}}.$$

Die große runde Klammer liefert die linke Seite von (2.269), d. h., zusammen erhält man für (2.273)

$$\mathbf{0} = k\sqrt{-g}\left(\frac{-1}{2}\cdot \boldsymbol{G}R + \check{\boldsymbol{R}}_{Ric}\right) + \sqrt{-g}\left(\frac{\partial \mathcal{L}_M}{\partial \boldsymbol{G}^{-1}} + \frac{\mathcal{L}_M}{\sqrt{-g}}\underbrace{\frac{\partial\sqrt{-g}}{\partial \boldsymbol{G}^{-1}}}_{-\frac{1}{2}\sqrt{-g}\boldsymbol{G}}\right).$$

Definiert man jetzt die Energie-Impuls-Matrix so

$$-\frac{1}{2}\check{\boldsymbol{T}} \stackrel{\text{def}}{=} \frac{\partial \mathcal{L}_M}{\partial \boldsymbol{G}^{-1}} - \frac{1}{2}\mathcal{L}_M\boldsymbol{G}, \tag{2.274}$$

dann erhält man mit

$$k = \frac{c^4}{16\pi G}$$

schließlich nach Linksmultiplikation von (2.274) mit $\boldsymbol{G}^{-1}$ und $\boldsymbol{T} \stackrel{\text{def}}{=} \boldsymbol{G}^{-1}\check{\boldsymbol{T}}$ wieder die Einsteinsche Feldgleichung

$$\boldsymbol{R}_{Ric} - \frac{R}{2}\boldsymbol{I}_4 = \frac{8\pi G}{c^4}\boldsymbol{T}. \tag{2.275}$$

Gravitation einer kugelförmigen Masse

3

Das Kapitel beginnt mit der ersten Lösung der *Einstein*schen Gleichungen durch *Schwarzschild* für eine kugelförmige Masse. Aus diesen Ergebnissen wird der Einfluß einer Masse auf die Zeit und den Raum angegeben. Man erhält erste Hinweise auf die Existenz Schwarzer Löcher. Abschließend wird kurz auf die Wirkung rotierender Massen eingegangen.

3.1 Schwarzschild-Lösung

Es soll jetzt, wegen ihrer Einfachheit, die Lösung der Einsteinschen Feldgleichung für das Feld *außerhalb* einer kugelsymmetrischen, gleichmäßigen, zeitinvarianten Massenverteilung ermittelt werden. Diese erste exakte Lösung der Einsteinschen Feldgleichung wurde 1916 von Schwarzschild als Soldat im 1. Weltkrieg ermittelt und von Einstein persönlich in der Kaiser-Wilhelm-Gesellschaft in Berlin vorgetragen.

Für $r \to \infty$ sollte die gesuchte Metrik zur Minkowski-Metrik werden, also zu

$$ds^2 = c^2 dt^2 - dr^2 - r^2(d\theta^2 + \sin^2\theta d\varphi^2). \tag{3.1}$$

r, θ und φ sind hierbei die Kugelkoordinaten. Für ein Gravitationsfeld setzen wir nun an

$$ds^2 = A(r)dt^2 - B(r)dr^2 - r^2(d\theta^2 + \sin^2\theta d\varphi^2). \tag{3.2}$$

Da das Feld kugelsymmetrisch sein muss, dürfen die Faktoren A und B nur von r und nicht von θ oder φ abhängen. Wegen (3.1) muss für $r \to \infty$ der Faktor $A(r) \to c^2$ und der Faktor $B(r) \to 1$ gehen. Die metrische Matrix hat also die Form

$$\boldsymbol{G} = \begin{pmatrix} A(r) & 0 & 0 & 0 \\ 0 & -B(r) & 0 & 0 \\ 0 & 0 & -r^2 & 0 \\ 0 & 0 & 0 & -r^2\sin^2\theta \end{pmatrix}. \tag{3.3}$$

G. Ludyk, *Relativitätstheorie nur mit Matrizen*,
https://doi.org/10.1007/978-3-662-60658-2_3

3.1.1 Christoffel-Matrix Γ

Mit (2.58), d. h.

$$\hat{\boldsymbol{\Gamma}}_k \stackrel{\text{def}}{=} (\boldsymbol{I}_4 \otimes \boldsymbol{g}_k^{-T}) \left[\boldsymbol{I}_{16} - \frac{1}{2} \boldsymbol{U}_{4\times 4} \right] \frac{\partial \boldsymbol{G}}{\partial \vec{\boldsymbol{x}}}$$

und

$$\boldsymbol{G}^{-1} = \begin{pmatrix} 1/A(r) & 0 & 0 & 0 \\ 0 & -1/B(r) & 0 & 0 \\ 0 & 0 & -1/r^2 & 0 \\ 0 & 0 & 0 & -1/(r^2 \sin^2\theta) \end{pmatrix}, \tag{3.4}$$

erhält man mit

$$\frac{\partial \boldsymbol{G}}{\partial \vec{\boldsymbol{x}}} = \begin{pmatrix} \multicolumn{4}{c}{\boldsymbol{0}_4} \\ \hline A'(r) & 0 & 0 & 0 \\ 0 & -B'(r) & 0 & 0 \\ 0 & 0 & -2r & 0 \\ 0 & 0 & 0 & -2r\sin^2\theta \\ \hline 0 & 0 & 0 & 0 \\ 0 & 0 & 0 & 0 \\ 0 & 0 & 0 & 0 \\ 0 & 0 & 0 & -2r^2 \sin\theta\cos\theta \\ \hline \multicolumn{4}{c}{\boldsymbol{0}_4} \end{pmatrix},$$

wobei $A' \stackrel{\text{def}}{=} \frac{\partial A}{\partial r}$, und

$$\left[\boldsymbol{I}_{16} - \frac{1}{2} \boldsymbol{U}_{4\times 4} \right] \frac{\partial \boldsymbol{G}}{\partial \vec{\boldsymbol{x}}} = \begin{pmatrix} 0 & 0 & 0 & 0 \\ -\frac{A'}{2} & 0 & 0 & 0 \\ 0 & 0 & 0 & 0 \\ 0 & 0 & 0 & 0 \\ \hline A' & 0 & 0 & 0 \\ 0 & -\frac{B'}{2} & 0 & 0 \\ 0 & 0 & -2r & 0 \\ 0 & 0 & 0 & -2r\sin^2\theta \\ \hline 0 & 0 & 0 & 0 \\ 0 & 0 & r & 0 \\ 0 & 0 & 0 & 0 \\ 0 & 0 & 0 & -2r^2\sin\theta\cos\theta \\ \hline 0 & 0 & 0 & 0 \\ 0 & 0 & 0 & r\sin^2\theta \\ 0 & 0 & 0 & r^2\sin\theta\cos\theta \\ 0 & 0 & 0 & 0 \end{pmatrix}$$

für

$$\hat{\boldsymbol{\Gamma}}_0 = (\boldsymbol{I}_4 \otimes [\,1/A(r)|\,0\,|\,0\,|\,0\,])\left[\boldsymbol{I}_{16} - \frac{1}{2}\boldsymbol{U}_{4\times 4}\right]\begin{pmatrix} \frac{\partial \boldsymbol{G}}{\partial t} \\ \frac{\partial \boldsymbol{G}}{\partial r} \\ \frac{\partial \boldsymbol{G}}{\partial \theta} \\ \frac{\partial \boldsymbol{G}}{\partial \varphi} \end{pmatrix}$$

$$= \begin{pmatrix} 0 & 0\,0\,0 \\ A'/A & 0\,0\,0 \\ 0 & 0\,0\,0 \\ 0 & 0\,0\,0 \end{pmatrix}. \tag{3.5}$$

Entsprechend erhält man

$$\hat{\boldsymbol{\Gamma}}_1 = \begin{pmatrix} \frac{A'}{2B} & 0 & 0 & 0 \\ 0 & \frac{B'}{2B} & 0 & 0 \\ 0 & 0 & -\frac{r}{B} & 0 \\ 0 & 0 & 0 & -\frac{r}{B}\sin^2\theta \end{pmatrix},$$

$$\hat{\boldsymbol{\Gamma}}_2 = \begin{pmatrix} 0\,0\,0 & 0 \\ 0\,0\,\frac{2}{r} & 0 \\ 0\,0\,0 & 0 \\ 0\,0\,0 & -\sin\theta\cos\theta \end{pmatrix}$$

und

$$\hat{\boldsymbol{\Gamma}}_3 = \begin{pmatrix} 0\,0\,0 & 0 \\ 0\,0\,0 & \frac{2}{r} \\ 0\,0\,0 & 2\cot\theta \\ 0\,0\,0 & 0 \end{pmatrix}.$$

Symmetrierung gemäß

$$\boldsymbol{\Gamma}_k = \frac{1}{2}\left(\hat{\boldsymbol{\Gamma}}_k + \hat{\boldsymbol{\Gamma}}_k^{\mathsf{T}}\right)$$

ergibt die symmetrischen Matrizen

$$\boldsymbol{\Gamma}_0 = \begin{pmatrix} 0 & A'/(2A) & 0\,0 \\ A'/(2A) & 0 & 0\,0 \\ 0 & 0 & 0\,0 \\ 0 & 0 & 0\,0 \end{pmatrix},$$

$$\mathbf{\Gamma}_1 = \hat{\mathbf{\Gamma}}_1,$$

$$\mathbf{\Gamma}_2 = \begin{pmatrix} 0 & 0 & 0 & 0 \\ 0 & 0 & \frac{1}{r} & 0 \\ 0 & \frac{1}{r} & 0 & 0 \\ 0 & 0 & 0 & -\sin\theta\cos\theta \end{pmatrix}$$

und

$$\mathbf{\Gamma}_3 = \begin{pmatrix} 0 & 0 & 0 & 0 \\ 0 & 0 & 0 & \frac{1}{r} \\ 0 & 0 & 0 & \cot\theta \\ 0 & \frac{1}{r} & \cot\theta & 0 \end{pmatrix},$$

also insgesamt

$$\mathbf{\Gamma} = \left(\begin{array}{cccc} 0 & \frac{A'}{2A} & 0 & 0 \\ \frac{A'}{2A} & 0 & 0 & 0 \\ 0 & 0 & 0 & 0 \\ 0 & 0 & 0 & 0 \\ \hline \frac{A'}{2B} & 0 & 0 & 0 \\ 0 & \frac{B'}{2B} & 0 & 0 \\ 0 & 0 & -\frac{r}{B} & 0 \\ 0 & 0 & 0 & -\frac{r}{B}\sin^2\theta \\ \hline 0 & 0 & 0 & 0 \\ 0 & 0 & \frac{1}{r} & 0 \\ 0 & \frac{1}{r} & 0 & 0 \\ 0 & 0 & 0 & -\sin\theta\cos\theta \\ \hline 0 & 0 & 0 & 0 \\ 0 & 0 & 0 & \frac{1}{r} \\ 0 & 0 & 0 & \cot\theta \\ 0 & \frac{1}{r} & \cot\theta & 0 \end{array}\right).$$

Die von Null verschiedenen Christoffel-Elemente können aus dieser Matrix direkt abgelesen werden als:

$$\Gamma^0_{10} = \Gamma^0_{01} = \frac{A'}{2A},\ \Gamma^1_{00} = \frac{A'}{2B},\ \Gamma^1_{11} = \frac{B'}{2B},\ \Gamma^1_{22} = -\frac{r}{B},$$

$$\Gamma^1_{33} = -\frac{r}{B}\sin^2\theta,\ \Gamma^2_{12} = \Gamma^2_{21} = \frac{1}{r},\ \Gamma^2_{33} = -\sin\theta\cos\theta,$$

$$\Gamma^3_{13} = \Gamma^3_{31} = \frac{1}{r} \text{ und } \Gamma^3_{23} = \Gamma^3_{32} = \cot\theta.$$

3.1.2 Ricci-Matrix $\boldsymbol{R}_{Ric}$

Die Ricci-Matrix $\boldsymbol{R}_{Ric}$ erhält man aus der Riemannschen Krümmungsmatrix

$$\boldsymbol{R} = \left[\frac{\partial \boldsymbol{\Gamma}}{\partial \boldsymbol{x}^{\mathsf{T}}} + (\overline{\boldsymbol{\Gamma}} \otimes \boldsymbol{I}_4)(\boldsymbol{I}_4 \otimes \boldsymbol{\Gamma}))\right](\boldsymbol{U}_{4\times 4} - \boldsymbol{I}_{16})$$

durch Summieren der 4×4–Untermatrizen in der Hauptdiagonalen. Neben $\boldsymbol{\Gamma}$ werden für die Berechnung von $\boldsymbol{R}$ noch benötigt

$$\frac{\partial \boldsymbol{\Gamma}}{\partial \vec{\boldsymbol{x}}^{\mathsf{T}}} =$$

$$\left(\begin{array}{c|cccc|cccc|c}
 & 0 & \frac{A''A-A'^2}{2A^2} & 0 & 0 & & & & & \\
\mathbf{0}_4 & \frac{A''A-A'^2}{2A^2} & 0 & 0 & 0 & & & \mathbf{0}_4 & & \mathbf{0}_4 \\
 & 0 & 0 & 0 & 0 & & & & & \\
 & 0 & 0 & 0 & 0 & & & & & \\
\hline
 & \frac{A''B-A'B'}{2B^2} & 0 & 0 & 0 & & & & & \\
\mathbf{0}_4 & 0 & \frac{B''B-B'^2}{2B^2} & 0 & 0 & & & \mathbf{0}_{3\times 4} & & \mathbf{0}_4 \\
 & 0 & 0 & -\frac{B-rB'}{B^2} & 0 & & & & & \\
 & 0 & 0 & 0 & -\sin^2\theta\,\frac{B-rB'}{B^2} & 0 & 0 & 0 & -\frac{2r}{b}\sin\theta\cos\theta & \\
\hline
 & 0 & 0 & 0 & 0 & & & & & \\
\mathbf{0}_4 & 0 & 0 & -\frac{1}{r^2} & 0 & & & \mathbf{0}_{3\times 4} & & \mathbf{0}_4 \\
 & 0 & -\frac{1}{r^2} & 0 & 0 & & & & & \\
 & 0 & 0 & 0 & 0 & 0 & 0 & 0 & -\cos^2\theta+\sin^2\theta & \\
\hline
 & 0 & 0 & 0 & 0 & 0 & 0 & 0 & 0 & \\
\mathbf{0}_4 & 0 & 0 & 0 & \frac{-1}{r^2} & 0 & 0 & 0 & 0 & \mathbf{0}_4 \\
 & 0 & 0 & 0 & 0 & 0 & 0 & 0 & \frac{-1}{\sin^2\theta} & \\
 & 0 & \frac{-1}{r^2} & 0 & 0 & 0 & 0 & \frac{-1}{\sin^2\theta} & 0 &
\end{array}\right)$$

und

$$\overline{\boldsymbol{\Gamma}} = \left(\begin{array}{cccc|cccc|cccc|cccc}
0 & \frac{A'}{2A} & 0 & 0 & \frac{A'}{2A} & 0 & 0 & 0 & 0 & 0 & 0 & 0 & 0 & 0 & 0 & 0 \\
\frac{A'}{2B} & 0 & 0 & 0 & 0 & \frac{B'}{2B} & 0 & 0 & 0 & 0 & -\frac{r}{B} & 0 & 0 & 0 & 0 & -\frac{r}{B}\sin^2\theta \\
0 & 0 & 0 & 0 & 0 & 0 & \frac{1}{r} & 0 & 0 & \frac{1}{r} & 0 & 0 & 0 & 0 & 0 & -\sin\theta\cos\theta \\
0 & 0 & 0 & 0 & 0 & 0 & 0 & \frac{1}{r} & 0 & 0 & 0 & \cot\theta & 0 & \frac{1}{r} & \cot\theta & 0
\end{array}\right).$$

Zur Ricci-Matrix $\boldsymbol{R}_{Ric}$ trägt die 16×16–Matrix $\dfrac{\partial \boldsymbol{\Gamma}}{\partial \boldsymbol{x}^{\mathsf{T}}}(\boldsymbol{U}_{4\times 4} - \boldsymbol{I}_{16})$ den Anteil bei

$$\begin{pmatrix}
\frac{A'B'-A''B}{2A^2} & 0 & 0 & 0 \\
0 & \frac{A''A-A'^2}{2A^2} - \frac{2}{r^2} & 0 & 0 \\
0 & 0 & \frac{B-rB'}{B^2} - \frac{1}{\sin^2\theta} & 0 \\
0 & 0 & 0 & \sin^2\theta\,\frac{B-rB'}{B^2} + \cos^2\theta - \sin^2\theta
\end{pmatrix},$$

und die Matrix

$$(\overline{\boldsymbol{\Gamma}} \otimes \boldsymbol{I}_4)(\boldsymbol{I}_4 \otimes \boldsymbol{\Gamma})(\boldsymbol{U}_{4\times 4} - \boldsymbol{I}_{16})$$

den Anteil

$$\begin{pmatrix} \frac{A'^2}{4AB} - \frac{A'B'}{4B^2} - \frac{A'}{rB} & 0 & 0 & 0 \\ 0 & \frac{A'^2}{4A^2} - \frac{A'B'}{4AB} - \frac{B'}{rB} + \frac{2}{r^2} & 0 & 0 \\ 0 & 0 & \frac{rB'}{B^2} + \frac{rA'}{2AB} + \cot^2\theta & 0 \\ 0 & 0 & 0 & \frac{rB'}{B^2}\sin^2\theta + \frac{rA'}{2AB}\sin^2\theta - \cos^2\theta \end{pmatrix}.$$

Schließlich erhält man für die Elemente in der Hauptdiagonalen der Ricci-Matrix $\boldsymbol{R}_{Ric}$:

$$\underline{\underline{R_{Ric,00} = -\frac{A''}{2B} + \frac{A'}{4B}\left(\frac{A'}{A} + \frac{B'}{B}\right) - \frac{A'}{rB}}}, \tag{3.6}$$

$$\underline{\underline{R_{Ric,11} = \frac{A''}{2A} - \frac{A'}{4A}\left(\frac{A'}{A} + \frac{B'}{B}\right) - \frac{B'}{rB}}}, \tag{3.7}$$

$$\underline{\underline{R_{Ric,22} = \frac{1}{B} + \frac{r}{2B}\left(\frac{A'}{A} - \frac{B'}{B}\right) - 1}} \tag{3.8}$$

und

$$\underline{\underline{R_{Ric,33} = \sin^2\theta\, R_{Ric,22}}}. \tag{3.9}$$

Die übrigen Matrixelemente sind gleich Null: $R_{Ric,\nu\mu} = 0$ für $\nu \neq \mu$.

3.1.3 Bestimmung der Faktoren $A(r)$ und $B(r)$

Um endgültig die metrische Matrix $\boldsymbol{G}$ hinschreiben zu können, werden noch die beiden Faktoren $A(r)$ und $B(r)$ benötigt. Da die Lösung der Einsteinschen Feldgleichung außerhalb der die Massen enthaltenden Kugel gesucht wird, ist für die Energie-Impuls-Matrix $\boldsymbol{T}$ die Nullmatrix anzusetzen, also $\boldsymbol{R}_{Ric} = \boldsymbol{0}$ zu fordern. Das ergibt diese Gleichungen:

$$-\frac{A''}{2B} + \frac{A'}{4B}\left(\frac{A'}{A} + \frac{B'}{B}\right) - \frac{A'}{rB} = 0, \tag{3.10}$$

$$\frac{A''}{2A} - \frac{A'}{4A}\left(\frac{A'}{A} + \frac{B'}{B}\right) - \frac{B'}{rB} = 0, \tag{3.11}$$

und

$$\frac{1}{B} + \frac{r}{2B}\left(\frac{A'}{A} - \frac{B'}{B}\right) - 1 = 0. \tag{3.12}$$

Addiert man zur durch A dividierten Gl. (3.10) die durch B dividierte Gl. (3.11), dann erhält man die Bedingung

$$A'B + AB' = 0, \tag{3.13}$$

was nichts anderes bedeutet, als dass

$$AB = \text{konstant} \tag{3.14}$$

ist. Für $r \to \infty$ sind $A(\infty) = c^2$ und $B(\infty) = 1$, also muss die Konstante gleich c^2 sein, d. h.

$$A(r)B(r) = c^2 \quad \text{und} \quad B(r) = \frac{c^2}{A(r)}.$$

Setzt man das in (3.12) ein, erhält man $A + r\,A = c^2$, was man auch so schreiben kann

$$\frac{\mathrm{d}(rA)}{\mathrm{d}r} = c^2. \tag{3.15}$$

Integration dieser Gleichung liefert

$$rA = c^2(r + K), \tag{3.16}$$

also

$$A(r) = c^2\left(1 + \frac{K}{r}\right) \quad \text{und} \quad B(r) = \left(1 + \frac{K}{r}\right)^{-1}. \tag{3.17}$$

Verbleibt noch K zu ermitteln. In Abschn. 2.8 wurde ein gleichförmig rotierendes System behandelt und für das Element g_{00} der metrischen Matrix $\boldsymbol{G}$ in (2.87)

$$g_{00} = 1 - \frac{r^2\omega^2}{c^2} \tag{3.18}$$

und in (2.89) die Zentrifugalkraft $m\,r\omega^2$ erhalten. Weiter hängt die Zentrifugalkraft f mit dem Zentrifugalpotential φ so zusammen

$$f = -m\,\nabla\varphi. \tag{3.19}$$

Für

$$\varphi = -\frac{r^2\omega^2}{2} \tag{3.20}$$

liefert (3.19) gerade die obige Zentrifugalkraft. (3.20) in (3.18) eingesetzt liefert dann den allgemeingültigen Zusammenhang

$$g_{00} = 1 + \frac{2\varphi}{c^2}. \tag{3.21}$$

Außerhalb unserer kugelförmigen Masse M erhält man als Newtonsche Näherung das Gravitationspotential

$$\varphi = -\frac{GM}{r}. \tag{3.22}$$

Das in (3.21) eingesetzt und mit (3.17) verglichen, liefert schließlich

$$K = -\frac{2GM}{c^2}, \tag{3.23}$$

so dass man endgültig für die metrische Matrix

$$\boldsymbol{G} = \begin{pmatrix} 1 - \frac{2GM}{c^2 r} & 0 & 0 & 0 \\ 0 & -\left(1 - \frac{2GM}{c^2 r}\right)^{-1} & 0 & 0 \\ 0 & 0 & -r^2 & 0 \\ 0 & 0 & 0 & -r^2 \sin^2\theta \end{pmatrix} \tag{3.24}$$

und die Schwarzschild-Metrik

$$\mathrm{d}s^2 = \left(1 - \frac{2GM}{c^2 r}\right) c^2 \mathrm{d}t^2 - \left(1 - \frac{2GM}{c^2 r}\right)^{-1} \mathrm{d}r^2 - r^2(\mathrm{d}\theta^2 + \sin^2\theta \mathrm{d}\varphi^2) \tag{3.25}$$

erhält.

Für den sogenannten Schwarzschild-Radius

$$r_S \stackrel{\text{def}}{=} \frac{2GM}{c^2} \tag{3.26}$$

weist die Schwarzschild-Metrik – wie für $r = 0$ – eine Singularität auf. Hiervon ist aber nur die bei $r = 0$ eine echte Singularität. Darauf deutet auch schon die Tatsache hin, dass bei $r = r_S$ die Determinante von $\boldsymbol{G}$, nämlich $g = -r^4 \sin^2\theta$, keine Singularität besitzt. Die Singularität bei $r = r_S$ ist eine sogenannte *Koordinatensingularität*, d. h., bei einem anders gewählten Koordinatensystem wäre an diesem Ort keine Singularität vorhanden! Mehr darüber im Abschnitt über Schwarze Löcher.

3.2 Einfluss eines massiven Körpers auf die Umgebung

3.2.1 Einführung

Die Schwarzschild-Lösung (3.25) gilt nur außerhalb der massiven Kugel mit dem Radius r_M, die die Schwerkraft erzeugt, also nur für $r_M < r < \infty$. Da für den Schwarzschild-Radius r_S das Element g_{11} gegen Unendlich geht, ist r_S ebenfalls eine Grenze. Im Allgemeinen ist zwar $r_S \ll r_M$, aber für sogenannte *Schwarze Löcher* ist r_S größer als r_M. In diesem Fall ist die Lösung beschränkt auf $r_S < r < \infty$.

3.2.2 Veränderung von Länge und Zeit

Wie verändert sich eine Länge in der Umgebung eines massiven Körpers? Für einen konstanten Zeitpunkt, also für $\mathrm{d}t = 0$, erhält man aus (3.25)

$$\mathrm{d}\ell^2 = \left(1 - \frac{2GM}{c^2 r}\right)^{-1} \mathrm{d}r^2 + r^2(\mathrm{d}\theta^2 + \sin^2\theta \mathrm{d}\varphi^2). \tag{3.27}$$

Auf der Oberfläche einer Kugel mit dem Radius $r > r_M$ um den Massenmittelpunkt, also für $\mathrm{d}r = 0$, sind die tangentialen unendlich kleinen Entfernungen gegeben durch

$$\mathrm{d}\ell = r\left(\mathrm{d}\theta^2 + \sin^2\theta \mathrm{d}\varphi^2\right)^{1/2}. \tag{3.28}$$

Das ist ein Ergebnis, das auf jeder Kugeloberfläche gültig ist, ob mit oder ohne Gravitation. Was passiert aber in einer Entfernung in radialer Richtung? In diesem Fall sind $\mathrm{d}\theta$ und $\mathrm{d}\varphi$ gleich Null, also gilt für unendlich kleine Entfernungen in radialer Richtung gemäß (3.27)

$$\mathrm{d}R = \left(1 - \frac{2GM}{c^2 r}\right)^{-1/2} \mathrm{d}r, \tag{3.29}$$

also ist $\mathrm{d}R > \mathrm{d}r$, und zwar umso länger, je größer die Masse M und je kleiner der Abstand r von der Masse ist! $\mathrm{d}r$ wird also durch die Masse *in die Länge gezogen,* hervorgerufen durch eine Krümmung des Raumes.

Gehen wir jetzt zu der Zeit über. Für eine Uhr im Punkt r, θ, φ gleich konstant, erhält man aus der Schwarzschild-Metrik (3.25)

$$\mathrm{d}s^2 = c^2\mathrm{d}\tau^2 = c^2\left(1 - \frac{2GM}{c^2 r}\right)\mathrm{d}t^2,$$

also

$$d\tau = \left(1 - \frac{2GM}{c^2 r}\right)^{1/2} dt. \tag{3.30}$$

Es ist $d\tau < dt$, je näher man sich an der Masse befindet. Die Zeitintervalle werden kürzer, d. h., die Zeit vergeht langsamer! Für einen Beobachter vergeht also die Zeit um so langsamer, je näher er sich an der Masse befindet. Besonders groß ist die Zeitdilatation in der Nähe eines *Schwarzen Loches,* bei dem der Körperradius kleiner als der Schwarzschild-Radius ist. Für ein Schwarzes Loch mit einer Masse von zehnfacher Sonnenmasse ist der Schwarzschild-Radius $r_S = 30\,\text{km}$. In einem Abstand von 1 cm vom sogenannten Horizont, das is die Kugelschale um den Massenmittelpunkt mit dem Radius r_S, ist $\gamma = 1{,}82610^{-5}$, also vergeht die Zeit ca. 55 000 Mal langsamer als weit entfernt: Nach einem Jahr in der Nähe des Horizontes des Schwarzen Loches, wären weit entfernt, z. B. also auf dem Heimatplaneten eines Astronauten, 55 000 Jahre vergangen!

Alles populär zusammengefasst:

Wenn man auf einen Berg steigt, wird man kleiner und altert schneller!

Die Beziehungen (3.29) und (3.30) haben eine sehr große Ähnlichkeit mit den Zusammenhängen der Raum- und Zeitkontraktionen von sich relativ zueinander bewegenden Bezugssystemen in der Speziellen Relativitätstheorie. Dort galt mit

$$\gamma \stackrel{\text{def}}{=} \left(1 - \frac{v^2}{c^2}\right)^{-1/2}$$

für die Längenkontraktion

$$d\ell = \frac{1}{\gamma} d\ell_0$$

und für die Zeitdehnung

$$dt = \gamma\, d\tau.$$

Führt man die Pseudogeschwindigkeit

$$v_G^2(r) \stackrel{\text{def}}{=} \frac{2GM}{r}$$

ein, dann können mit

$$\gamma_G(r) \stackrel{\text{def}}{=} \left(1 - \frac{v_G^2(r)}{c^2}\right)^{-1/2}$$

die obigen Gravitationsbeziehungen auch so geschrieben werden

$$\mathrm{d}r = \frac{1}{\gamma_G(r)}\mathrm{d}R \quad \text{und} \quad \mathrm{d}t = \gamma_G(r)\,\mathrm{d}\tau.$$

$v_G(r)$ ist übrigens die Fluchtgeschwindigkeit eines Planeten mit dem Durchmesser $2r$ und der Masse M.

3.2.3 Rotverschiebung von Spektrallinien

Wenn im Schwerefeld einer Masse ein Lichtsignal von einem Sender an einem festen Punkt $\boldsymbol{x}_S = [r_S, \theta_S, \varphi_S]^\top$ ausgesendet, wandert das Lichtsignal entlang einer geodätischen Linie zu einem Empfänger am festen Punkt $\boldsymbol{x}_E = [r_E, \theta_E, \varphi_E]^\top$. Seien t_S der Schwarzschild-Zeitpunkt[1] des Sendens und t_E der Schwarzschild-Zeitpunkt des Empfangs des Signals. Sei weiterhin λ ein Parameter entlang der geodätischen Linie mit $\lambda = \lambda_S$ dem Sendeereignis und $\lambda = \lambda_E$ dem Empfangsereignis. Für ein Photon gilt nach (2.12)

$$\frac{\mathrm{d}\vec{\boldsymbol{x}}^\top}{\mathrm{d}\lambda}\boldsymbol{G}\frac{\mathrm{d}\vec{\boldsymbol{x}}}{\mathrm{d}\lambda} = 0,$$

hier also:

$$c^2\left(1-\frac{2GM}{c^2r}\right)\left(\frac{\mathrm{d}t}{\mathrm{d}\lambda}\right)^2 - \left(1-\frac{2GM}{c^2r}\right)^{-1}\left(\frac{\mathrm{d}r}{\mathrm{d}\lambda}\right)^2 - r^2\left(\left(\frac{\mathrm{d}\theta}{\mathrm{d}\lambda}\right)^2 + \sin^2\left(\frac{\mathrm{d}\varphi}{\mathrm{d}\lambda}\right)^2\right) = 0,$$

d. h.,

$$\frac{\mathrm{d}t}{\mathrm{d}\lambda} = \frac{1}{c}\left[\left(1-\frac{2GM}{c^2r}\right)^{-2}\left(\frac{\mathrm{d}r}{\mathrm{d}\lambda}\right)^2 + \left(1-\frac{2GM}{c^2r}\right)^{-1} r^2\left(\left(\frac{\mathrm{d}\theta}{\mathrm{d}\lambda}\right)^2 + \sin^2\left(\frac{\mathrm{d}\varphi}{\mathrm{d}\lambda}\right)^2\right)\right]^{1/2}.$$

Daraus erhält man für die Signalübertragungszeit

$$t_E - t_S = \frac{1}{c}\int_{\lambda_S}^{\lambda_E}\left[\left(1-\frac{2GM}{c^2r}\right)^{-2}\left(\frac{\mathrm{d}r}{\mathrm{d}\lambda}\right)^2 + \left(1-\frac{2GM}{c^2r}\right)^{-1} r^2\left(\left(\frac{\mathrm{d}\theta}{\mathrm{d}\lambda}\right)^2 + \sin^2\left(\frac{\mathrm{d}\varphi}{\mathrm{d}\lambda}\right)^2\right)\right]^{1/2}\mathrm{d}\lambda.$$

[1] Das ist die Eigenzeit eines unendlich weit von der gravitierenden Masse entfernten Beobachters.

Diese Zeit hängt nur vom Weg ab, den das Licht zwischen dem räumlich festen Sender und dem räumlich festen Empfänger nimmt. Für zwei nacheinander gesendete Signale 1 und 2 ist also die Laufzeit gleich:

$$t_{E,1} - t_{S,1} = t_{E,2} - t_{S,2},$$

also auch

$$\Delta t_E \stackrel{\text{def}}{=} t_{E,2} - t_{E,1} = t_{S,2} - t_{S,1} \stackrel{\text{def}}{=} \Delta t_S,$$

also ist die Schwarzschild-Zeitdifferenz am Sender gleich der Schwarzschild-Zeitdifferenz am Emfänger. Allerdings würde die Uhr eines Beobachters am Sendeort die Eigenzeitdifferenz

$$\Delta \tau_S = \left(1 - \frac{2GM}{c^2 r_S}\right)^{1/2} \Delta t_S$$

anzeigen und entsprechend am Empfangsort die Eigenzeitdifferenz

$$\Delta \tau_E = \left(1 - \frac{2GM}{c^2 r_E}\right)^{1/2} \Delta t_E.$$

Da $\Delta t_E = \Delta t_S$ ist, erhält man für das Verhältnis

$$\frac{\Delta \tau_E}{\Delta \tau_S} = \left(\frac{1 - \frac{2GM}{c^2 r_E}}{1 - \frac{2GM}{c^2 r_S}}\right)^{1/2}.$$

Wenn der Sender ein pulsierendes Atom ist, das N Impulse in dem Eigenzeitintervall $\Delta \tau_S$ aussendet, würde ein Beobachter am Sender dem Signal eine Eigenfrequenz $\nu_S \stackrel{\text{def}}{=} \frac{N}{\Delta \tau_S}$ zuordnen. Ein Beobachter am Empfänger sieht die N Impulse in der Eigenzeit $\Delta \tau_E$ ankommen, also mit der Frequenz $\nu_E = \frac{N}{\Delta \tau_E}$. Für das Frequenzverhältnis erhält man dann

$$\frac{\nu_E}{\nu_S} = \left(\frac{1 - \frac{2GM}{c^2 r_S}}{1 - \frac{2GM}{c^2 r_E}}\right)^{1/2}. \tag{3.31}$$

Wenn der Sender näher zur Masse ist als der Empfänger ($r_S < r_E$), dann findet eine Verschiebung der „Farbe" des Signals zum Rot hin statt. Ist umgekehrt der

Sender weiter entfernt als der Empfänger, dann erhält man eine Blauverschiebung. Für $r_S, r_E \gg 2GM$ erhält man die Näherung

$$\frac{\nu_E}{\nu_S} \approx 1 + \frac{GM}{c^2}\left(\frac{1}{r_E} - \frac{1}{r_S}\right)$$

und für die relative Frequenzänderung

$$\frac{\Delta\nu}{\nu_S} \stackrel{\text{def}}{=} \frac{\nu_E - \nu_S}{\nu_S} \approx \frac{GM}{c^2}\left(\frac{1}{r_E} - \frac{1}{r_S}\right).$$

Befindet sich der Sender (z. B. ein strahlendes Atom) auf der Sonnenoberfläche und der beobachtende Empfänger auf der Erde, dann ist

$$\frac{\Delta\nu}{\nu_S} \approx 2 \cdot 10^{-6}.$$

Dieser Effekt ist allerdings wegen vielfältiger Störungen durch die Erdatmosphäre schlecht messbar. Meßbar ist die Rotverschiebung allerdings mittels des Mößbauer-Effekts (siehe einschlägige Physikliteratur).

3.2.4 Ablenkung von Licht

Nach (2.12) ist für Licht

$$\vec{\boldsymbol{x}}^{\mathsf{T}} \boldsymbol{G} \vec{\boldsymbol{x}} = 0. \tag{3.32}$$

Differenziert man (3.32) nach dem Bahnparameter λ, erhält man

$$\dot{\vec{\boldsymbol{x}}}^{\mathsf{T}} \boldsymbol{G} \dot{\vec{\boldsymbol{x}}} = 0, \tag{3.33}$$

wobei der Punkt Differentiation nach λ bedeuten soll. Setzt man für $\boldsymbol{G}$ die Schwarzschild-Metrik ein, erhält man

$$c^2\left(1 - \frac{2GM}{c^2 r}\right)\dot{t}^2 - \left(1 - \frac{2GM}{c^2 r}\right)^{-1}\dot{r}^2 - r^2(\dot{\theta}^2 + \sin^2\theta\dot{\varphi}^2) = 0. \tag{3.34}$$

Ohne Einschränkung der Allgemeinheit kann man bei der vorliegenden zentralsymmetrischen Lösung für θ speziell $\theta = \pi/2$ und $\dot{\theta} = 0$ annehmen, also die Lösung in einer Ebene durch den Massenmittelpunkt, so dass sich (3.34) vereinfacht zu

$$c^2\left(1 - \frac{2GM}{c^2 r}\right)\dot{t}^2 - \left(1 - \frac{2GM}{c^2 r}\right)^{-1}\dot{r}^2 - r^2\dot{\varphi}^2 = 0. \tag{3.35}$$

Für die Lichtbahn im Gravitationsfeld gilt außerdem

$$\frac{\partial^2 \vec{x}}{\partial \lambda^2} = -\left(I_4 \otimes \frac{\partial \vec{x}^{\top}}{\partial \lambda} \right) \boldsymbol{\Gamma} \frac{\partial \vec{x}}{\partial \lambda}. \tag{3.36}$$

Mit den Christoffel-Elementen aus Abschn. 3.1.1 und $\vec{x}^{\top} = [x_0|r|\theta|\varphi]$ erhält man im Einzelnen für (3.36)

$$\frac{\mathrm{d}^2 x_0}{\mathrm{d}\lambda^2} = -\frac{A'}{A} \frac{\mathrm{d}x_0}{\mathrm{d}\lambda} \frac{\mathrm{d}r}{\mathrm{d}\lambda}, \tag{3.37}$$

$$\frac{\mathrm{d}^2 r}{\mathrm{d}\lambda^2} = -\frac{A'}{B} \left(\frac{\mathrm{d}x_0}{\mathrm{d}\lambda} \right)^2 - \frac{B'}{2B} \left(\frac{\mathrm{d}r}{\mathrm{d}\lambda} \right)^2 + \frac{r}{B} \left(\frac{\mathrm{d}\theta}{\mathrm{d}\lambda} \right)^2 + \frac{r \sin^2\theta}{B} \left(\frac{\mathrm{d}\varphi}{\mathrm{d}\lambda} \right)^2, \tag{3.38}$$

$$\frac{\mathrm{d}^2 \theta}{\mathrm{d}\lambda^2} = -\frac{2}{r} \frac{\mathrm{d}\theta}{\mathrm{d}\lambda} \frac{\mathrm{d}r}{\mathrm{d}\lambda} + \sin\theta \cos\theta \left(\frac{\mathrm{d}\varphi}{\mathrm{d}\lambda} \right)^2, \tag{3.39}$$

$$\frac{\mathrm{d}^2 \varphi}{\mathrm{d}\lambda^2} = -\frac{2}{r} \frac{\mathrm{d}\varphi}{\mathrm{d}\lambda} \frac{\mathrm{d}r}{\mathrm{d}\lambda} - \cot\theta \frac{\mathrm{d}\theta}{\mathrm{d}\lambda} \frac{\mathrm{d}\varphi}{\mathrm{d}\lambda}. \tag{3.40}$$

Wenn das Koordinatensystem wieder so gewählt wird, dass im Anfangszeitpunkt λ_0

$$\theta = \pi/2 \quad \text{und} \quad \dot{\theta} = 0 \tag{3.41}$$

gilt. Dann wird aus (3.39) $\frac{\mathrm{d}^2\theta}{\mathrm{d}\lambda^2} = 0$, also $\theta(\lambda) \equiv \pi/2$, d. h., die gesamte Bahn bleibt in der Ebene durch den Massenmittelpunkt. Mit diesem θ-Wert erhält man aus (3.40)

$$\frac{\mathrm{d}^2 \varphi}{\mathrm{d}\lambda^2} + \frac{2}{r} \frac{\mathrm{d}\varphi}{\mathrm{d}\lambda} \frac{\mathrm{d}r}{\mathrm{d}\lambda} = 0,$$

was auch zusammengefasst werden kann

$$\frac{1}{r^2} \frac{\mathrm{d}}{\mathrm{d}\lambda} \left(r^2 \frac{\mathrm{d}\varphi}{\mathrm{d}\lambda} \right) = 0. \tag{3.42}$$

Es ist also

$$\underline{\underline{r^2 \frac{\mathrm{d}\varphi}{\mathrm{d}\lambda} = \text{konst.} = h.}} \tag{3.43}$$

(3.37) kann man umformen zu

$$\frac{\mathrm{d}}{\mathrm{d}\lambda} \left(\ln \frac{\mathrm{d}x_0}{\mathrm{d}\lambda} + \ln A \right) = 0 \tag{3.44}$$

und integrieren

$$\underline{\underline{A \frac{\mathrm{d}x_0}{\mathrm{d}\lambda} = \text{konst.} = k.}} \tag{3.45}$$

(3.41), (3.43) und (3.45) in (3.38) eingesetzt, liefert

$$\frac{\mathrm{d}^2r}{\mathrm{d}\lambda^2}+\frac{k^2A'}{2A^2B}+\frac{B'}{2B}\left(\frac{\mathrm{d}r}{\mathrm{d}\lambda}\right)^2-\frac{h^2}{Br^3}=0. \tag{3.46}$$

Multipliziert man diese Gleichung mit $2B\frac{\mathrm{d}r}{\mathrm{d}\lambda}$, erhält man zunächst

$$\frac{\mathrm{d}}{\mathrm{d}\lambda}\left(B\frac{\mathrm{d}r}{\mathrm{d}\lambda}+\frac{h^2}{r^2}-\frac{k^2}{A}\right)=0 \tag{3.47}$$

und nach Integration

$$B\left(\frac{\mathrm{d}r}{\mathrm{d}\lambda}\right)^2+\frac{h^2}{r^2}-\frac{k^2}{A}=\text{konst.}=0, \tag{3.48}$$

oder

$$\frac{\mathrm{d}r}{\mathrm{d}\lambda}=\sqrt{\frac{\frac{k^2}{A}-\frac{h^2}{r^2}}{B}}. \tag{3.49}$$

Gesucht ist aber nicht $r(\lambda)$, sondern $\varphi(r)$. Da aber

$$\frac{\mathrm{d}\varphi}{\mathrm{d}r}=\frac{\mathrm{d}\varphi}{\mathrm{d}\lambda}\frac{\mathrm{d}\lambda}{\mathrm{d}r}$$

ist, folgt mit (3.43) und (3.49)

$$\frac{\mathrm{d}\varphi}{\mathrm{d}r}=\frac{h}{r^2}\sqrt{\frac{B}{\frac{k^2}{A}-\frac{h^2}{r^2}}} \tag{3.50}$$

und integriert

$$\underline{\underline{\varphi(r)=\varphi(r_0)+\int_{r_0}^{r}\frac{\sqrt{B(\psi)}}{\psi^2\sqrt{\frac{k^2}{A(\psi)h^2}-\frac{1}{\psi^2}}}\,\mathrm{d}\psi.}} \tag{3.51}$$

Sei r_0 die kleinste Entfernung vom Massenmittelpunkt, die ein an der Masse vorbeifliegendes Photon hat. Es bewege sich in der durch den Massenmittelpunkt gehende Ebene mit $\theta=\pi/2$. Das Koordinatensystem sei weiterhin so gelegt, dass $\varphi(r_0)=0$ ist. Wenn keine Schwerkraft vorhanden wäre, würde das Photon sich geradlinig und für $r\to\infty$ gegen $\varphi(\infty)=\pi/2$ bewegen. Gekommen ist es von $\varphi(-\infty)=-\pi/2$. Insgesamt hat also das Photon einen Winkel von $\Delta\varphi=\varphi(\infty)-\varphi(-\infty)=\pi$ zurückgelegt. Berücksichtigt man die Schwerkraft, so wird das Photon zur Masse hin „umgebogen“, es strebt von $(r_0,\varphi(r_0))$ für $r\to\infty$ gegen $\varphi(\infty)=\pi/2+\alpha/2$. Aus Symmetriegründen kommt es dann auch von $r\to-\infty$ und $\varphi(-\infty)=\pi/2-\alpha/2$, so dass es insgesamt einen Winkel von $\Delta\varphi=\varphi(\infty)-\varphi(-\infty)=\pi+\alpha$ zurückgelegt hat. Dieser Winkel α soll jetzt für die Sonnenmasse $M_\odot$ berechnet werden.

Da r_0 der minimale Abstand sein sollte, ist

$$\frac{\mathrm{d}r}{\mathrm{d}\varphi}_{r_0} = 0. \tag{3.52}$$

Andererseits ist $\frac{\mathrm{d}\varphi}{\mathrm{d}r}$ gerade der Integrand von (3.51), woraus dann

$$\frac{k^2}{h^2} = \frac{A(r_0)}{r_0^2} \tag{3.53}$$

folgt. Das in das Integral (3.51) eingesetzt, liefert

$$\varphi(\infty) = \int_{r_0}^{\infty} \frac{\sqrt{B(r)}}{r\sqrt{\frac{r^2 A(r_0)}{r_0^2 A(r)} - 1}}\,\mathrm{d}r. \tag{3.54}$$

Zu diesem Integral existiert keine Stammfunktion, so dass es mittels Näherungen berechnet werden soll. Es ist

$$A(r) = 1 - \frac{2GM_\odot}{c^2 r} \tag{3.55}$$

und

$$B(r) = \left(1 - \frac{2GM_\odot}{c^2 r}\right)^{-1} \approx 1 + \frac{2GM_\odot}{c^2 r}. \tag{3.56}$$

Weiterhin ist

$$\frac{A(r_0)}{A(r)} = \left(1 - \frac{2GM_\odot}{c^2 r_0}\right)\left(1 - \frac{2GM_\odot}{c^2 r}\right)^{-1} \approx$$

$$\left(1 - \frac{2GM_\odot}{c^2 r_0}\right)\left(1 + \frac{2GM_\odot}{c^2 r}\right) = 1 + \frac{2GM_\odot}{c^2}\left(\frac{1}{r} - \frac{1}{r_0}\right)$$

und damit

$$\frac{r^2 A(r_0)}{r_0^2 A(r)} - 1 \approx \left(\frac{r^2}{r_0^2} - 1\right)\left(1 - \frac{2GM_\odot r}{c^2 r_0 (r + r_0)}\right). \tag{3.57}$$

Hiermit wird aus dem Integral (3.54)

$$\begin{aligned}\varphi(\infty) &= \int_{r_0}^{\infty} \frac{r_0}{\sqrt{r^2 - r_0^2}}\left(\frac{1}{r} + \frac{GM_\odot}{c^2 r^2} + \frac{GM_\odot}{c^2 (r + r_0)}\right)\mathrm{d}r \\ &= \left[\arccos\frac{r_0}{r} + \frac{GM_\odot}{c^2 r_0}\frac{\sqrt{r^2 - r_0^2}}{r} + \frac{GM_\odot}{c^2 r_0}\sqrt{\frac{r - r_0}{r + r_0}}\right]_{r_0}^{\infty},\end{aligned} \tag{3.58}$$

also

$$\underline{\underline{\varphi(\infty) = \frac{\pi}{2} + \frac{2GM_\odot}{c^2 r_0}}}, \tag{3.59}$$

woraus man

$$\underline{\underline{\alpha = \frac{4GM_\odot}{c^2 r_0}}} \tag{3.60}$$

ablesen kann. Ist r_0 gerade der Sonnenradius $R_\odot$, dann erhält man

$$\underline{\underline{\alpha = 1{,}75''}}. \tag{3.61}$$

Diese Vorhersage wurde als eine der ersten Bestätigungen der Allgemeinen Relativitätstheorie bereits 1919 bei einer Sonnenfinsternis gemessen.

3.3 Innere Schwarzschild-Lösung

Für die Ermittlung der Metrik im Inneren einer symmetrischen Kugel, wird auch die rechte Seite der Einsteinschen Feldgleichung mit der Energie-Impuls-Matrix benötigt. Die hydromechanische Energie-Impuls-Matrix ist

$$\boldsymbol{T}_{mech} = \left(\rho_0 + \frac{p}{c^2}\right)\vec{\boldsymbol{u}}\vec{\boldsymbol{u}}^{\mathsf{T}} - p\,\boldsymbol{M}.$$

Diese galt in der Lorentz-Basis eines Inertialsystems. Das kann also auch das lokale Inertialsystem eines allgemeinen Koordinatensystems sein. Wenn für den Zusammenhang zwischen den lokalen Koordinaten $\mathrm{d}\vec{x}$ und den globalen Koordinaten $\mathrm{d}\vec{x}'$ die Transformationsgleichung $\mathrm{d}\vec{x} = \boldsymbol{J}\,\mathrm{d}\vec{x}'$ besteht, dann gilt auch für die Geschwindigkeiten $\vec{\boldsymbol{u}} = \boldsymbol{J}\vec{\boldsymbol{u}}'$. Das oben eingesetzt, ergibt

$$\boldsymbol{T}_{mech} = \left(\rho_0 + \frac{p}{c^2}\right)\boldsymbol{J}\vec{\boldsymbol{u}}'\vec{\boldsymbol{u}}'^{\mathsf{T}}\boldsymbol{J}^{\mathsf{T}} - p\,\boldsymbol{M}. \tag{3.62}$$

Multipliziert man jetzt diese Gleichung von links mit dem Matrizenprodukt $\boldsymbol{J}^{\mathsf{T}}\boldsymbol{M}$ und von rechts mit dem Matrizenprodukt $\boldsymbol{M}\boldsymbol{J}$, dann erhält man mit $\boldsymbol{M}\boldsymbol{M} = \boldsymbol{I}$ und $\boldsymbol{J}^{\mathsf{T}}\boldsymbol{M}\boldsymbol{J} = \boldsymbol{G}$ schließlich

$$\boldsymbol{T}_{mech,Riemann} = \left(\varrho_0 + \frac{p}{c^2}\right)\boldsymbol{G}\vec{\boldsymbol{u}}'\vec{\boldsymbol{u}}'^{\mathsf{T}}\boldsymbol{G} - p\,\boldsymbol{G}. \tag{3.63}$$

Global tritt jetzt die metrische Matrix $\boldsymbol{G}$ auf.

Die Einsteinsche Feldgleichung wird in der Form (2.238) verwendet

$$\boldsymbol{R}_{Ric} = \frac{8\,\pi\,G}{c^4}\left(\frac{T}{2}\boldsymbol{I}_4 - \boldsymbol{T}\right). \tag{3.64}$$

Es wird angenommen, daß die Massen im Inneren der Kugel sich nicht bewegen, also die räumlichen Geschwindigkeitskomponenten gleich Null sind: $u'_i = 0$, für $i = 1, 2, 3$. Deshalb bleibt von der Bedingung

$$c^2 = \vec{\boldsymbol{u}}'^{\mathsf{T}} \boldsymbol{G} \vec{\boldsymbol{u}}'$$

nur übrig

$$c^2 = g_{00} u_o^2.$$

Wird für die metrische Matrix wieder der gleiche Ansatz wie in (3.2) gewählt, nämlich

$$\mathrm{d}s^2 = A(r)\mathrm{d}t^2 - B(r)\mathrm{d}r^2 - r^2(\mathrm{d}\theta^2 + \sin^2\theta \mathrm{d}\varphi^2), \tag{3.65}$$

dann ist

$$u_0 = \frac{c}{\sqrt{A(r)}}.$$

Damit erhält man für $\boldsymbol{T}$ die Diagonalmatrix

$$\boldsymbol{T} = \mathrm{diag}(\varrho c^2 A(r), pB(r), pr^2, pr^2 \sin^2\theta). \tag{3.66}$$

Mit der Spur der lokalen Energie-Impuls-Matrix $T = c^2\varrho - 3p$ erhält man für die rechte Seite der Einsteinschen Feldgleichung

$$\frac{8\pi G}{c^4}\left(\frac{T}{2}\boldsymbol{I}_4 - \boldsymbol{T}\right) \tag{3.67}$$

$$= \frac{4\pi G}{c^4} \mathrm{diag}\left((\varrho c^2 + 3p)A, (\varrho c^2 - p)B, (\varrho c^2 - p)r^2, (\varrho c^2 - p)r^2 \sin^2\theta\right).$$

Das mit den Elementen (3.6), (3.7), (3.8) und (3.9) in der Hauptdiagonalen der Ricci-Matrix $\boldsymbol{R}_{Ric}$:

$$R_{Ric,00} = -\frac{A''}{2B} + \frac{A'}{4B}\left(\frac{A'}{A} + \frac{B'}{B}\right) - \frac{A'}{rB},$$

$$R_{Ric,11} = \frac{A''}{2A} - \frac{A'}{4A}\left(\frac{A'}{A} + \frac{B'}{B}\right) - \frac{B'}{rB},$$

$$R_{Ric,22} = \frac{1}{B} + \frac{r}{2B}\left(\frac{A'}{A} - \frac{B'}{B}\right) - 1$$

und

$$R_{Ric,33} = \sin^2\theta\, R_{Ric,22},$$

(die übrigen Matrixelemente sind gleich null: $R_{Ric,\nu\mu} = 0$ für $\nu \neq \mu$), zur Einsteinschen Feldgleichung vereinigt, ergibt die drei wesentlichen Bestimmungsgleichungen für die Faktoren $A(r)$ und $B(r)$:

$$\frac{A''}{2B} - \frac{A'}{4B}\left(\frac{A'}{A} + \frac{B'}{B}\right) + \frac{A'}{rB} = \frac{4\pi G}{c^4}(\varrho c^2 + 3p)A, \tag{3.68}$$

$$-\frac{A''}{2A} + \frac{A'}{4A}\left(\frac{A'}{A} + \frac{B'}{B}\right) + \frac{B'}{rB} = \frac{4\pi G}{c^4}(\varrho c^2 - p)B \tag{3.69}$$

und

$$-\frac{1}{B} - \frac{r}{2B}\left(\frac{A'}{A} - \frac{B'}{B}\right) + 1 = \frac{4\pi G}{c^4}(\varrho c^2 - p)r^2. \tag{3.70}$$

Addiert man die mit $r^2/(2A)$ multiplizierte Gl. (3.68) zu der mit $r^2/(2B)$ multiplizierten Gl. (3.69) und der Gl. (3.70), erhält man

$$\frac{B'r}{B^2} + 1 - \frac{1}{B} = \frac{8\pi G}{c^2}\varrho r^2. \tag{3.71}$$

Hierfür kann man auch

$$\frac{\mathrm{d}}{\mathrm{d}r}\frac{r}{B(r)} = 1 - \frac{8\pi G}{c^2}\varrho r^2 \tag{3.72}$$

schreiben. Diese Gleichung integriert, liefert

$$\frac{r}{B(r)} = \int_0^r \left(1 - \frac{8\pi G}{c^2}\varrho(\alpha)\alpha^2\right)\mathrm{d}\alpha = r - \frac{2G}{c^2}\mathcal{M}(r), \tag{3.73}$$

mit

$$\mathcal{M}(r) \stackrel{\text{def}}{=} 4\pi \int_0^r \varrho(\alpha)\alpha^2 \mathrm{d}\alpha. \tag{3.74}$$

(3.73) nach $B(r)$ aufgelöst, ergibt schließlich

$$\underline{\underline{B(r) = \left(1 - \frac{2G\mathcal{M}(r)}{c^2 r}\right)^{-1}}}. \tag{3.75}$$

Die Dichtefunktion $\varrho(r)$ ist für $r > R$ außerhalb der kugelförmigen Masse, gleich null, also ist auch $\mathcal{M}(r) = \mathcal{M}(\mathcal{R}) = M$ für $r > R$. Man erhält für $r > R$ wieder den gleichen Koeffizienten $B(r)$ wie für die äußere Schwarzschild-Lösung.

Jetzt ist noch $A(r)$ zu ermitteln. Dazu $B(r)$ und

$$B'(r) = B^2(r)\left(\frac{8\pi G}{c^2}\varrho(r)r - \frac{2G\mathcal{M}(r)}{c^2 r^2}\right)$$

in (3.70) eingesetzt, was

$$-\frac{A'(r)r}{2A(r)}\left(1-\frac{2G\mathcal{M}(r)}{c^2 r}\right)+\frac{4\pi G}{c^2}\varrho(r)r^2+\frac{G\mathcal{M}(r)}{c^2 r}=\frac{4\pi G}{c^4}(\varrho c^2-p)r^2,$$

ergibt, d. h., es ist

$$\frac{A'(r)}{A(r)}=\frac{\mathrm{d}}{\mathrm{d}r}(\ln A(r)+\text{konst})=\left(\frac{8\pi G}{c^4}p(r)r+\frac{2G\mathcal{M}(r)}{c^2r^2}\right)\left(1-\frac{2G\mathcal{M}(r)}{c^2 r}\right)^{-1}\overset{\text{def}}{=}f(r).$$

$\ln A(r)+\text{konst}$ ist also die Stammfunktion der rechten Seite $f(r)$ dieser Gleichung. Damit ist $\ln A(r)$ gleich dem Integral über $f(r)$. Setzt man als Integrationsgrenzen r und ∞ sowie $A(\infty)=1$ an, erhält man endgültig

$$\underline{\underline{A(r)=\exp\left[-\frac{2G}{c^2}\int_r^\infty\frac{1}{\alpha^2}(\mathcal{M}(\alpha)+4\pi\alpha^3p(\alpha)/c^2)\left(1-\frac{2G\mathcal{M}}{c^2\alpha}\right)^{-1}\mathrm{d}\alpha\right].}} \tag{3.76}$$

Für $r>R$ geht diese Lösung in die Lösung der äußeren Schwarzschild-Lösung über; denn für $r>R$ ist $\varrho(r)=p(r)=0$ und $\mathcal{M}(r)=\mathcal{M}(R)=M$, also

$$A(r)=\exp\left[-\frac{2G}{c^2}\int_r^\infty\frac{M}{\alpha^2}\left(1-\frac{r_S}{\alpha}\right)^{-1}\mathrm{d}\alpha\right]. \tag{3.77}$$

Mit der neuen Integrationsvariablen $\xi=1-\frac{r_S}{r}$ erhält man für $r>R$

$$A(r)=\exp\left[\int_1^{1-\xi}\frac{1}{\xi'}\mathrm{d}\xi'\right]=1-\frac{r_S}{r}, \tag{3.78}$$

d. h., die gleiche Lösung wie für die äußere Schwarzschild-Lösung. Die hier ermittelten $A(r)$ und $B(r)$ gelten also sowohl im Inneren als auch im Äußeren der kugelförmigen Masse mit dem Radius R.

3.4 Schwarze Löcher

3.4.1 Astrophysik

Die drei interessantesten Himmelsobjekte sind *Weiße Zwerge, Neutronensterne* und *Schwarze Löcher.* Sterne, wie die Sonne, entstehen durch Verdichtung interstellarer Wolken, hervorgerufen durch Gravitation. Der Zusammenziehungsprozess kommt zum Stillstand, wenn die Temperatur im Inneren so groß wird, dass eine Kernfusion einsetzt. Durch die Kernfusion wird Wasserstoff in Helium umgewandelt. Das weitere Schicksal eines Sterns hängt dann von seiner Anfangsmasse ab:

- Anfangsmasse≈ 0,05 Sonnenmasse endet als *Brauner Zwerg,*
- Anfangsmasse≈ Sonnenmasse wächst zum Roten Riesen und endet nach Explosion (Supernova) als *Weißer Zwerg,*
- Anfangsmasse≈ 10 Sonnenmassen wächst zum Überriesen und endet nach Explosion (Supernova) als *Neutronenstern,*
- Anfangsmasse≈ 30 Sonnenmassen wächst zum Überriesen und endet nach Explosion (Supernova) als *Schwarzes Loch.*

Ein Weißer Zwerg besteht im Inneren zum größten Teil aus Kohlenstoff und Sauerstoff, die durch Kernfusion entstanden, also übrig geblieben sind, wenn der nukleare Brennstoff einer Sonne verbraucht ist. Ein Weißer Zwerg mit ungefähr der Masse unserer Sonne und dem Durchmesser der Erde, ist also ein ziemlich kompaktes Gebilde. Allerdings ist ein Neutronenstern noch viel kompakter; er hat nämlich eine um den Faktor 10^9 größere Dichte. Er hat ungefähr die Masse eines Weißen Zwerges aber nur einen Durchmesser von 24 km! Ein Schwarzes Loch dagegen kann die unterschiedlichsten Massen, Größen und Dichten aufweisen, wie weiter unten ausgeführt werden wird.

Die Schwarzschild-Lösung (3.25)

$$\mathrm{d}s^2 = \left(1 - \frac{r_S}{r}\right) c^2 \mathrm{d}t^2 - \left(1 - \frac{r_S}{r}\right)^{-1} \mathrm{d}r^2 - r^2(\mathrm{d}\theta^2 + \sin^2\theta \mathrm{d}\varphi^2)$$

gilt nur außerhalb der betrachteten kugelförmigen Masse. Diese Formel gibt das winzige Raumzeitintervall ds an, das ein Massenteilchen zurücklegt, welches sich von einem beliebigen Ereignis A zu einem beliebigen engbenachbarten Ereignis B bewegt. Der Schwarzschild-Radius wird deshalb erst interessant für sehr große Massen bzw. bei Massen hinreichender Dichte, wo $r_S > R$, dem Radius R der kugelförmigen Masse, ist.

Es ist allerdings für die Sonnenmasse $M_\odot \approx 2 \cdot 10^{30}$ kg der Schwarzschild-Radius

$$r_{S\odot} \approx 3\,\mathrm{km},$$

d. h., er ist viel kleiner als der Sonnenradius $r_\odot \approx 7 \cdot 10^5$ km. D. h., unsere Lösung gilt nur außerhalb der Sonnenmasse! Für die Erde mit einer Masse von $M_\oplus \approx 6 \cdot 10^{24}$ kg erhält man gar einen Schwarzschild-Radius von

$$r_{S\oplus} \approx 9\,\mathrm{mm}\,!$$

Es scheint hier so, daß der Schwarzschild-Radius nur bei hochkonzentrierter Materie eine Rolle spielt. Das ist aber nicht der Fall. Denn angenommen, es ist gerade der Radius der kugelförmigen Masse $R = r_S$, d. h., es ist $R = \frac{2GM}{c^2}$. Die sogenannte Schwarzschild-Dichte ρ_S wäre in diesem Fall

$$\underline{\underline{\rho_S}} \stackrel{\text{def}}{=} \frac{M}{\frac{4}{3}\pi r_S^3} = \frac{M}{\frac{4}{3}\pi\left(\frac{2GM}{c^2}\right)^3}$$
$$= \frac{3c^6}{32\pi G^3 M^2} = \underline{\underline{2{,}33 \cdot 10^{71} \cdot M_{[\mathrm{kg}]}^{-2}\left[\frac{\mathrm{kg}}{\mathrm{cm}^3}\right]}}\,.$$

Die notwendige Dichte nimmt also umgekehrt proportional mit dem Quadrat der Masse ab! Würde man aus der Erdmasse ein Schwarzes Loch machen wollen, d. h., die Erde auf einen Radius von 9 mm schrumpfen lassen, dann würde der entstehende Körper eine Dichte von ca. $8{,}58 \cdot 10^{22}$ kg/cm^3 haben. Bei der Sonne ergäbe sich eine notwendige Dichte von ca. $8{,}6 \cdot 10^{10}$ kg/cm^3; das sind 86 Mio. t pro Kubikzentimeter! Also immer noch ungefähr die ungeheure Dichte der Neutronenflüssigkeit[2] in einem Neutronenstern. Im Zentrum der Milchstraße wird ein Schwarzes Loch mit der Masse $5{,}2 \cdot 10^{36}$ kg, das sind 2,6 Mio. Sonnenmassen, und in dem Zentrum des Galaxienhaufens Virgo ein Schwarzes Loch mit der Masse $6 \cdot 10^{39}$ kg (3 Mrd. Sonnenmassen) vermutet.

3.4.2 Näheres zu Schwarzen Löchern

Eine kugelförmige Masse, deren Radius kleiner als der Schwarzschild-Radius ist, $R < r_S$, nennt man ein *Schwarzes Loch.* Der Name erklärt sich wie folgt. Die Schwarzschild-Lösung (3.25) für konstante Winkel θ und φ, d. h., $\mathrm{d}\theta = \mathrm{d}\varphi = 0$, ist mit $r_S = \frac{2GM}{c^2}$ nämlich

$$\mathrm{d}s^2 = \left(1 - \frac{r_S}{r}\right)c^2\mathrm{d}t^2 - \left(1 - \frac{r_S}{r}\right)^{-1}\mathrm{d}r^2. \tag{3.79}$$

Für Licht, also Photonen, ist $\mathrm{d}s^2 = 0$, so daß aus (3.79) folgt

$$c^2\mathrm{d}t^2 = \left(1 - \frac{r_S}{r}\right)^{-2}\mathrm{d}r^2,$$

also

$$c\,\mathrm{d}t = \pm\left(1 - \frac{r_S}{r}\right)^{-1}\mathrm{d}r = \pm\frac{r}{r - r_S}\mathrm{d}r,$$

was integriert

$$c\int_{t_0}^{t}\mathrm{d}t = c\,t - c\,t_0 = \int_{r_0}^{r}\frac{r}{r - r_S}\,\mathrm{d}r = \pm\left[r + r_S\ln\frac{r - r_S}{r_0 - r_S} - r_0\right]$$

[2] Die Neutronenflüssigkeit besteht überwiegend aus Neutronen; ihre mittlere Dichte ist ungefähr gleich der von Atomkernen.

ergibt und mit $c_0 \stackrel{\text{def}}{=} ct_0 - r_0 - r_S \ln(r_0 - r_S)$ schließlich

$$\underline{\underline{ct = \pm\,(r + r_S \ln(r - r_S) + c_0)}}, \tag{3.80}$$

wobei die Konstante c_0 vom Anfangszeitpunkt t_0 und vom Anfangsort r_0 abhängt und ct die Dimension einer Lönge hat. Der wesentliche Inhalt dieser Formel läßt sich in der ct-r-Halbebene darstellen, Abb. 3.1.

Die Lichtkegel sind rechts von der Trennlinie bei $r = r_S$ nach oben in Richtung der Zeitachse geöffnet, d. h. Teilchen (auch Photonen) fliegen in dem Bild nur nach oben. Insbesondere überschreiten scheinbar selbst Photonen, nie die Trennlinie $r = r_S$, können also nie in das Gebiet mit $r < r_S$ gelangen. Das ist insbesondere an der Geschwindigkeit der Teilchen bzw. Photonen zu erkennen, die aus den obigen Gleichungen zu

$$\frac{\mathrm{d}r}{\mathrm{d}t} = \pm\left(1 - \frac{r_S}{r}\right) c$$

folgt. Diese Geschwindigkeit geht gegen null, wenn r gegen r_S geht. Für $r < r_S$ zeigen die Lichtkegel für die Zukunft in Richtung $r = 0$. Kein Teilchen oder Photon kann aus dem Gebiet $r < r_S$ entkommen! Kein Licht kann die Grenze r_S überschreiten, das „Schwarze Loch" ist in der Tat *schwarz!* Man darf aber die Interpretation der Schwarzschild-Lösung innerhalb des Schwarzschild-Radius nicht zu weit treiben. Für ein Teilchen innerhalb von r_S kann nach Abb. 3.1 die Zeit t abnehmen, also rückwärts laufen! Es ist offensichtlich, dass für dieses Gebiet die Zeit t wenig geeignet ist.

Andererseits ist es aber ein Trugschluss, dass die Grenze $r = r_S$ von außen nicht überschritten werden kann; denn die Formeln geben nur das Verhalten wieder, was ein weit entfernter Beobachter sehen würde. Ein mitfliegender Beobachter würde die Grenze $r = r_S$ normal überschreiten; denn für ihn würde die Geschwindigkeit in der

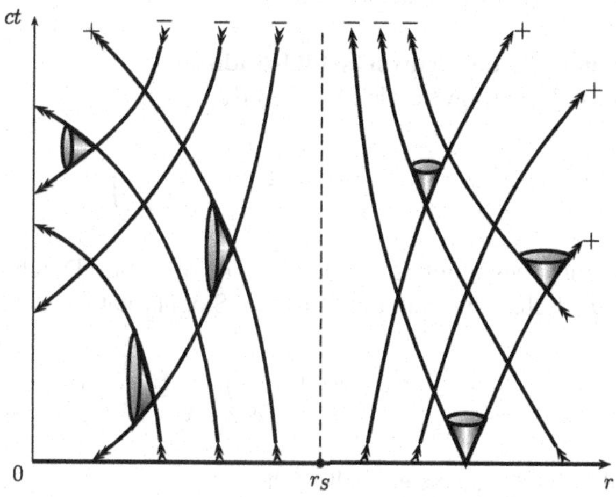

Abb. 3.1 Schwarzschild-Lösung

Nähe von $r = r_S$ nicht gegen null streben, sonder mit endlicher Geschwindigkeit diese Kugelfläche stetig durchfliegen. Das kann man wie folgt zeigen:

Aufgrund der Newtonschen Theorie kommt man zu folgendem Zusammenhang. Integriert man die Gleichung

$$m_0\, a(t) = m_0 \frac{\mathrm{d}v}{\mathrm{d}t} = G \frac{M m_0}{r^2},$$

unter Beachtung von

$$a = \frac{\mathrm{d}v}{\mathrm{d}t} = \frac{\mathrm{d}v}{\mathrm{d}r}\frac{\mathrm{d}r}{\mathrm{d}t} = v\frac{\mathrm{d}v}{\mathrm{d}r},$$

erhält man

$$\int_0^v \tilde{v}\mathrm{d}\tilde{v} = \frac{v^2}{2} = \int_\infty^r a\mathrm{d}\tilde{r} = \int_\infty^r \frac{GM}{\tilde{r}^2}\mathrm{d}\tilde{r} = \frac{GM}{r},$$

bzw. nach Auflösung nach der Geschwindigkeit

$$\underline{\underline{v = -\sqrt{\frac{2GM}{r}} = -c\sqrt{\frac{r_S}{r}}.}} \tag{3.81}$$

Die Masse m_0 würde also die Schwarzschild-Kugelschale nach (3.81) mit der Lichtgeschwindigkeit c passieren, was nach der Speziellen Relativitätstheorie nicht möglich ist! Für $r < r_S$ ergäbe sich sogar Überlichtgeschwindigkeit! Die Geschwindigkeitsformeln müssen also modifiziert werden. Was passiert dann? Wenn jemand die SCHWARZSCHILD-ugelschale in Richtung $r \to 0$ durchschreitet, werden wir von ihm nie erfahren können, was er erlebt; denn weder er noch ein Signal von ihm können uns außerhalb der Schwarzschild-Kugelschale ja mehr erreichen. Wir können nur noch theoretisch untersuchen, was passiert.

Innerhalb des Schwarzschild-Radius

Aus (3.81) folgt für die Eigenzeit $\mathrm{d}\tau$

$$\mathrm{d}\tau = -\frac{1}{c}\left(\frac{r}{r_S}\right)^{1/2} \mathrm{d}r. \tag{3.82}$$

Daraus bekommt man die Zeit τ, die vom Durchfliegen der Schwarzschild-Kugelschale bis zum Erreichen der Singularität $r = 0$ vergeht, zu

$$\tau_S \stackrel{\text{def}}{=} -\frac{1}{c}\int_{r_S}^0 \left(\frac{r}{r_S}\right)^{1/2} \mathrm{d}r = \frac{2}{3}\frac{r_S}{c}, \tag{3.83}$$

also durchaus eine endliche Zeit.

Befindet sich ein Teilchen links von der Trennlinie $r = r_S$, dann fliegt das Teilchen nach links in Richtung $r \to 0$. Photonen, die links von der Trennlinie starten, können ebenfalls nie diese Trennlinie überschreiten: Deshalb gelangt vom Inneren der Kugel mit dem Radius r_S kein Licht (Photon) nach außen, es ist ein „Schwarzes Loch" gegeben. Interessant ist weiter, dass die eine Begrenzungstrajektorienschar in negativer Zeitrichtung, also abnehmender Zeit, verläuft. Startet man also beispielsweise im Punkt ($t_0 = 0, r = r_0 < r_S$) auf einer „Minustrajektorie", dann reist man in die Vergangenheit! Das ergibt aber keine logischen Widersprüche, da man vom Inneren der Kugel mit dem Radius r_S nicht nach außen wirken kann, höchstens passiv Signale empfängt, d. h., sich die Vergangenheit „ansehen" kann.

3.4.3 Singularitäten

Die Lösung (3.25) weist zwei Singularitäten auf: eine echte Singularität bei $r = 0$ und eine scheinbare bei $r = r_S$. Die scheinbare Singularität ist eine sogenannte *Koordinatensingularität,* die durch eine günstigere Koordinatenwahl hätte vermieden werden können. Ein solches günstigeres Koordinatensystem hätte man beispielsweise erhalten, wenn man eine andere radiale Koordinate r^* eingeführt hätte:

$$r = \left(1 + \frac{r_S}{4r^*}\right)^2 r^*.$$

Dann ist

$$\frac{\mathrm{d}r}{\mathrm{d}r^*} = \left(1 - \frac{r_S}{4r^*}\right)\left(1 + \frac{r_S}{4r^*}\right),$$

also

$$\mathrm{d}r = \left(1 - \frac{r_S}{4r^*}\right)\left(1 + \frac{r_S}{4r^*}\right)\mathrm{d}r^*.$$

Das in (3.25) eingesetzt, liefert

$$\mathrm{d}s^2 = \left(\frac{1 - \frac{r_S}{4r^*}}{1 + \frac{r_S}{4r^*}}\right)^2 c^2\mathrm{d}t^2 - \left(1 + \frac{r_S}{4r^*}\right)^4 (\mathrm{d}r^{*2} + r^{*2}(\mathrm{d}\theta^2 + \sin^2\theta\mathrm{d}\varphi^2)).$$

In diesen Koordinaten ist in der Tat nur noch bei $r^* = 0$ eine Singularität vorhanden!

Die Echtheit der anderen Singularität bei $r = 0$ kann man dadurch erkennen, dass man Invariante untersucht. Eine Funktion von Koordinaten heißt invariant gegenüber einer Transformation, wenn sie unverändert bleibt bei Anwendung der Transformation auf die Koordinaten. Das ist gerade die Kennzeichnung für eine echte Singularität, wenn sie nämlich nicht von dem zufällig gewählten Koordinatensystem abhängt.

Solche Invarianten sind uns bereits bei der Untersuchung der elektromagnetischen Felder und der Lorentz-Transformation begegnet, z. B.

$$\frac{1}{2}\mathrm{spur}(\boldsymbol{M}\boldsymbol{F}_{B,e}\boldsymbol{M}\boldsymbol{F}_{B,e}) = -b^2 + e^2 = -b'^2 + e'^2$$

$$\frac{1}{4}\mathrm{spur}(\boldsymbol{F}^*_{B,e}\boldsymbol{F}_{E,b}) = \boldsymbol{e}^{\mathsf{T}}\boldsymbol{b} = \boldsymbol{e}'^{\mathsf{T}}\boldsymbol{b}'.$$

Eine solche Invariante ist hier jetzt für unser Problem die sogenannte Kretschmann-Invariante, die mit Hilfe der modifizierten symmetrischen Riemannschen Krümmungsmatrix

$$\boldsymbol{R}^* \stackrel{\text{def}}{=} (\boldsymbol{I}_4 \otimes \boldsymbol{G}^{-1})\boldsymbol{R}(\boldsymbol{I}_4 \otimes \boldsymbol{G}^{-1})$$

wie folgt definiert wird:

$$I_K \stackrel{\text{def}}{=} \mathrm{spur}(\boldsymbol{R}^*\boldsymbol{R}). \tag{3.84}$$

Weil die Ricci-Matrix $\boldsymbol{R}_{Ric}$ gleich der Nullmatrix ist, ist sie für die Invariantenbildung ungeeignet. Die neu zu definierende Matrix $\boldsymbol{R}^*$ soll jetzt Schritt für Schritt für die Schwarzschild-Metrik hergeleitet werden. Zunächst ist

$$\boldsymbol{\Gamma} = \left(\begin{array}{cccc}
0 & \frac{m}{r^2h} & 0 & 0 \\
\frac{m}{r^2h} & 0 & 0 & 0 \\
0 & 0 & 0 & 0 \\
0 & 0 & 0 & 0 \\
\hline
\frac{mh}{r^2} & 0 & 0 & 0 \\
0 & -\frac{m}{r^2h} & 0 & 0 \\
0 & 0 & -rh & 0 \\
0 & 0 & 0 & -rh\sin^2\theta \\
\hline
0 & 0 & 0 & 0 \\
0 & 0 & \frac{1}{r} & 0 \\
0 & \frac{1}{r} & 0 & 0 \\
0 & 0 & 0 & -\sin\theta\cos\theta \\
\hline
0 & 0 & 0 & 0 \\
0 & 0 & 0 & \frac{1}{r} \\
0 & 0 & 0 & \cot\theta \\
0 & \frac{1}{r} & \cot\theta & 0
\end{array}\right),$$

wobei

$$m \stackrel{\text{def}}{=} \frac{GM}{c^2} \quad \text{und} \quad h \stackrel{\text{def}}{=} 1 - \frac{2m}{r}.$$

Mit Hilfe von (2.166) kann dann $\boldsymbol{R}$ berechnet werden. Das Ergebnis ist

$$
\boldsymbol{R} = \left(\begin{array}{cccc|cccc|}
0 & 0 & 0 & 0 & 0 & 0 & 0 & 0 \\
0 & -\frac{2m}{r^3h} & 0 & 0 & \frac{2m}{r^3h} & 0 & 0 & 0 \\
0 & 0 & \frac{m}{r} & 0 & 0 & 0 & 0 & 0 \\
0 & 0 & 0 & \frac{m\sin^2\theta}{r} & 0 & 0 & 0 & 0 \\
\hline
0 & -\frac{2mh}{r^3} & 0 & 0 & \frac{2mh}{r^3} & 0 & 0 & 0 \\
0 & 0 & 0 & 0 & 0 & 0 & 0 & 0 \\
0 & 0 & 0 & 0 & 0 & 0 & \frac{m}{r} & 0 \\
0 & 0 & 0 & 0 & 0 & 0 & 0 & \frac{m\sin^2\theta}{r} \\
\hline
0 & 0 & \frac{mh}{r^3} & 0 & 0 & 0 & 0 & 0 \\
0 & 0 & 0 & 0 & 0 & 0 & -\frac{m}{r^3h} & 0 \\
0 & 0 & 0 & 0 & 0 & 0 & 0 & 0 \\
0 & 0 & 0 & 0 & 0 & 0 & 0 & 0 \\
\hline
0 & 0 & 0 & \frac{mh}{r^3} & 0 & 0 & 0 & 0 \\
0 & 0 & 0 & 0 & 0 & 0 & 0 & -\frac{m}{r^3h} \\
0 & 0 & 0 & 0 & 0 & 0 & 0 & 0 \\
0 & 0 & 0 & 0 & 0 & 0 & 0 & 0
\end{array}\right.
$$

$$
\left.\begin{array}{|cccc|cccc}
0 & 0 & 0 & 0 & 0 & 0 & 0 & 0 \\
0 & 0 & 0 & 0 & 0 & 0 & 0 & 0 \\
-\frac{m}{r} & 0 & 0 & 0 & 0 & 0 & 0 & 0 \\
0 & 0 & 0 & 0 & -\frac{m\sin^2\theta}{r} & 0 & 0 & 0 \\
\hline
0 & 0 & 0 & 0 & 0 & 0 & 0 & 0 \\
0 & 0 & 0 & 0 & 0 & 0 & 0 & 0 \\
0 & -\frac{m}{r} & 0 & 0 & 0 & 0 & 0 & 0 \\
0 & 0 & 0 & 0 & 0 & -\frac{m\sin^2\theta}{r} & 0 & 0 \\
\hline
-\frac{mh}{r^3} & 0 & 0 & 0 & 0 & 0 & 0 & 0 \\
0 & \frac{m}{r^3h} & 0 & 0 & 0 & 0 & 0 & 0 \\
0 & 0 & 0 & 0 & 0 & 0 & 0 & 0 \\
0 & 0 & 0 & -\frac{2m\sin^2\theta}{r} & 0 & 0 & \frac{2m\sin^2\theta}{r} & 0 \\
\hline
0 & 0 & 0 & 0 & -\frac{mh}{r^3} & 0 & 0 & 0 \\
0 & 0 & 0 & 0 & 0 & \frac{m}{r^3h} & 0 & 0 \\
0 & 0 & 0 & \frac{2m}{r} & 0 & 0 & -\frac{2m}{r} & 0 \\
0 & 0 & 0 & 0 & 0 & 0 & 0 & 0
\end{array}\right).
$$

Die erste, (4+2)-te, (8+3)-te und 16. Zeile und Spalte sind, wie es stets bei der Matrix $\boldsymbol{R}$ sein muss, Nullzeilen bzw. Nullspalten. Mit $\boldsymbol{R}$ erhält man dann diese symmetrische Matrix

$$(\boldsymbol{I}_4 \otimes \boldsymbol{G}^{-1})\boldsymbol{R}$$

$$
= \left(\begin{array}{cccc|cccc}
0 & 0 & 0 & 0 & 0 & 0 & 0 & 0 \\
0 & \frac{2m}{r^3} & 0 & 0 & -\frac{2m}{r^3} & 0 & 0 & 0 \\
0 & 0 & -\frac{m}{r^3} & 0 & 0 & 0 & 0 & 0 \\
0 & 0 & 0 & -\frac{m}{r^3} & 0 & 0 & 0 & 0 \\
\hline
0 & -\frac{2m}{r^3} & 0 & 0 & \frac{2m}{r^3} & 0 & 0 & 0 \\
0 & 0 & 0 & 0 & 0 & 0 & 0 & 0 \\
0 & 0 & 0 & 0 & 0 & 0 & -\frac{m}{r^3} & 0 \\
0 & 0 & 0 & 0 & 0 & 0 & 0 & -\frac{m}{r^3} \\
\hline
0 & 0 & \frac{m}{r^3} & 0 & 0 & 0 & 0 & 0 \\
0 & 0 & 0 & 0 & 0 & 0 & \frac{m}{r^3} & 0 \\
0 & 0 & 0 & 0 & 0 & 0 & 0 & 0 \\
0 & 0 & 0 & 0 & 0 & 0 & 0 & 0 \\
\hline
0 & 0 & 0 & \frac{m}{r^3} & 0 & 0 & 0 & 0 \\
0 & 0 & 0 & 0 & 0 & 0 & 0 & \frac{m}{r^3} \\
0 & 0 & 0 & 0 & 0 & 0 & 0 & 0 \\
0 & 0 & 0 & 0 & 0 & 0 & 0 & 0
\end{array}\right|
$$

$$
\left|\begin{array}{cccc|cccc}
0 & 0 & 0 & 0 & 0 & 0 & 0 & 0 \\
0 & 0 & 0 & 0 & 0 & 0 & 0 & 0 \\
\frac{m}{r^3} & 0 & 0 & 0 & 0 & 0 & 0 & 0 \\
0 & 0 & 0 & 0 & \frac{m}{r^3} & 0 & 0 & 0 \\
\hline
0 & 0 & 0 & 0 & 0 & 0 & 0 & 0 \\
0 & 0 & 0 & 0 & 0 & 0 & 0 & 0 \\
0 & \frac{m}{r^3} & 0 & 0 & 0 & 0 & 0 & 0 \\
0 & 0 & 0 & 0 & 0 & \frac{m}{r^3} & 0 & 0 \\
\hline
-\frac{m}{r^3} & 0 & 0 & 0 & 0 & 0 & 0 & 0 \\
0 & -\frac{m}{r^3} & 0 & 0 & 0 & 0 & 0 & 0 \\
0 & 0 & 0 & 0 & 0 & 0 & 0 & 0 \\
0 & 0 & 0 & \frac{2m}{r^3} & 0 & 0 & -\frac{2m}{r^3} & 0 \\
\hline
0 & 0 & 0 & 0 & -\frac{m}{r^3} & 0 & 0 & 0 \\
0 & 0 & 0 & 0 & 0 & -\frac{m}{r^3} & 0 & 0 \\
0 & 0 & 0 & \frac{2m}{r^3} & 0 & 0 & \frac{2m}{r^3} & 0 \\
0 & 0 & 0 & 0 & 0 & 0 & 0 & 0
\end{array}\right).
$$

und schließlich die Kretschmann-Invariante

$$\underline{\underline{I_K = \mathrm{spur}(\boldsymbol{R}^* \boldsymbol{R}) = 48 \frac{m^2}{r^6} = 12 \frac{r_S^2}{r^6}}}.$$

Daraus ist jetzt aber eindeutig zu entnehmen, dass bei $r = 0$ die einzige echte Singularität auftritt!

Ereignishorizontdetektor
In [Gass u. a.] wird eine Möglichkeit angegeben, wie man ermitteln kann, ob man sich dem Ereignishorizont (der Kugelschale mit dem Radius r_S) eines Schwarzen Lochs nähert oder ihn sogar überschreitet. Hierzu geben sie die Invarante

$$I_1 = -\frac{720 M^2 (2M - r)}{r^9}$$

an, die für $r = 2M = r_S$ null wird und außerhalb des Horizonts positiv ist mit einem Maximum bei $r = 9M/4$. Ein auf das Schwarze Loch zu fallender Beobachter kann also die Gegenwart eines Horizonts durch Beobachtung von I_1 ermitteln. Wenn der Ereignishorizont überschritten wurde, ist es zu spät für den Beobachter. Aber er kann, wenn das Maximun überschritten wird, das als Warnung nehmen und schleunigst die noch mögliche Umkehr einleiten.

3.4.4 Eddington-Koordinaten

Die Koordinaten-Singularität bei $r = r_S$ der Schwarzschild-Metrik kann beispielsweise mit Hilfe der folgenden Koordinatentransformation beseitigt werden.

In (3.80) wurde

$$c\,t = \pm\,(r + r_S \ln(r - r_S) + c_0)\,,$$

aus der Schwarzschild-Lösung hergeleitet. Definiert man

$$r^* \stackrel{\text{def}}{=} r_S \ln(r - r_S), \tag{3.85}$$

dann erhält man dazu aus

$$\frac{\mathrm{d}r^*}{\mathrm{d}r} = \frac{r_S}{r - r_S}$$

das Differential

$$\mathrm{d}r^* = \frac{r_S}{r} \frac{r}{r - r_S}\,\mathrm{d}r = \frac{r_S}{r} \left(\frac{1}{1 - \frac{r_S}{r}} \right)^{-1} \mathrm{d}r. \tag{3.86}$$

Das erinnert schon stark an den Term in der Schwarzschild-Metrik,

$$-\left(\frac{1}{1-\frac{r_S}{r}}\right)^{-1} \mathrm{d}r^2,$$

der Anlass für die Koordinatensingularität war! Quadriert man (3.86), dann würde zwar $\mathrm{d}r^2$ auftauchen, aber die runde Klammer hätte eine negative Potenz zu viel. Würde man allerdings den Term r^* in eine neue Zeitkoordinate t^* einbauen, dann würde sie innerhalb der Schwarzschild-Metrik wieder mit $\frac{r}{r-r_S}$ multipliziert werden, also die *richtige* Potenz aufweisen! Deshalb wird jetzt die neue Zeitkoordinate angesetzt

$$ct^* \stackrel{\text{def}}{=} ct + r^* = ct + r_S \ln(r - r_S). \tag{3.87}$$

Differentiation nach r liefert

$$c\frac{\mathrm{d}t^*}{\mathrm{d}r} = c\frac{\mathrm{d}t}{\mathrm{d}r} + \frac{\mathrm{d}r^*}{\mathrm{d}r}, \tag{3.88}$$

also

$$c\mathrm{d}t^* = c\mathrm{d}t + \mathrm{d}r^* = c\mathrm{d}t + \frac{r_S}{r - r_S}\mathrm{d}r,$$

d. h.,

$$c\mathrm{d}t = c\mathrm{d}t^* - \frac{r_S}{r - r_S}\mathrm{d}r$$

und quadriert

$$c^2\mathrm{d}t^2 = c^2\mathrm{d}t^{*2} - 2\frac{r_S}{r - r_S}\,c\mathrm{d}t^*\mathrm{d}r + \left(\frac{r_S}{r - r_S}\right)^2 \mathrm{d}r^2.$$

Das in die Schwarzschild-Metrik eingesetzt, ergibt

$$\mathrm{d}s^2 = \left(1 - \frac{r_S}{r}\right) c^2\mathrm{d}t^{*2} - 2\frac{r_S}{r}c\mathrm{d}t^*\mathrm{d}r + \frac{r - r_S}{r}\left(\frac{r_S}{r - r_S}\right)^2 \mathrm{d}r^2 - \left(\frac{r}{r - r_S}\right)\mathrm{d}r^2,$$

also schließlich

$$\underline{\underline{\mathrm{d}s^2 = \frac{r - r_S}{r}\,c^2\mathrm{d}t^{*2} - 2\frac{r_S}{r}\,c\mathrm{d}t^*\mathrm{d}r - \frac{r + r_S}{r}\mathrm{d}r^2.}} \tag{3.89}$$

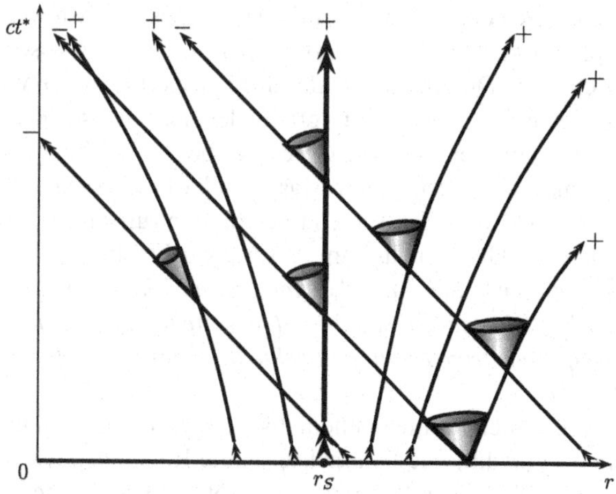

Abb. 3.2 Eddington-Lösung

Hebt man die Beschränkung $\mathrm{d}\theta = \mathrm{d}\varphi = 0$ auf, dann erhält man endgültig die vollständige Schwarzschild-Metrik in Eddington-Koordianaten

$$\mathrm{d}s^2 = \frac{r - r_S}{r} c^2 \mathrm{d}t^{*2} - 2\frac{r_S}{r} c\mathrm{d}t^* \mathrm{d}r - \frac{r + r_S}{r} \mathrm{d}r^2 - r^2 \left(\mathrm{d}\theta^2 + \sin^2\theta \, \mathrm{d}\varphi^2\right). \quad (3.90)$$

Diese Metrik hat in der Tat nur noch eine Singularität bei $r = 0$.

Wie stellen sich in der neuen (ct^*, r)-Ebene Bewegungen dar? Für Lichtquanten ist $\mathrm{d}s^2 = 0$; dividiert man also (3.89) durch $c^2 \mathrm{d}t^{*2}$, erhält man

$$0 = \frac{r - r_S}{r} - 2\frac{r_S}{r} \frac{\mathrm{d}r}{c\mathrm{d}t^*} - \frac{r + r_S}{r} \left(\frac{\mathrm{d}r}{c\mathrm{d}t^*}\right)^2.$$

Diese quadratische Gleichung hat die Lösungen

$$\frac{\mathrm{d}r}{c\mathrm{d}t^*} = \frac{-r_S \pm r}{r + r_S} = \frac{r - r_S}{r + r_S} \quad \text{und} \quad -1. \quad (3.91)$$

Die erste Lösung liefert für $r = r_S$ die Steigung Null, also eine senkrechte Gerade; für $r < r_S$ ist die Steigung negativ und für $r > r_S$ positiv. Die zweite Lösung stellt in der (ct^*, r)–Ebene eine unter 45° geneigte Gerade dar. Insgesamt erhält man die Abb. 3.2.

3.5 Rotierende Massen

3.5.1 Lösungsansatz für metrische matrix G

Die von einer nicht rotierenden Masse mit dem Radius R erzeugte Gravitationswirkung wird im Äußeren, also für $r > R$, durch die Schwarzschild-Metrik beschrieben. Eine nicht starre rotierende Masse baucht sich entlang ihres Äquators aus, kann also nicht durch eine Schwarzschild-Metrik beschrieben werden, die eine symmetrische kugelförmige Masse voraussetzt. Eine rotierende Masse hat neben der Masse M auch noch einen Drehimpuls J, der dirkt proportional zur Winkelgeschwindigkeit ω ist. Beide Größen sind für ein rotierendes Schwarzes Loch die einzigen physikalischen Größen, die für die äußere Beschreibung des Gravitationsfeldes benötigt werden, wie mächtig die rotierende Masse auch ist (unter Umständen Millionen von Sonnenmassen in einem Schwarzen Loch im Zentrum einer Galaxie)! Der Nobelpreisträger Chandrasekhar hat das zum Ausdruck gebracht:

Rotierende Schwarze Löcher sind im Universum die vollkommensten makroskopischen Objekte. Und da die Allgemeine Relativitätstheorie eine einzige, eindeutige, zweiparametrige Lösung für seine Beschreibung liefert, sind sie auch die einfachsten Objekte.

Es werden für die mathematische Beschreibung räumliche Polarkoordinaten r, θ und φ gewählt. Die Polarachse sei die Rotationsachse, um die der Körper mit konstanter Winkelgeschwindigkeit ω rotiert. Die Elemente der metrischen Matrix $\boldsymbol{G}$ werden also weder von dem Winkel φ noch von der Zeit t abhängen dürfen. Außerdem kann man aus Symmetriegründen von vornherein einige Matrixelemente gleich null setzen. Denn nimmt man eine Zeitspiegelung $t \to -t$ vor, dann ändert sich auch die Rotationsrichtung

$$\omega = \frac{\mathrm{d}\varphi}{\mathrm{d}t} \to -\omega = -\frac{\mathrm{d}\varphi}{\mathrm{d}t} = \frac{\mathrm{d}(-\varphi)}{\mathrm{d}t}.$$

Führt man aber die beiden Transformationen $t \to -t$ und $\varphi \to -\varphi$ gleichzeitig durch, dann darf sich am Gravitationsfeld, also an der metrischen Matrix $\boldsymbol{G}$, nichts ändern. Damit das der Fall ist, müssen die Matrixelemente $g_{t\theta}$ und g_{tr} gleich null sein, da bei der Berechnung der Metrik hier bei den angegebenen Transformationen aus $\mathrm{d}t\mathrm{d}\theta \to -\mathrm{d}t\mathrm{d}\theta$ und aus $\mathrm{d}t\mathrm{d}r \to -\mathrm{d}t\mathrm{d}r$ wird. Zunächst kann man alo für die metrische Matrix ansetzen, die immer symmetrisch sein muss:

$$\boldsymbol{G} = \begin{pmatrix} g_{tt} & 0 & 0 & g_{t\varphi} \\ 0 & g_{rr} & g_{r\theta} & 0 \\ 0 & g_{r\theta} & g_{\theta\theta} & 0 \\ g_{t\varphi} & 0 & 0 & g_{\varphi\varphi} \end{pmatrix}.$$

Die symmetrische 2×2-Matrix im Zentrum der Matrix $\boldsymbol{G}$ kann mit Hilfe einer Ähnlichkeitstransformation auf Diagonalform gebracht werden, so dass man schließlich ohne Einschränkung der Allgemeinheit gleich diese symmetrische Matrix ansetzen kann:

$$\boldsymbol{G} = \begin{pmatrix} g_{tt} & 0 & 0 & g_{t\varphi} \\ 0 & g_{rr} & 0 & 0 \\ 0 & 0 & g_{\theta\theta} & 0 \\ g_{t\varphi} & 0 & 0 & g_{\varphi\varphi} \end{pmatrix}.$$

3.5.2 Kerr-Lösung in Boyer-Lindquist-Koordinaten

Ohne Herleitung wird hier direkt als Lösung die sogenannte Kerr-Metrik in Boyer-Lindquist-Koordinaten angegeben:

$$\underline{\underline{ds^2 = \left(1 - \frac{2mr}{\rho^2}\right) c^2 dt^2 + 4ma\frac{r\sin^2\theta}{\rho^2} c dt d\varphi - \frac{\rho^2}{\Delta} dr^2}}$$

$$\underline{\underline{-\rho^2 d\theta^2 - \left(r^2 + a^2 + \frac{2mr}{r^2} a^2 \sin^2\theta\right) \sin^2\theta d\varphi^2,}} \tag{3.92}$$

mit

$$\Delta \stackrel{\text{def}}{=} r^2 - 2mr + a^2,$$

$$\rho^2 \stackrel{\text{def}}{=} r^2 + a^2 \cos^2\theta,$$

$$m \stackrel{\text{def}}{=} \frac{MG}{c^2}$$

und dem Drehimpuls (Drall) J pro Masse

$$a \stackrel{\text{def}}{=} \frac{J}{m}.$$

Als Systemparameter treten in der Tat nur die beiden physikalischen Größen modifizierte *Masse m* und *Drehimpuls pro Masse a* auf! Für $J = 0$, also eine sich nicht drehende Masse, erhält man natürlich die Schwarzschild-Lösung.

Eine einfachere Form der Lösung erhält man für $M/r << 1$ und $a/r << 1$, also für schwache Felder und langsame Drehbewegung, nämlich

$$ds^2 \cong \left(1 - \frac{2m}{r}\right) c^2 dt^2 + \frac{4J}{r} \sin^2\theta c\, dt\, d\varphi - \left(1 + \frac{2m}{r}\right) dr^2$$

$$-r^2(d\theta^2 + \sin^2\theta d\varphi^2).$$

3.5.3 Der Thirring-Lense-Effekt

Zwei elektrische Ladungen q_1 und q_2 entgegengesetzter Polarität ziehen sich gemäß dem Coulombschen Gesetz mit der Kraft

$$f_{elektr} = \frac{1}{4\pi\epsilon_0} \frac{q_1 q_2}{r_{12}^2} \frac{\boldsymbol{r}_{12}}{r_{12}}$$

an. Hierbei zeigt der Vektor $\boldsymbol{r}_{12} \in \mathbb{R}^3$ von q_1 nach q_2. Das Newtonsche Gesetz für die Anziehungskraft zwischen zwei Massen m_1 und m_2 hat fast die gleiche Form, nämlich

$$\boldsymbol{f}_{mech} = G \frac{m_1 m_2}{r_{12}^2} \frac{\boldsymbol{r}_{12}}{r_{12}}.$$

Geht man bei beiden Gesetzen von der Fernwirkungstheorie zur Nahwirkungstheorie, d. h., zur Feldtheorie über, dann kann man mit dem elektrischen Feldstärkevektor

$$\boldsymbol{e}_e \stackrel{\text{def}}{=} \frac{1}{4\pi \epsilon_0} \frac{q_1}{r_{12}^2} \frac{\boldsymbol{r}_{12}}{r_{12}}$$

auch für die elektrische Kraftwirkung schreiben

$$\boldsymbol{f}_{elektr} = \boldsymbol{e}_e q_2.$$

Mit der entsprechenden Nomenklatur für die mechanischen Größen erhält man mit der Feldstärke

$$\boldsymbol{e}_m \stackrel{\text{def}}{=} G \frac{m_1}{r_{12}^2} \frac{\boldsymbol{r}_{12}}{r_{12}}$$

schließlich

$$\boldsymbol{f}_{mech} = \boldsymbol{e}_m m_2.$$

Bewegt sich eine elektrische Ladung, dann tritt zusätzlich ein von der Geschwindigkeit und der Ladung abhängiges magnetisches Feld $\boldsymbol{b}$ auf, das z. B. auf eine mit der Geschwindigkeit $\boldsymbol{v}$ sich bewegende Ladung q zusammen mit einem elektrischen Feld $\boldsymbol{e}$ die Kraft wirken lässt:

$$\boldsymbol{f} = q \left(\boldsymbol{e} + \frac{1}{c} \boldsymbol{v} \times \boldsymbol{b} \right).$$

Die Frage ist jetzt: Hat eine sich bewegende *Masse* auf eine andere sich bewegende Masse eine ähnliche zusätzliche Wirkung? Das ist in der Tat der Fall, nämlich z. B. die Präzession von Kreiseln in der Nähe großer rotierender Massen wie der Erde. Das wurde erstmalig von Föppl [?, Föppl] behandelt. Thirring und Lense berechneten dann 1918 diesen Effekt exakt aus den Gravitationsgleichungen von Einstein.

Man spricht in diesem Zusammenhang von einem *gravitomagnetischen* Feld. Hierzu wird zunächst mit Hilfe des Drehimpuses $\boldsymbol{J}$ einer kugelförmigen rotierenden Masse

$$\boldsymbol{h}(\boldsymbol{r}) \stackrel{\text{def}}{=} -2 \frac{\boldsymbol{J} \times \boldsymbol{r}}{r^3} = -\frac{4GMR^2}{5c^3} \frac{\boldsymbol{\omega} \times \boldsymbol{r}}{r^3} \tag{3.93}$$

definiert, wobei $\boldsymbol{\omega}$ die Winkelgeschwindigkeit der sich drehenden Masse M mit dem Radius R und $r > R$ der Abstand vom Massenmittelpunkt ist. Weiter definiert man dann das *gravitomagnetische Feld:*

$$\bar{\boldsymbol{h}} \stackrel{\text{def}}{=} \nabla \times \boldsymbol{h} = 2\frac{\boldsymbol{J} - 3(\boldsymbol{r}^{\mathsf{T}}\boldsymbol{J})\boldsymbol{r}}{r^3} = \frac{2GMR^2}{5c^2}\,\frac{3(\boldsymbol{\omega}^{\mathsf{T}}\boldsymbol{r})\boldsymbol{r} - \boldsymbol{\omega}r^2}{r^5}. \tag{3.94}$$

Der Drehimpuls spielt hier also die gleiche Rolle wie das magnetische Dipolmoment in der Elektrodynamik und der Vektor $\boldsymbol{h}$ die gleiche Rolle wie das Vektorpotential. Zusammengefasst erhält man die zur Lorentz-Kraft analoge Beziehung

$$m\frac{\mathrm{d}^2\boldsymbol{x}}{\mathrm{d}t^2} = m\left(\boldsymbol{e}_{mech} + \frac{\mathrm{d}\boldsymbol{x}}{\mathrm{d}t} \times \bar{\boldsymbol{h}}\right). \tag{3.95}$$

3.6 Zusammenfassung der Ergebnisse für die Gravitation einer kugelförmigen Masse

Die Lösung von Einsteins Feldgleichung für das Äussere einer kugelförmigen, symmetrischen, uniformen und zeitinvaranten Massenverteilung ist die Schwarzschild-Metrik (3.25):

$$\mathrm{d}s^2 = \left(1 - \frac{2GM}{c^2 r}\right)c^2\mathrm{d}t^2 - \left(1 - \frac{2GM}{c^2 r}\right)^{-1}\mathrm{d}r^2 - r^2(\mathrm{d}\theta^2 + \sin^2\theta\,\mathrm{d}\varphi^2).$$

Der Schwarzschild-Radius (3.27):

$$r_S \stackrel{\text{def}}{=} \frac{2GM}{c^2}.$$

Die Schwarzschild-Metrik in Matrizenform ist (3.24):

$$\mathrm{d}s^2 = \mathrm{d}\vec{x}^{\mathsf{T}} \boldsymbol{G} \mathrm{d}\vec{x} = \mathrm{d}\vec{x}^{\mathsf{T}} \begin{pmatrix} 1-\frac{r_S}{r} & 0 & 0 & 0 \\ 0 & -(1-\frac{r_S}{r})^{-1} & 0 & 0 \\ 0 & 0 & -r^2 & 0 \\ 0 & 0 & 0 & -r^2\sin^2\theta \end{pmatrix} \mathrm{d}\vec{x},$$

mit

$$\mathrm{d}\vec{x} \stackrel{\text{def}}{=} \begin{pmatrix} c\,\mathrm{d}t \\ \mathrm{d}r \\ \mathrm{d}\theta \\ \mathrm{d}\varphi \end{pmatrix}.$$

Diese Längenänderung (3.29) und Zeitänderung (3.30):

$$\left(1-\frac{2GM}{c^2 r}\right)^{-1/2} \mathrm{d}r,$$

$$\mathrm{d}\tau = \left(1-\frac{2GM}{c^2 r}\right)^{1/2} \mathrm{d}t.$$

Für die Rotverschiebung von Spektrallinien ist das Frequenzverhältnis (3.31):

$$\frac{\nu_R}{\nu_T} = \left(\frac{1-\frac{2GM}{c^2 r_T}}{1-\frac{2GM}{c^2 r_R}}\right)^{1/2}.$$

Die notwendige Schwarzschild-Dichte ρ_S für das Auftreten eines Schwarzen Loches ist

$$\rho_S \stackrel{\text{def}}{=} \frac{M}{\frac{4}{3}\pi r_S^3} = \frac{M}{\frac{4}{3}\pi \left(\frac{2GM}{c^2}\right)^3}$$

$$= \frac{3c^6}{32\pi G^3 M^2} = 2{,}33 \cdot 10^{71} \cdot M_{[\text{kg}]}^{-2} \left[\frac{\text{kg}}{\text{cm}^3}\right].$$

Die Eddington-Koordinaten für ein Schwarzes Loch sind mit den neuen Zeitkoordinaten (3.87)

$$c\,t^* \stackrel{\text{def}}{=} c\,t + r_S \ln|r - r_S|\,,$$

also

$$c\,\mathrm{d}t^* = c\,\mathrm{d}t + \frac{r_S}{r - r_S}\,\mathrm{d}r.$$

Die Schwarzschild-Metrik in Eddington-Koordinaten ist (3.90):

$$\mathrm{d}s^2 = \frac{r - r_S}{r}\,c^2\mathrm{d}t^{*2} - 2\frac{r_S}{r}\,c\,\mathrm{d}t^*\mathrm{d}r - \frac{r + r_S}{r}\,\mathrm{d}r^2 - r^2\left(\mathrm{d}\theta^2 + \sin^2\theta\,\mathrm{d}\varphi^2\right).$$

Der Thirring-Lense-Effekt einer rotierenden Masse erzeugt ein *gravitomagnetisches Feld* in Analogie zum klassischen Elektromagnetismus. Hierzu wird zunächst mit Hilfe des Drehimpuses $\boldsymbol{J}$ einer kugelförmigen rotierenden Masse

$$\boldsymbol{h}(\boldsymbol{r}) \stackrel{\text{def}}{=} -2\frac{\boldsymbol{J} \times \boldsymbol{r}}{r^3} = -\frac{4GMR^2}{5c^3}\,\frac{\boldsymbol{\omega} \times \boldsymbol{r}}{r^3}$$

definiert, wobei $\boldsymbol{\omega}$ die Winkelgeschwindigkeit der sich drehenden Masse M mit dem Radius R und $r > R$ der Abstand vom Massenmittelpunkt ist. Weiter definiert man dann das *gravitomagnetische Feld:* (3.94):

$$\bar{\boldsymbol{h}} \stackrel{\text{def}}{=} \nabla \times \boldsymbol{h} = 2\frac{\boldsymbol{J} - 3(\boldsymbol{r}^{\top}\boldsymbol{J})\boldsymbol{r}}{r^3} = \frac{2GMR^2}{5c^2}\,\frac{3(\boldsymbol{\omega}^{\top}\boldsymbol{r})\boldsymbol{r} - \boldsymbol{\omega}r^2}{r^5}.$$

Analog zur Lorntz-Kraft erhält man die Kraft (3.95):

$$m\frac{\mathrm{d}^2\boldsymbol{x}}{\mathrm{d}t^2} = m\left(\boldsymbol{e}_{mech} + \frac{\mathrm{d}\boldsymbol{x}}{\mathrm{d}t} \times \bar{\boldsymbol{h}}\right).$$

3.7 Abschließende Bemerkung

In der *Speziellen Relativitätstheorie* treten die Effekte am deutlichsten in Erscheinung, wenn sich die Massen schnell bewegen. Dagegen sind in der *Allgemeinen Relativitätstheorie* die Effekte am größten, wenn die Massendichten sehr groß sind und damit die Raumkrümmung sehr ausgeprägt ist.

Vektoren- und Matrizenalgebra

4

4.1 Vektoren und Matrizen

Soll die Geschwindigkeit eines Körpers angegeben werden, so gehört zu ihrer Kennzeichnung die Größe der Geschwindigkeit und ihre Richtung. Für die eindeutige Beschreibung einer solchen gerichteten Größe, Vektor genannt, werden im dreidimensionalen Raum drei Komponenten benötigt, die z. B. in einem Spaltenvektor zusammengefasst werden:

$$\boldsymbol{v} = \begin{pmatrix} v_1 \\ v_2 \\ v_3 \end{pmatrix} . \tag{4.1}$$

Eine zweite Möglichkeit ist die Darstellung durch einen *transponierten* Vektor

$$\boldsymbol{v}^{\mathsf{T}} = \begin{pmatrix} v_1 & v_2 & v_3 \end{pmatrix} , \tag{4.2}$$

einen Zeilenvektor.

Auf einem anderen Weg erhält man den Begriff des Vektors, wenn man das folgende rein mathematische Problem betrachtet. Gegeben seien drei gekoppelte Gleichungen mit den vier Unbekannten $x_1,\ x_2,\ x_3$ und x_4:

$$a_{11}x_1 + a_{12}x_2 + a_{13}x_3 + a_{14}x_4 = y_1 , \tag{4.3}$$

$$a_{21}x_1 + a_{22}x_2 + a_{23}x_3 + a_{24}x_4 = y_2 , \tag{4.4}$$

$$a_{31}x_1 + a_{32}x_2 + a_{33}x_3 + a_{34}x_4 = y_3 . \tag{4.5}$$

G. Ludyk, *Relativitätstheorie nur mit Matrizen*,
https://doi.org/10.1007/978-3-662-60658-2_4

Die vier Unbekannten können zu dem Vektor

$$\boldsymbol{x} \stackrel{\text{def}}{=} \begin{pmatrix} x_1 \\ x_2 \\ x_3 \\ x_4 \end{pmatrix}, \tag{4.6}$$

die Größen y_1, y_2 und y_3 zu dem Vektor

$$\boldsymbol{y} \stackrel{\text{def}}{=} \begin{pmatrix} y_1 \\ y_2 \\ y_3 \end{pmatrix} \tag{4.7}$$

und die Koeffizienten a_{ij} zu der *Matrix*

$$\boldsymbol{A} \stackrel{\text{def}}{=} \begin{pmatrix} a_{11} & a_{12} & a_{13} & a_{14} \\ a_{21} & a_{22} & a_{23} & a_{24} \\ a_{31} & a_{32} & a_{33} & a_{34} \end{pmatrix} \tag{4.8}$$

zusammengefasst werden. Mit den beiden Vektoren $\boldsymbol{x}$ und $\boldsymbol{y}$ und der Matrix $\boldsymbol{A}$ kann das Gleichungssystem kompakt auch so geschrieben werden

$$\boldsymbol{A}\boldsymbol{x} = \boldsymbol{y}. \tag{4.9}$$

Werden die beiden Gleichungssysteme

$$a_{11}x_1 + a_{12}x_2 = y_1, \tag{4.10}$$

$$a_{21}x_1 + a_{22}x_2 = y_2 \tag{4.11}$$

und

$$a_{11}z_1 + a_{12}z_2 = v_1, \tag{4.12}$$

$$a_{21}z_1 + a_{22}z_2 = v_2 \tag{4.13}$$

addiert, erhält man

$$a_{11}(x_1 + z_1) + a_{12}(x_2 + z_2) = (y_1 + v_1), \tag{4.14}$$

$$a_{21}(x_1 + z_1) + a_{22}(x_2 + z_2) = (y_2 + v_2). \tag{4.15}$$

Mit Hilfe von Vektoren und Matrizen können die beiden Gleichungssysteme auch folgendermaßen geschrieben werden

$$\boldsymbol{A}\boldsymbol{x} = \boldsymbol{y} \text{ und } \boldsymbol{A}\boldsymbol{z} = \boldsymbol{v}. \tag{4.16}$$

Die Addition der beiden Gleichungen in (4.16) ergibt formal

$$\boldsymbol{A}\boldsymbol{x} + \boldsymbol{A}\boldsymbol{z} = \boldsymbol{A}(\boldsymbol{x} + \boldsymbol{z}) = \boldsymbol{y} + \boldsymbol{v}. \tag{4.17}$$

Ein Vergleich von (4.17) mit (4.14) und (4.15) legt die folgende Definition der *Addition von Vektoren* nahe:

Definition

$$\boldsymbol{y} + \boldsymbol{v} = \begin{pmatrix} y_1 \\ y_2 \\ \vdots \\ y_n \end{pmatrix} + \begin{pmatrix} v_1 \\ v_2 \\ \vdots \\ v_n \end{pmatrix} \stackrel{\text{def}}{=} \begin{pmatrix} y_1 + v_1 \\ y_2 + v_2 \\ \vdots \\ y_n + v_n \end{pmatrix}. \tag{4.18}$$

Entsprechend wird die Multiplikation eines Vektors mit einer reellen oder komplexen Zahl c definiert durch

Definition

$$c \cdot \boldsymbol{x} \stackrel{\text{def}}{=} \begin{pmatrix} c \cdot x_1 \\ \vdots \\ c \cdot x_n \end{pmatrix}. \tag{4.19}$$

4.2 Matrizen

4.2.1 Matrixtypen

Definition
Wenn eine Matrix $\boldsymbol{A}$ n Zeilen und m Spalten hat, wird sie $n \times m$-Matrix genannt.

Definition
Die *transponierte Matrix* einer Matrix $\boldsymbol{A}$ wird mit $\boldsymbol{A}^{\mathsf{T}}$ bezeichnet. Sie entsteht, wenn Zeilen und Spalten vertauscht werden.

So hat die zur Matrix (4.8) transponierte Matrix die Form

$$\boldsymbol{A}^{\mathsf{T}} = \begin{pmatrix} a_{11} & a_{21} & a_{31} \\ a_{12} & a_{22} & a_{32} \\ a_{13} & a_{23} & a_{33} \\ a_{14} & a_{24} & a_{34} \end{pmatrix}. \tag{4.20}$$

Ist $\boldsymbol{A}$ eine $n \times m$-Matrix, dann ist $\boldsymbol{A}^{\mathsf{T}}$ eine $m \times n$-Matrix.

Bei einer *quadratischen Matrix* ist $n = m$ und bei einer $n \times n$-*Diagonalmatrix* sind alle Elemente $a_{ij},\ i \neq j$ außerhalb der Hauptdiagonalen gleich null. Die *Einheitsmatrix* $\boldsymbol{I}$ ist eine Diagonalmatrix, bei der sämtliche Elemente in der Hauptdiagonalen gleich eins sind. Eine $r \times r$-Einheitsmatrix wird auch mit $\boldsymbol{I}_r$ bezeichnet. Ist die transponierte Matrix $\boldsymbol{A}^{\mathsf{T}}$ gleich der Matrix $\boldsymbol{A}$, heißt die Matrix *symmetrisch.* In diesem Fall ist $a_{ij} = a_{ji}$.

4.2.2 Matrizenoperationen

Werden die beiden Gleichungssysteme

$$\begin{aligned} a_{11}x_1 + a_{12}x_2 + \cdots + a_{1m}x_m &= y_1, \\ a_{21}x_1 + a_{22}x_2 + \cdots + a_{2m}x_m &= y_2, \\ &\ \ \vdots \\ a_{n1}x_1 + a_{n2}x_2 + \cdots + a_{nm}x_m &= y_n \end{aligned}$$

und

$$\begin{aligned} b_{11}x_1 + b_{12}x_2 + \cdots + b_{1m}x_m &= z_1, \\ b_{21}x_1 + b_{22}x_2 + \cdots + b_{2m}x_m &= z_2, \\ &\ \ \vdots \\ b_{n1}x_1 + b_{n2}x_2 + \cdots + b_{nm}x_m &= z_n \end{aligned}$$

addiert, erhält man

$$\begin{aligned}(a_{11}+b_{11})x_1+(a_{12}+b_{12})x_2+\cdots+(a_{1m}+b_{1m})x_m &= (y_1+z_1),\\ (a_{21}+b_{21})x_1+(a_{22}+b_{22})x_2+\cdots+(a_{2m}+b_{2m})x_m &= (y_2+z_2),\\ &\vdots\\ (a_{n1}+b_{n1})x_1+(a_{n2}+b_{n2})x_2+\cdots+(a_{nm}+b_{nm})x_m &= (y_n+z_n)\end{aligned}$$

oder mit

$$\boldsymbol{Ax}=\boldsymbol{y} \text{ und } \boldsymbol{Bx}=\boldsymbol{z}$$

auch symbolisch geschrieben

$$(\boldsymbol{A}+\boldsymbol{B})\boldsymbol{x}=\boldsymbol{y}+\boldsymbol{z}. \tag{4.21}$$

Ein Vergleich der letzten Gleichungen legt die folgende Definition nahe:

Definition
Die *Summe* zweier $n \times m$-Matrizen $\boldsymbol{A}$ und $\boldsymbol{B}$ wird definiert durch

$$\begin{aligned}\boldsymbol{A}+\boldsymbol{B} &= \begin{pmatrix} a_{11} & \cdots & a_{1m}\\ \vdots & & \vdots\\ a_{n1} & \cdots & a_{nm}\end{pmatrix}+\begin{pmatrix} b_{11} & \cdots & b_{1m}\\ \vdots & & \vdots\\ b_{n1} & \cdots & b_{nm}\end{pmatrix}\\ &= \begin{pmatrix} (a_{11}+b_{11}) & \cdots & (a_{1m}+b_{1m})\\ \vdots & & \vdots\\ (a_{n1}+b_{n1}) & \cdots & (a_{nm}+b_{nm})\end{pmatrix}.\end{aligned} \tag{4.22}$$

Die Summe zweier Matrizen kann nur dann gebildet werden, wenn beide Matrizen gleich viele Zeilen und gleich viele Spalten haben.

Wenn die Beziehungen

$$\boldsymbol{y}=\boldsymbol{Ax} \text{ und } \boldsymbol{x}=\boldsymbol{Bz} \tag{4.23}$$

gegeben sind, welcher Zusammenhang besteht dann zwischen den beiden Vektoren $\boldsymbol{y}$ und $\boldsymbol{z}$? Es sei

$$\begin{aligned} a_{11}x_1 + a_{12}x_2 + \cdots + a_{1m}x_m &= y_1, \\ a_{21}x_1 + a_{22}x_2 + \cdots + a_{2m}x_m &= y_2, \\ &\vdots \\ a_{n1}x_1 + a_{n2}x_2 + \cdots + a_{nm}x_m &= y_n \end{aligned}$$

und

$$\begin{aligned} b_{11}z_1 + b_{12}z_2 + \cdots + b_{1\ell}z_\ell &= x_1, \\ b_{21}z_1 + b_{22}z_2 + \cdots + b_{2\ell}z_\ell &= x_2, \\ &\vdots \\ b_{m1}z_1 + b_{m2}z_2 + \cdots + b_{m\ell}z_\ell &= x_m, \end{aligned}$$

dann erhält man durch Einsetzen der x_i aus dem letzten Gleichungssystem in das vorhergehende

$$\begin{aligned} a_{11}(b_{11}z_1 + \cdots + b_{1\ell}z_\ell) + \cdots + a_{1m}(b_{m1}z_1 + \cdots + b_{m\ell}z_\ell) &= y_1, \\ a_{21}(b_{11}z_1 + \cdots + b_{1\ell}z_\ell) + \cdots + a_{2m}(b_{m1}z_1 + \cdots + b_{m\ell}z_\ell) &= y_2, \\ &\vdots \\ a_{n1}(b_{11}z_1 + \cdots + b_{1\ell}z_\ell) + \cdots + a_{nm}(b_{m1}z_1 + \cdots + b_{m\ell}z_\ell) &= y_n. \end{aligned}$$

Fasst man die Terme mit z_i zusammen, erhält man

$$\begin{aligned} (a_{11}b_{11} + \cdots + a_{1m}b_{m1})z_1 + \cdots + (a_{11}b_{1\ell} + \cdots + a_{1m}b_{m\ell})z_\ell &= y_1, \\ (a_{21}b_{11} + \cdots + a_{2m}b_{m1})z_1 + \cdots + (a_{21}b_{1\ell} + \cdots + a_{2m}b_{m\ell})z_\ell &= y_2, \\ &\vdots \\ (a_{n1}b_{11} + \cdots + a_{nm}b_{m1})z_1 + \cdots + (a_{n1}b_{1\ell} + \cdots + a_{nm}b_{m\ell})z_\ell &= y_n. \end{aligned}$$

Setzt man andererseits formal den rechten Teil von (4.23) in den linken Teil ein, so erhält man

$$\boldsymbol{y} = \boldsymbol{A}\boldsymbol{B}\boldsymbol{z} \stackrel{\text{def}}{=} \boldsymbol{C}\boldsymbol{z}. \tag{4.24}$$

Definition
Das *Produkt* der $n \times m$-Matrix $\boldsymbol{A}$ mit der $m \times \ell$-Matrix $\boldsymbol{B}$ ist die $n \times \ell$-Matrix $\boldsymbol{C}$ mit den Matrixelementen

$$c_{ij} = \sum_{k=1}^{m} a_{ik} b_{kj}, \tag{4.25}$$

für $i = 1, 2, \ldots, n$ und $j = 1, 2, \ldots, \ell$.

Das Element c_{ij} der Produktmatrix $\boldsymbol{C}$ erhält man also, indem man die Elemente der i-ten Zeile der ersten Matrix $\boldsymbol{A}$ mit den Elementen der j-ten Spalte der zweiten Matrix $\boldsymbol{B}$ multipliziert und addiert. Daraus folgt, dass die Spaltenzahl der ersten Matrix gleich der Zeilenzahl der zweiten Matrix sein muss, damit die Matrizenmultiplikation überhaupt ausgeführt werden kann. Die Produktmatrix hat so viele Zeilen wie die erste Matrix und so viele Spalten wie die zweite Matrix. Daraus folgt, dass im Allgemeinen $\boldsymbol{AB} \neq \boldsymbol{BA}$ ist.

Zu einer weiteren Matrizenoperation kommt man durch das folgende Problem. In

$$\boldsymbol{A}\boldsymbol{x} = \boldsymbol{b} \tag{4.26}$$

seien die 3×3-Matrix $\boldsymbol{A}$ und der 3×1-Vektor $\boldsymbol{b}$ gegeben. Gesucht ist der 3×1-Vektor $\boldsymbol{x}$, der das Gleichungssystem (4.26) erfüllt. Ausgeschrieben lautet dieses lineare Gleichungssystem

$$\begin{aligned} a_{11}x_1 + a_{12}x_2 + a_{13}x_3 &= b_1, \\ a_{21}x_1 + a_{22}x_2 + a_{23}x_3 &= b_2, \\ a_{31}x_1 + a_{32}x_2 + a_{33}x_3 &= b_3. \end{aligned}$$

Bezeichnet man die Determinante der quadratischen Matrix $\boldsymbol{A}$ mit $\det(\boldsymbol{A})$, erhält man mit Hilfe der Cramerschen Regel die Lösungen

$$x_1 = \frac{1}{\det(\boldsymbol{A})} \det \begin{pmatrix} b_1 & a_{12} & a_{13} \\ b_2 & a_{22} & a_{23} \\ b_3 & a_{32} & a_{33} \end{pmatrix}, \tag{4.27}$$

$$x_2 = \frac{1}{\det(\boldsymbol{A})} \det \begin{pmatrix} a_{11} & b_1 & a_{13} \\ a_{21} & b_2 & a_{23} \\ a_{31} & b_3 & a_{33} \end{pmatrix}, \tag{4.28}$$

$$x_3 = \frac{1}{\det(\boldsymbol{A})} \det \begin{pmatrix} a_{11} & a_{12} & b_1 \\ a_{21} & a_{22} & b_2 \\ a_{31} & a_{32} & b_3 \end{pmatrix}. \tag{4.29}$$

Entwickelt man in (4.27) die Determinante im Zähler nach der ersten Spalte, erhält man

$$\begin{aligned} x_1 &= \frac{1}{\det(\boldsymbol{A})}\left(b_1 \det\begin{pmatrix} a_{22} & a_{23} \\ a_{32} & a_{33} \end{pmatrix} - b_2 \det\begin{pmatrix} a_{12} & a_{13} \\ a_{32} & a_{33} \end{pmatrix} + b_3 \det\begin{pmatrix} a_{12} & a_{13} \\ a_{22} & a_{23} \end{pmatrix}\right) \\ &= \frac{1}{\det(\boldsymbol{A})}(b_1 A_{11} + b_2 A_{21} + b_3 A_{31}) \\ &= \frac{1}{\det(\boldsymbol{A})}\begin{pmatrix} A_{11} & A_{21} & A_{31} \end{pmatrix}\boldsymbol{b}. \end{aligned} \tag{4.30}$$

Entsprechend erhält man aus (4.28) und (4.29)

$$x_2 = \frac{1}{\det(\boldsymbol{A})}\begin{pmatrix} A_{12} & A_{22} & A_{32} \end{pmatrix}\boldsymbol{b} \tag{4.31}$$

und

$$x_3 = \frac{1}{\det(\boldsymbol{A})}\begin{pmatrix} A_{13} & A_{23} & A_{33} \end{pmatrix}\boldsymbol{b}. \tag{4.32}$$

Hierbei sind die **Adjunkten** A_{ij} die Determinanten, die man erhält, wenn die i-te Zeile und die j-te Spalte der Matrix $\boldsymbol{A}$ gestrichen, davon die Determinante berechnet und diese mit dem Faktor $(-1)^{i+j}$ multipliziert wird.

Definition
Die Adjunkten werden zusammengefasst in der *adjungierten Matrix*

$$\operatorname{adj}(\boldsymbol{A}) = \begin{pmatrix} A_{11} & A_{21} & A_{31} \\ A_{12} & A_{22} & A_{32} \\ A_{13} & A_{23} & A_{33} \end{pmatrix}. \tag{4.33}$$

Mit dieser Matrix können (4.30) bis (4.32) als eine Gleichung

$$\boldsymbol{x} = \frac{\operatorname{adj}(\boldsymbol{A})}{\det(\boldsymbol{A})}\boldsymbol{b} \tag{4.34}$$

geschrieben werden. Die in (4.34) vor dem Vektor $\boldsymbol{b}$ stehende Matrix heißt *inverse Matrix*.

Definition
Die zu einer quadratischen $n \times n$-Matrix $\boldsymbol{A}$ gehörende $n \times n$-Matrix ($\det(\boldsymbol{A}) \neq 0$)

$$\boldsymbol{A}^{-1} \stackrel{\text{def}}{=} \frac{\operatorname{adj}(\boldsymbol{A})}{\det(\boldsymbol{A})} \tag{4.35}$$

heißt die zur Matrix $\boldsymbol{A}$ *inverse Matrix*.

Für die inverse Matrix eines Matrizenprodukts erhält man

$$(\boldsymbol{A}\boldsymbol{B})^{-1} = \boldsymbol{B}^{-1}\boldsymbol{A}^{-1}, \tag{4.36}$$

denn es ist

$$(\boldsymbol{A}\boldsymbol{B})(\boldsymbol{B}^{-1}\boldsymbol{A}^{-1}) = \boldsymbol{A}(\boldsymbol{B}\boldsymbol{B}^{-1})\boldsymbol{A}^{-1} = \boldsymbol{A}\boldsymbol{A}^{-1} = \boldsymbol{I}.$$

4.2.3 Blockmatrizen

Oft weisen große Matrizen eine gewisse Struktur auf, die z. B. darin zum Ausdruck kommt, dass ein oder mehrere Untermatrizen Nullmatrizen sind. Andererseits kann man aus jeder Matrix durch senkrechte und waagerechte Linien eine Blockmatrix machen. Für ein Gleichungssystem erhält man dann z. B.

$$\left(\begin{array}{c|c|c|c} \boldsymbol{A}_{11} & \boldsymbol{A}_{12} & \cdots & \boldsymbol{A}_{1n} \\ \hline \boldsymbol{A}_{21} & \boldsymbol{A}_{22} & \cdots & \boldsymbol{A}_{2n} \\ \hline \vdots & \vdots & \cdots & \vdots \\ \hline \boldsymbol{A}_{m1} & \boldsymbol{A}_{m2} & \cdots & \boldsymbol{A}_{mn} \end{array}\right) \left(\begin{array}{c} \boldsymbol{x}_1 \\ \hline \boldsymbol{x}_2 \\ \hline \vdots \\ \hline \boldsymbol{x}_n \end{array}\right) = \left(\begin{array}{c} \boldsymbol{y}_1 \\ \hline \boldsymbol{y}_2 \\ \hline \vdots \\ \hline \boldsymbol{y}_m \end{array}\right). \tag{4.37}$$

Die $\boldsymbol{A}_{ij}$ heißen *Untermatrizen* und die Vektoren $\boldsymbol{x}_i$ und $\boldsymbol{y}_i$ *Untervektoren*. Für geeignet unterteilte Blockmatrizen gelten die gleichen Rechenregeln wie für Matrizen, z. B. erhält man für das Produkt von zwei Blockmatrizen

$$\left(\begin{array}{c|c} \boldsymbol{A}_{11} & \boldsymbol{A}_{12} \\ \hline \boldsymbol{A}_{21} & \boldsymbol{A}_{22} \end{array}\right) \left(\begin{array}{c|c} \boldsymbol{B}_{11} & \boldsymbol{B}_{12} \\ \hline \boldsymbol{B}_{21} & \boldsymbol{B}_{22} \end{array}\right) = \left(\begin{array}{c|c} \boldsymbol{A}_{11}\boldsymbol{B}_{11} + \boldsymbol{A}_{12}\boldsymbol{B}_{21} & \boldsymbol{A}_{11}\boldsymbol{B}_{12} + \boldsymbol{A}_{12}\boldsymbol{B}_{22} \\ \hline \boldsymbol{A}_{21}\boldsymbol{B}_{11} + \boldsymbol{A}_{22}\boldsymbol{B}_{21} & \boldsymbol{A}_{21}\boldsymbol{B}_{12} + \boldsymbol{A}_{22}\boldsymbol{B}_{22} \end{array}\right).$$

Insbesondere kann die Unterteilung von Matrizen in Blöcke bei der Berechnung der invertierten Matrix von Nutzen sein. Betrachtet man das Gleichungssystem

$$\boldsymbol{A}\boldsymbol{x}_1 + \boldsymbol{B}\boldsymbol{x}_2 = \boldsymbol{y}_1, \tag{4.38}$$

$$\boldsymbol{C}\boldsymbol{x}_1 + \boldsymbol{D}\boldsymbol{x}_2 = \boldsymbol{y}_2 \tag{4.39}$$

oder zusammengefasst zu

$$\left(\begin{array}{c|c} \boldsymbol{A} & \boldsymbol{B} \\ \hline \boldsymbol{C} & \boldsymbol{D} \end{array}\right) \left(\begin{array}{c} \boldsymbol{x}_1 \\ \hline \boldsymbol{x}_2 \end{array}\right) = \left(\begin{array}{c} \boldsymbol{y}_1 \\ \hline \boldsymbol{y}_2 \end{array}\right), \tag{4.40}$$

kann die Inverse der Matrix

$$\boldsymbol{M} = \left(\begin{array}{c|c} \boldsymbol{A} & \boldsymbol{B} \\ \hline \boldsymbol{C} & \boldsymbol{D} \end{array}\right) \tag{4.41}$$

durch einfacher zu berechnende Inverse von Untermatrizen ausgedrückt werden. Wenn die Matrix $\boldsymbol{A}$ invertierbar ist, erhält man aus (4.38)

$$\boldsymbol{x}_1 = \boldsymbol{A}^{-1}\boldsymbol{y}_1 - \boldsymbol{A}^{-1}\boldsymbol{B}\boldsymbol{x}_2. \tag{4.42}$$

Das in (4.39) eingesetzt, ergibt

$$\boldsymbol{y}_2 = \boldsymbol{C}\boldsymbol{A}^{-1}\boldsymbol{y}_1 - (\boldsymbol{C}\boldsymbol{A}^{-1}\boldsymbol{B} - \boldsymbol{D})\boldsymbol{x}_2 \tag{4.43}$$

und nach $\boldsymbol{x}_2$ aufgelöst

$$\boldsymbol{x}_2 = (\boldsymbol{C}\boldsymbol{A}^{-1}\boldsymbol{B} - \boldsymbol{D})^{-1}(\boldsymbol{C}\boldsymbol{A}^{-1}\boldsymbol{y}_1 - \boldsymbol{y}_2). \tag{4.44}$$

(4.44) in (4.42) eingesetzt, liefert

$$\boldsymbol{x}_1 = [\boldsymbol{A}^{-1} - \boldsymbol{A}^{-1}\boldsymbol{B}(\boldsymbol{C}\boldsymbol{A}^{-1}\boldsymbol{B} - \boldsymbol{D})^{-1}\boldsymbol{C}\boldsymbol{A}^{-1}]\boldsymbol{y}_1 + \boldsymbol{A}^{-1}\boldsymbol{B}(\boldsymbol{C}\boldsymbol{A}^{-1}\boldsymbol{B} - \boldsymbol{D})^{-1}\boldsymbol{y}_2. \tag{4.45}$$

Damit ist die Lösung des Gleichungssystems (4.40) gefunden, nämlich

$$\left(\begin{array}{c} \boldsymbol{x}_1 \\ \hline \boldsymbol{x}_2 \end{array}\right) = \boldsymbol{M}^{-1} \left(\begin{array}{c} \boldsymbol{y}_1 \\ \hline \boldsymbol{y}_2 \end{array}\right) \tag{4.46}$$

mit

$$\boldsymbol{M}^{-1} = \left(\begin{array}{c|c} \boldsymbol{A}^{-1} - \boldsymbol{A}^{-1}\boldsymbol{B}(\boldsymbol{C}\boldsymbol{A}^{-1}\boldsymbol{B} - \boldsymbol{D})^{-1}\boldsymbol{C}\boldsymbol{A}^{-1} & \boldsymbol{A}^{-1}\boldsymbol{B}(\boldsymbol{C}\boldsymbol{A}^{-1}\boldsymbol{B} - \boldsymbol{D})^{-1} \\ \hline (\boldsymbol{C}\boldsymbol{A}^{-1}\boldsymbol{B} - \boldsymbol{D})^{-1}\boldsymbol{C}\boldsymbol{A}^{-1} & -(\boldsymbol{C}\boldsymbol{A}^{-1}\boldsymbol{B} - \boldsymbol{D})^{-1} \end{array}\right) \tag{4.47}$$

und die inverse Matrix von $\boldsymbol{M}$ kann mit Hilfe der inversen Matrizen der kleineren Untermatrizen $\boldsymbol{A}$ und $(\boldsymbol{C}\boldsymbol{A}^{-1}\boldsymbol{B} - \boldsymbol{D})$ berechnet werden. Wenn die Untermatrix $\boldsymbol{D}$ invertierbar ist, kann man (4.39) nach $\boldsymbol{x}_2$ auflösen und dann auf einem ähnlichen

Weg ebenfalls die inverse Matrix von $\boldsymbol{M}$ berechnen. Man erhält eine andere Form der invertierten Matrix, nämlich

$$\boldsymbol{M}^{-1}=\left(\begin{array}{c|c}-(\boldsymbol{B}\boldsymbol{D}^{-1}\boldsymbol{C}-\boldsymbol{A})^{-1} & (\boldsymbol{B}\boldsymbol{D}^{-1}\boldsymbol{C}-\boldsymbol{A})^{-1}\boldsymbol{B}\boldsymbol{D}^{-1}\\ \hline \boldsymbol{D}^{-1}\boldsymbol{C}(\boldsymbol{B}\boldsymbol{D}^{-1}\boldsymbol{C}-\boldsymbol{A})^{-1} & \boldsymbol{D}^{-1}-\boldsymbol{D}^{-1}\boldsymbol{C}(\boldsymbol{B}\boldsymbol{D}^{-1}\boldsymbol{C}-\boldsymbol{A})^{-1}\boldsymbol{B}\boldsymbol{D}^{-1}\end{array}\right). \tag{4.48}$$

Damit liegen zwei verschiedene Ergebnisse für dieselbe Matrix vor. Das heißt aber, dass die entsprechenden Untermatrizen gleich sein müssen. Aus dem Vergleich der nordwestlichen Blöcke folgt, wenn $\boldsymbol{D}$ durch $-\boldsymbol{D}$ ersetzt wird, das bekannte Matrizeninversionslemma:

$$(\boldsymbol{A}+\boldsymbol{B}\boldsymbol{D}^{-1}\boldsymbol{C})^{-1}=\boldsymbol{A}^{-1}-\boldsymbol{A}^{-1}\boldsymbol{B}(\boldsymbol{C}\boldsymbol{A}^{-1}\boldsymbol{B}+\boldsymbol{D})^{-1}\boldsymbol{C}\boldsymbol{A}^{-1}. \tag{4.49}$$

Ein Sonderfall ist gegeben, wenn eine Blockdreiecksmatrix vorliegt, bei der z. B. $\boldsymbol{C}=\boldsymbol{O}$ ist. Dann erhält man für

$$\left(\begin{array}{c|c}\boldsymbol{A} & \boldsymbol{B}\\ \hline \boldsymbol{O} & \boldsymbol{D}\end{array}\right)^{-1}=\left(\begin{array}{c|c}\boldsymbol{A}^{-1} & -\boldsymbol{A}^{-1}\boldsymbol{B}\boldsymbol{D}^{-1}\\ \hline \boldsymbol{O} & \boldsymbol{D}^{-1}\end{array}\right). \tag{4.50}$$

4.3 Das Kronecker-Produkt

4.3.1 Definitionen

Definition
Das Kronecker-Produkt zweier Matrizen $\boldsymbol{A}\in\mathbb{C}^{n\times m}$ und $\boldsymbol{B}\in\mathbb{C}^{p\times q}$ ergibt eine Matrix $\boldsymbol{C}\in\mathbb{C}^{np\times mq}$, geschrieben

$$\boldsymbol{A}\otimes\boldsymbol{B}=\boldsymbol{C}.$$

Hierbei wird die Untermatrix $\boldsymbol{C}_{ij}\in\mathbb{C}^{p\times q}$ für $i=1$ bis n und $j=1$ bis m definiert

$$\boldsymbol{C}_{ij}\stackrel{\text{def}}{=}a_{ij}\boldsymbol{B},$$

insgesamt hat die Matrix $\boldsymbol{C}$ die Form

$$\boldsymbol{C}=\begin{pmatrix}a_{11}\boldsymbol{B} & a_{12}\boldsymbol{B} & \dots & a_{1m}\boldsymbol{B}\\ a_{21}\boldsymbol{B} & a_{22}\boldsymbol{B} & \dots & a_{2m}\boldsymbol{B}\\ & \dots & & \\ a_{n1}\boldsymbol{B} & a_{n2}\boldsymbol{B} & \dots & a_{nm}\boldsymbol{B}\end{pmatrix}.$$

Die Matrizenelemente der Produktmatrix $\boldsymbol{C}$ kann man direkt mit Hilfe der folgenden Formel

$$c_{i,j} = a_{\lfloor \frac{i-1}{p} \rfloor + 1, \lfloor \frac{j-1}{q} \rfloor + 1} \cdot b_{i - \lfloor \frac{i-1}{p} \rfloor p, j - \lfloor \frac{j-1}{q} \rfloor q}$$

berechnen, wobei $\lfloor x \rfloor$ der ganzzahlige Teil von x ist.

Definition
Wenn die Matrix $\boldsymbol{A}$ wie folgt aus den n Spalten $\boldsymbol{a}_i \in \mathbb{C}^n$ zusammengesetzt ist,

$$\boldsymbol{A} = \begin{pmatrix} \boldsymbol{a}_1 \; \boldsymbol{a}_2 \; \ldots \; \boldsymbol{a}_m \end{pmatrix},$$

wird der $\boldsymbol{vec}$-Operator so definiert:

$$\boldsymbol{vec}(\boldsymbol{A}) \stackrel{\text{def}}{=} \begin{pmatrix} \boldsymbol{a}_1 \\ \boldsymbol{a}_2 \\ \vdots \\ \boldsymbol{a}_m \end{pmatrix} \in \mathbb{C}^{nm}.$$

4.3.2 Einige Sätze

Sehr interessant ist der folgende

Satz

$$\boldsymbol{vec}(\boldsymbol{AXB}) = (\boldsymbol{B}^{\mathsf{T}} \otimes \boldsymbol{A})\boldsymbol{vec}(\boldsymbol{X}). \tag{4.51}$$

Beweis Sei $\boldsymbol{B} \in \mathbb{C}^{n \times m}$, dann ist

$$\begin{aligned} \boldsymbol{AXB} &= \begin{pmatrix} \boldsymbol{Ax}_1 \; \boldsymbol{Ax}_2 \; \ldots \; \boldsymbol{Ax}_n \end{pmatrix} \boldsymbol{B} \\ &= \begin{pmatrix} \boldsymbol{Ax}_1 \; \boldsymbol{Ax}_2 \; \ldots \; \boldsymbol{Ax}_n \end{pmatrix} \begin{pmatrix} \boldsymbol{b}_1 \; \boldsymbol{b}_2 \; \ldots \; \boldsymbol{b}_m \end{pmatrix} \\ &= \big((b_{11}\boldsymbol{Ax}_1 + b_{21}\boldsymbol{Ax}_2 + \ldots + b_{n1}\boldsymbol{Ax}_n) \; \ldots \; (b_{1m}\boldsymbol{Ax}_1 + b_{2m}\boldsymbol{Ax}_2 + \ldots + b_{nm}\boldsymbol{Ax}_n) \big). \end{aligned}$$

Wendet man auf die letzte Gleichung den $\boldsymbol{vec}$-Operator an, erhält man

$$\begin{aligned}\boldsymbol{vec}(\boldsymbol{AXB}) &= \begin{pmatrix}(b_{11}\boldsymbol{Ax}_1 + b_{21}\boldsymbol{Ax}_2 + \ldots + b_{n1}\boldsymbol{Ax}_n)\\ \vdots \\ (b_{1m}\boldsymbol{Ax}_1 + b_{2m}\boldsymbol{Ax}_2 + \ldots + b_{nm}\boldsymbol{Ax}_n)\end{pmatrix}\\ &= \begin{pmatrix} b_{11}\boldsymbol{A} & \ldots & b_{n1}\boldsymbol{A}\\ \vdots & \vdots & \vdots \\ b_{1m}\boldsymbol{A} & \ldots & b_{nm}\boldsymbol{A}\end{pmatrix}\boldsymbol{vec}(\boldsymbol{X})\\ &= (\boldsymbol{B}^\top \otimes \boldsymbol{A})\boldsymbol{vec}(\boldsymbol{X}).\end{aligned}$$

□

Aus diesem Satz ergeben sich die Folgerungen:

$$\boldsymbol{vec}(\boldsymbol{AX}) = (\boldsymbol{I} \otimes \boldsymbol{A})\boldsymbol{vec}(\boldsymbol{X}). \tag{4.52}$$

Beweis Setze im Lemma $\boldsymbol{B} = \boldsymbol{I}$. □

$$\boldsymbol{vec}(\boldsymbol{XB}) = (\boldsymbol{B}^\top \otimes \boldsymbol{I})\boldsymbol{vec}(\boldsymbol{X}). \tag{4.53}$$

Beweis Setze im Lemma $\boldsymbol{A} = \boldsymbol{I}$. □

$$\boldsymbol{vec}(\boldsymbol{ba}^\top) = (\boldsymbol{a} \otimes \boldsymbol{b}). \tag{4.54}$$

Beweis Es ist $\boldsymbol{vec}(\boldsymbol{ba}^\top) = \boldsymbol{vec}(\boldsymbol{b}1\boldsymbol{a}^\top) = (\boldsymbol{a} \otimes \boldsymbol{b})\boldsymbol{vec}(1) = \boldsymbol{a} \otimes \boldsymbol{b}$. □

4.3.3 Die Permutationsmatrix $U_{p\times q}$

Definition
Die *Permutationsmatrix*

$$U_{p\times q} \overset{\text{def}}{=} \sum_{i}^{p}\sum_{k}^{q} E_{ik}^{p\times q} \otimes E_{ki}^{q\times p} \in \mathbb{R}^{pq\times qp} \tag{4.55}$$

hat genau eine Eins in jeder Spalte und in jeder Zeile. Bei der Bildungsmatrix

$$E_{ik}^{p\times q} \overset{\text{def}}{=} e_i e_k^{\mathsf{T}}, \tag{4.56}$$

wobei e_i die i-te Spalte von I_p und e_k die k-te Spalte von I_q ist, ist dagegen nur das Matrixelement $E_{ik} = 1$; sonst enthält die Matrix nur Nullen.

Beispielsweise hat die in diesem Buch häufig verwendete Permutationsmatrix $U_{4\times 4} \in \mathbb{R}^{16\times 16}$ die Form

$$U_{4\times 4} = \left(\begin{array}{cccc|cccc|cccc|cccc}
1&0&0&0&0&0&0&0&0&0&0&0&0&0&0&0\\
0&0&0&0&1&0&0&0&0&0&0&0&0&0&0&0\\
0&0&0&0&0&0&0&0&1&0&0&0&0&0&0&0\\
0&0&0&0&0&0&0&0&0&0&0&0&1&0&0&0\\
\hline
0&1&0&0&0&0&0&0&0&0&0&0&0&0&0&0\\
0&0&0&0&0&1&0&0&0&0&0&0&0&0&0&0\\
0&0&0&0&0&0&0&0&0&1&0&0&0&0&0&0\\
0&0&0&0&0&0&0&0&0&0&0&0&0&1&0&0\\
\hline
0&0&1&0&0&0&0&0&0&0&0&0&0&0&0&0\\
0&0&0&0&0&0&1&0&0&0&0&0&0&0&0&0\\
0&0&0&0&0&0&0&0&0&0&1&0&0&0&0&0\\
0&0&0&0&0&0&0&0&0&0&0&0&0&0&1&0\\
\hline
0&0&0&1&0&0&0&0&0&0&0&0&0&0&0&0\\
0&0&0&0&0&0&0&1&0&0&0&0&0&0&0&0\\
0&0&0&0&0&0&0&0&0&0&0&1&0&0&0&0\\
0&0&0&0&0&0&0&0&0&0&0&0&0&0&0&1
\end{array}\right). \tag{4.57}$$

Die Permutationsmatrix hat die folgenden Eigenschaften [BR78]:

$$U_{p\times q}^{\mathsf{T}} = U_{q\times p}, \tag{4.58}$$

$$\boldsymbol{U}_{p\times q}^{-1} = \boldsymbol{U}_{q\times p}, \tag{4.59}$$

$$\boldsymbol{U}_{p\times 1} = \boldsymbol{U}_{1\times p} = \boldsymbol{I}_p, \tag{4.60}$$

$$\boldsymbol{U}_{n\times n} = \boldsymbol{U}_{n\times n}^{\mathsf{T}} = \boldsymbol{U}_{n\times n}^{-1}. \tag{4.61}$$

Die Permutationsmatrix wird vor allem genutzt, um die Reihenfolge der Multiplikanden in einem KRONECKER–Produkt zu vertauschen, denn es gilt

$$\boldsymbol{U}_{s\times p}(\boldsymbol{B}\otimes\boldsymbol{A})\boldsymbol{U}_{q\times t} = \boldsymbol{A}\otimes\boldsymbol{B}, \quad \text{wenn } \boldsymbol{A}\in\mathbb{R}^{p\times q} \text{ und } \boldsymbol{B}\in\mathbb{R}^{s\times t}. \tag{4.62}$$

4.3.4 Weitere Eigenschaften des Kronecker-Produkts

Die folgenden wichtigen Eigenschaften werden ebenfalls ohne Beweis (siehe z. B. [BR78]) aufgeführt:

$$(\boldsymbol{A}\otimes\boldsymbol{B})\otimes\boldsymbol{C} = \boldsymbol{A}\otimes(\boldsymbol{B}\otimes\boldsymbol{C}), \tag{4.63}$$

$$(\boldsymbol{A}\otimes\boldsymbol{B})^{\mathsf{T}} = \boldsymbol{A}^{\mathsf{T}}\otimes\boldsymbol{B}^{\mathsf{T}}, \tag{4.64}$$

$$(\boldsymbol{A}\otimes\boldsymbol{B})(\boldsymbol{C}\otimes\boldsymbol{D}) = \boldsymbol{AC}\otimes\boldsymbol{BD}. \tag{4.65}$$

4.4 Ableitung von und nach Vektoren bzw. Matrizen

4.4.1 Definitionen

Definition
Die Differentiation einer Matrix $\boldsymbol{A}\in\mathbb{R}^{n\times m}$ nach einer Matrix $\boldsymbol{M}\in\mathbb{R}^{r\times s}$ wird wie folgt definiert:

$$\frac{\partial\boldsymbol{A}}{\partial\boldsymbol{M}} \overset{\text{def}}{=} \begin{pmatrix} \frac{\partial\boldsymbol{A}}{\partial M_{11}} & \frac{\partial\boldsymbol{A}}{\partial M_{12}} & \cdots & \frac{\partial\boldsymbol{A}}{\partial M_{1s}} \\ \frac{\partial\boldsymbol{A}}{\partial M_{21}} & \frac{\partial\boldsymbol{A}}{\partial M_{22}} & \cdots & \frac{\partial\boldsymbol{A}}{\partial M_{2s}} \\ \vdots & \vdots & \ddots & \vdots \\ \frac{\partial\boldsymbol{A}}{\partial M_{r1}} & \frac{\partial\boldsymbol{A}}{\partial M_{r2}} & \cdots & \frac{\partial\boldsymbol{A}}{\partial M_{rs}} \end{pmatrix} \in\mathbb{R}^{nr\times ms}. \tag{4.66}$$

Mit dem $r \times s$-Operator

$$\frac{\partial}{\partial \boldsymbol{M}} \overset{\text{def}}{=} \begin{pmatrix} \frac{\partial}{\partial M_{11}} & \frac{\partial}{\partial M_{12}} & \cdots & \frac{\partial}{\partial M_{1s}} \\ \frac{\partial}{\partial M_{21}} & \frac{\partial}{\partial M_{22}} & \cdots & \frac{\partial}{\partial M_{2s}} \\ \vdots & \vdots & \ddots & \vdots \\ \frac{\partial}{\partial M_{r1}} & \frac{\partial}{\partial M_{r2}} & \cdots & \frac{\partial}{\partial M_{rs}} \end{pmatrix} \tag{4.67}$$

kann die Ableitungsdefinition (4.66) auch einprägsamer so geschrieben werden

$$\frac{\partial \boldsymbol{A}}{\partial \boldsymbol{M}} \overset{\text{def}}{=} \frac{\partial}{\partial \boldsymbol{M}} \otimes \boldsymbol{A}. \tag{4.68}$$

Damit kann man zeigen, dass

$$\left(\frac{\partial \boldsymbol{A}}{\partial \boldsymbol{M}}\right)^{\mathsf{T}} = \left(\frac{\partial}{\partial \boldsymbol{M}} \otimes \boldsymbol{A}\right)^{\mathsf{T}} = \left(\left(\frac{\partial}{\partial \boldsymbol{M}}\right)^{\mathsf{T}} \otimes \boldsymbol{A}^{\mathsf{T}}\right) = \frac{\partial \boldsymbol{A}^{\mathsf{T}}}{\partial \boldsymbol{M}^{\mathsf{T}}}. \tag{4.69}$$

Für die Ableitung von Vektoren nach Vektoren folgt dann:

$$\frac{\partial \boldsymbol{f}^{\mathsf{T}}}{\partial \boldsymbol{p}} \overset{\text{def}}{=} \frac{\partial}{\partial \boldsymbol{p}} \otimes \boldsymbol{f}^{\mathsf{T}} = \begin{pmatrix} \frac{\partial \boldsymbol{f}^{\mathsf{T}}}{\partial p_1} \\ \frac{\partial \boldsymbol{f}^{\mathsf{T}}}{\partial p_2} \\ \vdots \\ \frac{\partial \boldsymbol{f}^{\mathsf{T}}}{\partial p_r} \end{pmatrix} = \begin{pmatrix} \frac{\partial f_1}{\partial p_1} & \frac{\partial f_2}{\partial p_1} & \cdots & \frac{\partial f_n}{\partial p_1} \\ \frac{\partial f_1}{\partial p_2} & \frac{\partial f_2}{\partial p_2} & \cdots & \frac{\partial f_n}{\partial M_2} \\ \vdots & \vdots & \ddots & \vdots \\ \frac{\partial f_1}{\partial p_r} & \frac{\partial f_2}{\partial p_r} & \cdots & \frac{\partial f_n}{\partial p_s} \end{pmatrix} \in \mathbb{R}^{r \times n}, \tag{4.70}$$

und

$$\frac{\partial \boldsymbol{f}}{\partial \boldsymbol{p}^{\mathsf{T}}} \overset{\text{def}}{=} \frac{\partial}{\partial \boldsymbol{p}^{\mathsf{T}}} \otimes \boldsymbol{f} = \left(\frac{\partial}{\partial \boldsymbol{p}} \otimes \boldsymbol{f}^{\mathsf{T}}\right)^{\mathsf{T}} = \left(\frac{\partial \boldsymbol{f}^{\mathsf{T}}}{\partial \boldsymbol{p}}\right)^{\mathsf{T}} \in \mathbb{R}^{n \times r}, \tag{4.71}$$

4.4.2 Produktregel

Seien $\boldsymbol{A} = \boldsymbol{A}(\alpha)$ und $\boldsymbol{B} = \boldsymbol{B}(\alpha)$. Dann gilt offensichtlich

$$\frac{\partial(\boldsymbol{A}\boldsymbol{B})}{\partial \alpha} = \frac{\partial \boldsymbol{A}}{\partial \alpha}\boldsymbol{B} + \boldsymbol{A}\frac{\partial \boldsymbol{B}}{\partial \alpha}. \tag{4.72}$$

Außerdem kann (4.66) auch so geschrieben werden:

$$\frac{\partial \boldsymbol{A}}{\partial \boldsymbol{M}} = \sum_{i,k} \boldsymbol{E}_{ik}^{s\times t} \otimes \frac{\partial \boldsymbol{A}}{\partial m_{ik}}, \quad \boldsymbol{M} \in \mathbb{R}^{s\times t}. \tag{4.73}$$

Mittels (4.72) und (4.73) kann dann die Produktregel hergeleitet werden:

$$\begin{aligned} \underline{\underline{\frac{\partial(\boldsymbol{AB})}{\partial \boldsymbol{M}}}} &= \sum_{i,k} \boldsymbol{E}_{ik}^{s\times t} \otimes \frac{\partial(\boldsymbol{AB})}{\partial m_{ik}} = \sum_{i,k} \boldsymbol{E}_{ik}^{s\times t} \otimes \left(\frac{\partial \boldsymbol{A}}{\partial m_{ik}}\boldsymbol{B} + \boldsymbol{A}\frac{\partial \boldsymbol{B}}{\partial m_{ik}}\right) \\ &= \left(\frac{\partial}{\partial \boldsymbol{M}} \otimes \boldsymbol{A}\right)(\boldsymbol{I}_t \otimes \boldsymbol{B}) + (\boldsymbol{I}_s \otimes \boldsymbol{A})\left(\frac{\partial}{\partial \boldsymbol{M}} \otimes \boldsymbol{B}\right) \\ &= \underline{\underline{\frac{\partial \boldsymbol{A}}{\partial \boldsymbol{M}}(\boldsymbol{I}_t \otimes \boldsymbol{B}) + (\boldsymbol{I}_s \otimes \boldsymbol{A})\frac{\partial \boldsymbol{B}}{\partial \boldsymbol{M}}}}. \end{aligned} \tag{4.74}$$

4.4.3 Kettenregel

Wenn die Matrix $\boldsymbol{A} \in \mathbb{R}^{n\times m}$ eine Funktion der Matrix $\boldsymbol{B} \in \mathbb{R}^{k\times \ell}$ ist und diese wiederum eine Funktion der Matrix $\boldsymbol{M} \in \mathbb{R}^{r\times s}$ ist, dann gilt die Kettenregel [BR78]:

$$\begin{aligned} \frac{\partial}{\partial \boldsymbol{M}}\boldsymbol{A}(\boldsymbol{B}(\boldsymbol{M})) &= \left(\boldsymbol{I}_r \otimes \frac{\partial \boldsymbol{A}}{\partial(\boldsymbol{vec}(\boldsymbol{B}^\mathsf{T}))^\mathsf{T}}\right)\left(\frac{\partial \boldsymbol{vec}(\boldsymbol{B}^\mathsf{T})}{\partial \boldsymbol{M}} \otimes \boldsymbol{I}_m\right) \\ &= \left(\frac{\partial(\boldsymbol{vec}(\boldsymbol{B}))^\mathsf{T}}{\partial \boldsymbol{M}} \otimes \boldsymbol{I}_n\right)\left(\boldsymbol{I}_s \otimes \frac{\partial \boldsymbol{A}}{\partial \boldsymbol{vec}(\boldsymbol{B})}\right). \end{aligned} \tag{4.75}$$

Ein Spezialfall hiervon ist

$$\frac{\mathrm{d}\boldsymbol{A}(\boldsymbol{x}(t))}{\mathrm{d}t} = \frac{\partial \boldsymbol{A}}{\partial \boldsymbol{x}^\mathsf{T}}\left(\frac{\mathrm{d}\boldsymbol{x}}{\mathrm{d}t} \otimes \boldsymbol{I}_m\right) = \left(\frac{\mathrm{d}\boldsymbol{x}^\mathsf{T}}{\mathrm{d}t} \otimes \boldsymbol{I}_n\right)\frac{\partial \boldsymbol{A}}{\partial \boldsymbol{x}} \in \mathbb{R}^{n\times m}. \tag{4.76}$$

4.5 Differentiation nach der Zeit

Im Buch werden einige mathematische Zusammenhänge benötigt, die in der anzugebenden Form nicht allen Lesern geläufig sein werden. Deshalb der folgende Abschnitt über etwas Mathematik.

4.5.1 Ableitung einer Funktion nach der Zeit

Gegeben sei eine Funktion a, die von den drei Ortsvarablen x_1, x_2 und x_3 abhängt. Die Ortsvariablen selbst seien wiederum abhängig von dem Zeitparameter t. Es ist also

$$a = a(\boldsymbol{x}(t)), \tag{4.77}$$

wenn man die drei Ortsvariablen in dem Vektor $\boldsymbol{x}$ zusammenfaßt.

Gesucht ist die Änderungsgeschwindigkeit

$$\dot{a} = \frac{\mathrm{d}a}{\mathrm{d}t}. \tag{4.78}$$

Um diese Abhängigkeit zu bestimmen, wird zunächst die totale Differenz

$$\Delta a \stackrel{\text{def}}{=} \frac{\partial a}{\partial x_1}\Delta x_1 + \frac{\partial a}{\partial x_2}\Delta x_2 + \frac{\partial a}{\partial x_3}\Delta x_3. \tag{4.79}$$

definiert. Daraus erhält man nach Grenzübergang $\Delta t \to 0$

$$\dot{a} = \frac{\mathrm{d}a}{\mathrm{d}t} = \lim_{\Delta tt} = \frac{\partial a}{\partial x_1}\dot{x}_1 + \frac{\partial a}{\partial x_2}\dot{x}_2 + \frac{\partial a}{\partial x_3}\dot{x}_3. \tag{4.80}$$

Dabei kann die rechte Seite der Gleichung als Skalarprodukt der beiden dreidimensionalen Vektoren $\dot{\boldsymbol{x}}$ und $\frac{\partial a}{\partial \boldsymbol{x}}$ auf zwei Arten dargestellt werden

$$\dot{a} = \dot{\boldsymbol{x}}^{\mathsf{T}} \frac{\partial a}{\partial \boldsymbol{x}} \stackrel{\mathit{und}}{=} \frac{\partial a}{\partial \boldsymbol{x}^{\mathsf{T}}}\dot{\boldsymbol{x}}. \tag{4.81}$$

4.5.2 Ableitung eines Vektors nach der Zeit

Liegen zwei Funktionen a_1 und a_2 vor, die die gleiche Abhängigkeit von der Zeit wie $a(t)$ in (4.77) haben, zusammengefasst in dem Vektor

$$\boldsymbol{a} \stackrel{\text{def}}{=} \begin{pmatrix} a_1(\boldsymbol{x}(t)) \\ a_2(\boldsymbol{x}(t)) \end{pmatrix}, \tag{4.82}$$

dann erhält man für die zeitliche Ableitung unter Verwendung von (4.81) zunächst

$$\dot{\boldsymbol{a}} = \begin{pmatrix} \dot{a}_1 \\ \dot{a}_2 \end{pmatrix} = \begin{pmatrix} \dot{\boldsymbol{x}}^{\mathsf{T}} \dfrac{\partial a_1}{\partial \boldsymbol{x}} \\ \dot{\boldsymbol{x}}^{\mathsf{T}} \dfrac{\partial a_2}{\partial \boldsymbol{x}} \end{pmatrix} \overset{oder}{=} \begin{pmatrix} \dfrac{\partial a_1}{\partial \boldsymbol{x}^{\mathsf{T}}} \dot{\boldsymbol{x}} \\ \dfrac{\partial a_2}{\partial \boldsymbol{x}^{\mathsf{T}}} \dot{\boldsymbol{x}} \end{pmatrix}. \tag{4.83}$$

Den vorletzten Vektor in (4.83) kann man wie folgt zerlegen

$$\dot{\boldsymbol{a}} = \begin{pmatrix} \dot{\boldsymbol{x}}^{\mathsf{T}} \dfrac{\partial a_1}{\partial \boldsymbol{x}} \\ \dot{\boldsymbol{x}}^{\mathsf{T}} \dfrac{\partial a_2}{\partial \boldsymbol{x}} \end{pmatrix} = \begin{pmatrix} \dot{\boldsymbol{x}}^{\mathsf{T}} & \boldsymbol{o}_3^{\mathsf{T}} \\ \boldsymbol{o}_3^{\mathsf{T}} & \dot{\boldsymbol{x}}^{\mathsf{T}} \end{pmatrix} \begin{pmatrix} \dfrac{\partial a_1}{\partial \boldsymbol{x}} \\ \dfrac{\partial a_2}{\partial \boldsymbol{x}} \end{pmatrix} = \left(\boldsymbol{I}_2 \otimes \dot{\boldsymbol{x}}^{\mathsf{T}}\right)\left(\boldsymbol{a} \otimes \frac{\partial}{\partial \boldsymbol{x}}\right). \tag{4.84}$$

Bei der Ausführung des letzten *Kronecker*-Produkts würde man formal $a_i \dfrac{\partial}{\partial \boldsymbol{x}}$ erhalten; darunter soll natürlich $\dfrac{\partial a_i}{\partial \boldsymbol{x}}$ verstanden werden. Für das letzte Produkt in (4.84) kann man – mit Hilfe der Permutationsmatrix $\boldsymbol{U}_{\alpha\times\beta}$ und der Vertauschungsregel (A.62)

$$(\boldsymbol{A} \otimes \boldsymbol{B}) = \boldsymbol{U}_{s\times p}(\boldsymbol{B} \otimes \boldsymbol{A})\boldsymbol{U}_{q\times t} \quad \text{if} \quad \boldsymbol{A} \in \mathbb{R}^{p\times q} \quad \text{and} \quad \boldsymbol{B} \in \mathbb{R}^{s\times t},$$

für das Kronecker-Produkt – auch schreiben (hier sei allgemein jetzt $\boldsymbol{x} \in \mathbb{R}^r$)

$$\underline{\underline{\dot{\boldsymbol{a}}}} = [\underbrace{\boldsymbol{U}_{1\times 2}}_{\boldsymbol{I}_2}(\dot{\boldsymbol{x}}^{\mathsf{T}} \otimes \boldsymbol{I}_2)\underbrace{\boldsymbol{U}_{2\times r}][\boldsymbol{U}_{r\times 2}}_{\boldsymbol{I}_{2r}}\underbrace{\left(\frac{\partial}{\partial \boldsymbol{x}} \otimes \boldsymbol{a}\right)}_{\frac{\partial \boldsymbol{a}}{\partial \boldsymbol{x}}}\underbrace{\boldsymbol{U}_{1\times 1}}_{1}] = \underline{\underline{(\dot{\boldsymbol{x}}^{\mathsf{T}} \otimes \boldsymbol{I}_2)\frac{\partial \boldsymbol{a}}{\partial \boldsymbol{x}}}}. \tag{4.85}$$

Mit der Vertauschungsregel erhält man für die letzte Form in (4.83)

$$\underline{\underline{\dot{\boldsymbol{a}}}} = \begin{pmatrix} \dfrac{\partial a_1}{\partial \boldsymbol{x}^{\mathsf{T}}} \dot{\boldsymbol{x}} \\ \dfrac{\partial a_2}{\partial \boldsymbol{x}^{\mathsf{T}}} \dot{\boldsymbol{x}} \end{pmatrix} = \left(\boldsymbol{a} \otimes \frac{\partial}{\partial \boldsymbol{x}}\right)\dot{\boldsymbol{x}} = [\underbrace{\boldsymbol{U}_{1\times 2}}_{\boldsymbol{I}_2}\left(\frac{\partial}{\partial \boldsymbol{x}^{\mathsf{T}}} \otimes \boldsymbol{a}\right)\underbrace{\boldsymbol{U}_{1\times r}}_{\boldsymbol{I}_r}]\dot{\boldsymbol{x}} = \underline{\underline{\frac{\partial \boldsymbol{a}}{\partial \boldsymbol{x}^{\mathsf{T}}}\dot{\boldsymbol{x}}}}, \tag{4.86}$$

so dass man zusammengefasst die beiden Darstellungsmöglichkeiten erhält

$$\dot{\boldsymbol{a}} = (\dot{\boldsymbol{x}}^{\mathsf{T}} \otimes \boldsymbol{I}_2)\frac{\partial \boldsymbol{a}}{\partial \boldsymbol{x}} \overset{und}{=} \frac{\partial \boldsymbol{a}}{\partial \boldsymbol{x}^{\mathsf{T}}}\dot{\boldsymbol{x}}. \tag{4.87}$$

4.5.3 Ableitung einer 2×3-Matrix nach der Zeit

Für die Ableitung einer 2×3-Matrix nach der Zeit erhält man mit den obigen Ergebnissen

$$
\begin{aligned}
\underline{\underline{\dot{A}}} = \begin{pmatrix} \dot{a}_{11} & \dot{a}_{12} & \dot{a}_{13} \\ \dot{a}_{21} & \dot{a}_{22} & \dot{a}_{23} \end{pmatrix} &= \begin{pmatrix} \dot{x}^\top \frac{\partial a_{11}}{\partial x} & \dot{x}^\top \frac{\partial a_{12}}{\partial x} & \dot{x}^\top \frac{\partial a_{13}}{\partial x} \\ \dot{x}^\top \frac{\partial a_{21}}{\partial x} & \dot{x}^\top \frac{\partial a_{22}}{\partial x} & \dot{x}^\top \frac{\partial a_{23}}{\partial x} \end{pmatrix} \\
&= \begin{pmatrix} \dot{x}^\top & o_3^\top \\ o_3^\top & \dot{x}^\top \end{pmatrix} \left(A \otimes \frac{\partial}{\partial x} \right) = (I_2 \otimes \dot{x}^\top) \left(A \otimes \frac{\partial}{\partial x} \right) \\
&= [\underbrace{U_{1\times 2}(\dot{x}^\top}_{I_2} \otimes I_2) \underbrace{U_{2\times r}][U_{r\times 2}}_{I_{2r}} \underbrace{\left(\frac{\partial}{\partial x} \otimes A \right)}_{\frac{\partial A}{\partial x}} \underbrace{U_{3\times 1}]}_{I_3} \\
&= \underline{\underline{(\dot{x}^\top \otimes I_2) \frac{\partial A}{\partial x}}}
\end{aligned}
\tag{4.88}
$$

oder mit der zweiten Darstellung in (4.81) für die $\dot{a}_{ij}$:

$$
\begin{aligned}
\underline{\underline{\dot{A}}} = \begin{pmatrix} \frac{\partial a_{11}}{\partial x^\top}\dot{x} & \frac{\partial a_{12}}{\partial x^\top}\dot{x} & \frac{\partial a_{13}}{\partial x^\top}\dot{x} \\ \frac{\partial a_{21}}{\partial x^\top}\dot{x} & \frac{\partial a_{22}}{\partial x^\top}\dot{x} & \frac{\partial a_{23}}{\partial x^\top}\dot{x} \end{pmatrix} &= \left(A \otimes \frac{\partial}{\partial x^\top} \right) \begin{pmatrix} \dot{x} & o & o \\ o & \dot{x} & o \\ o & o & \dot{x} \end{pmatrix} \\
= [\underbrace{U_{1\times 2}}_{I_2} \underbrace{(\frac{\partial}{\partial x^\top} \otimes A)}_{\frac{\partial A}{\partial x^\top}} \underbrace{U_{3\times r}][U_{r\times 3}}_{I_{3r}}(\dot{x} \otimes I_3) \underbrace{U_{3\times 1}]}_{I_3} &= \underline{\underline{\frac{\partial A}{\partial x^\top}(\dot{x} \otimes I_3)}}.
\end{aligned}
\tag{4.89}
$$

Hier tritt auch bei der zweiten Darstellung in (4.89) das Kronnecker-Produkt auf.

4.5.4 Ableitung einer $n \times m$-Matrix nach der Zeit

Allgemein erhält man für eine Matrix $A \in \mathbb{R}^{n\times m}$ und einen Vektor $x \in \mathbb{R}^r$

$$
\dot{A} = (\dot{x}^\top \otimes I_n)\frac{\partial A}{\partial x} \overset{und}{=} \frac{\partial A}{\partial x^\top}(\dot{x} \otimes I_m) \in \mathbb{R}^{n\times m}. \tag{4.90}
$$

Die Herleitung ist im Folgenden ohne weitere Kommentare angegeben.

$$\dot{A} = \begin{pmatrix} \dot{x}^\top & & O \\ & \ddots & \\ O & & \dot{x}^\top \end{pmatrix} (A \otimes \frac{\partial}{\partial x}) = (I_n \otimes \dot{x}^\top)(A \otimes \frac{\partial}{\partial x})$$

$$= [\underbrace{U_{1\times n}}_{I_n}(\dot{x}^\top \otimes I_n)\underbrace{U_{n\times r}][U_{r\times n}}_{I_{nr}}\underbrace{\left(\frac{\partial}{\partial x} \otimes A\right)}_{\frac{\partial A}{\partial x}}\underbrace{U_{m\times 1}}_{I_m}] = \underline{\underline{(\dot{x}^\top \otimes I_n)\frac{\partial A}{\partial x}}}.$$

$$\dot{A} = \left(A \otimes \frac{\partial}{\partial x^\top}\right)\begin{pmatrix} \dot{x} & & O \\ & \ddots & \\ O & & \dot{x} \end{pmatrix} = \left(A \otimes \frac{\partial}{\partial x^\top}\right)(I_n \otimes \dot{x})$$

$$= [\underbrace{U_{1\times n}}_{I_n}\underbrace{(\frac{\partial}{\partial x^\top} \otimes A)}_{\frac{\partial A}{\partial x^\top}}\underbrace{U_{m\times r}][U_{r\times m}}_{I_{mr}}(\dot{x} \otimes I_m)U_{m\times 1}] = \underline{\underline{\frac{\partial A}{\partial x^\top}(\dot{x} \otimes I_n)}}.$$

4.5.5 Ergänzungen zur Ableitung nach einer Matrix

Für die Ableitung einer 4×4-Matrix nach sich selbst gilt allgemein

$$\frac{\partial M}{\partial M} = \bar{U}_{4\times 4}, \tag{4.91}$$

wobei $\bar{U}_{4\times 4}$ so definiert ist

$$\bar{U}_{4\times 4} \overset{\text{def}}{=} \sum_i^4 \sum_k^4 E_{ik} \otimes E_{ik} = \left(\begin{array}{cccc|cccc|cccc|cccc}
1&0&0&0&0&1&0&0&0&0&1&0&0&0&0&1\\
0&0&0&0&0&0&0&0&0&0&0&0&0&0&0&0\\
0&0&0&0&0&0&0&0&0&0&0&0&0&0&0&0\\
0&0&0&0&0&0&0&0&0&0&0&0&0&0&0&0\\ \hline
0&0&0&0&0&0&0&0&0&0&0&0&0&0&0&0\\
1&0&0&0&0&1&0&0&0&0&1&0&0&0&0&1\\
0&0&0&0&0&0&0&0&0&0&0&0&0&0&0&0\\
0&0&0&0&0&0&0&0&0&0&0&0&0&0&0&0\\ \hline
0&0&0&0&0&0&0&0&0&0&0&0&0&0&0&0\\
0&0&0&0&0&0&0&0&0&0&0&0&0&0&0&0\\
1&0&0&0&0&1&0&0&0&0&1&0&0&0&0&1\\
0&0&0&0&0&0&0&0&0&0&0&0&0&0&0&0\\ \hline
0&0&0&0&0&0&0&0&0&0&0&0&0&0&0&0\\
0&0&0&0&0&0&0&0&0&0&0&0&0&0&0&0\\
0&0&0&0&0&0&0&0&0&0&0&0&0&0&0&0\\
1&0&0&0&0&1&0&0&0&0&1&0&0&0&0&1
\end{array}\right). \tag{4.92}$$

Diese Tatsache kann man sich leicht anhand der Definition der Differentiation einer Matrix nach einer Matrix klarmachen. Das Ergebnis wird noch etwas komplexer, wenn die Matrix $\boldsymbol{M} = \boldsymbol{M}^{\mathsf{T}}$ symmetrisch ist, denn dann ist

$$
\begin{aligned}
\frac{\partial \boldsymbol{M}}{\partial \boldsymbol{M}} &= \bar{\boldsymbol{U}}_{4\times 4} + \boldsymbol{U}_{4\times 4} - \sum_{i}^{4} \boldsymbol{E}_{ii} \otimes \boldsymbol{E}_{ii} \\
&= \left(\begin{array}{cccc|cccc|cccc|cccc}
1&0&0&0&0&1&0&0&0&0&1&0&0&0&0&1\\
0&0&0&0&1&0&0&0&0&0&0&0&0&0&0&0\\
0&0&0&0&0&0&0&0&1&0&0&0&0&0&0&0\\
0&0&0&0&0&0&0&0&0&0&0&0&1&0&0&0\\
\hline
0&1&0&0&0&0&0&0&0&0&0&0&0&0&0&0\\
1&0&0&0&0&1&0&0&0&0&1&0&0&0&0&1\\
0&0&0&0&0&0&0&0&0&1&0&0&0&0&0&0\\
0&0&0&0&0&0&0&0&0&0&0&0&0&1&0&0\\
\hline
0&0&1&0&0&0&0&0&0&0&0&0&0&0&0&0\\
0&0&0&0&0&0&1&0&0&0&0&0&0&0&0&0\\
1&0&0&0&0&1&0&0&0&0&1&0&0&0&0&1\\
0&0&0&0&0&0&0&0&0&0&0&0&0&0&1&0\\
\hline
0&0&0&1&0&0&0&0&0&0&0&0&0&0&0&0\\
0&0&0&0&0&0&0&1&0&0&0&0&0&0&0&0\\
0&0&0&0&0&0&0&0&0&0&0&1&0&0&0&0\\
1&0&0&0&0&1&0&0&0&0&1&0&0&0&0&1
\end{array}\right) .
\end{aligned}
\tag{4.93}
$$

Etwas Differentialgeometrie

5

Aus einem Briefbogen kann man einen Zylinder oder einen Konus formen, aber es ist unmöglich, daraus ein Flächenstück einer Kugel zu formen, ohne den Briefbogen zu falten, zu zerren oder zu zerschneiden. Der Grund liegt in der Geometrie der Kugelfläche: Kein Teil der Oberfläche kann isometrisch auf die Ebene abgebildet werden.

5.1 Krümmung einer Kurve im dreidimensionalen Raum

In einer Ebene bleibt der Tangentenvektor konstant, die Ebene weist keine Krümmung auf. Das Gleiche gilt natürlich für eine Gerade, bei der der Tangentenvektor mit der Geraden zusammenfällt. Verläuft eine Kurve in der Umgebung eines ihrer Punkte nicht geradlinig, so spricht man von einer *gekrümmten* Kurve. Entsprechendes gilt für eine gekrümmte Fläche. Die Richtung einer Kurve $\mathcal{C}$ in dem Punkt $\boldsymbol{x}(q)$ ist gegeben durch den normierten Tangentenvektor $\boxed{\boldsymbol{t}(q) \stackrel{\text{def}}{=} \frac{\boldsymbol{x}'(q)}{\|\boldsymbol{x}'(q)\|},}$ mit $\boldsymbol{x}'(q) \stackrel{\text{def}}{=} \frac{\partial \boldsymbol{x}(q)}{\partial q}$.
Durchläuft man eine Kurve von einem Anfangspunkt $\boldsymbol{x}(q_0)$ nach einem Endpunkt $\boldsymbol{x}(q)$, so ändert sich bei einer Geraden der Tangentenvektor $\boldsymbol{t}$ nicht, die Spitze des Tangentenvektors bewegt sich nicht, beschreibt also eine Kurve der Länge null. Ist die Kurve gekrümmt, so beschreibt die Tangentenvektorspitze einen Bogen, der eine Bogenlänge ungleich null hat. Als *Bogenlänge* wird das Integral über einen Kurvenbogen mit den Endpunkten q_0 und q ($q > q_0$) bezeichnet:

$$\int_{q_0}^{q} \sqrt[+]{x_1'^2 + x_2'^2 + x_3'^2}\,\mathrm{d}q = \int_{q_0}^{q} \sqrt[+]{\boldsymbol{x}'^{\mathsf{T}}\boldsymbol{x}'}\,\mathrm{d}q = \int_{q_0}^{q} \|\, \boldsymbol{x}' \,\|\, \mathrm{d}q. \tag{5.1}$$

G. Ludyk, *Relativitätstheorie nur mit Matrizen*,
https://doi.org/10.1007/978-3-662-60658-2_5

Diese Formel kommt wie folgt zustande: Sei das Intervall $[q_0, q]$ unterteilt in $q_0 < q_1 < \cdots < q_n = q$, dann ist die Länge σ_n des dem Kurvenbogen einbeschriebenen Polygons

$$\sigma_n = \sum_{k=0}^{n} \sqrt{[x_1(q_k) - x_1(q_{k+1})]^2 + [x_2(q_k) - x_2(q_{k+1})]^2 + [x_3(q_k) - x_3(q_{k+1})]^2}. \tag{5.2}$$

Nach dem Mittelwertsatz der Differentialrechnung gibt es für jede glatte Kurve zwischen q_k und q_{k+1} einen Punkt $q_k^{(i)}$ so, dass

$$x_i(q_k) - x_i(q_{k+1}) = x_i'(q_k^{(i)})(q_{k+1} - q_k) \tag{5.3}$$

für $i = 1, 2, 3$ ist. (5.3) in (5.2) eingesetzt liefert

$$\sigma_n = \sum_{k=0}^{n} \sqrt{[x_1'(q_k^{(1)})]^2 + [x_2'(q_k^{(2)})]^2 + [x_3'(q_k^{(3)})]^2}\,[q_{k+1} - q_k] \tag{5.4}$$

Für $q_{k+1} - q_k \to 0$ geht (5.4) in (5.1) über.

Ein Maß für die Krümmung einer Kurve ist die Rate der Richtungsänderung. Die Krümmung ist stärker, wenn die Richtungsänderung des Tangentenvektors $\boldsymbol{t}$ größer ist. Allgemein definiert man deshalb als Krümmung einer Kurve $\mathcal{C}$ im Punkt $\boldsymbol{x}(q_0)$

$$\kappa(q_0) \stackrel{\text{def}}{=} \lim_{q \to q_0} \frac{\text{Bogenlänge von } \boldsymbol{t}}{\text{Bogenlänge von } \boldsymbol{x}} = \frac{\|\boldsymbol{t}'(q_0)\|}{\|\boldsymbol{x}'(q_0)\|}, \tag{5.5}$$

wobei

$$\text{Bogenlänge von } \boldsymbol{t} \stackrel{\text{def}}{=} \int_{q_0}^{q} \|\boldsymbol{t}'\| \mathrm{d}q$$

und

$$\text{Bogenlänge von } \boldsymbol{x} \stackrel{\text{def}}{=} \int_{q_0}^{q} \|\boldsymbol{x}'\| \mathrm{d}q.$$

Eine Gerade hat die Krümmung null. Bei einem Kreis ist die Krümmung konstant; sie ist umso größer, je kleiner der Radius des Kreises ist. Den Kehrwert 1κ der Krümmung bezeichnet man als den *Krümmungsradius*.

5.2 Krümmung einer Fläche im dreidimensionalen Raum

5.2.1 Vektoren in der Tangentialfläche

Gauß untersuchte bereits im 19. Jahrhundert, wie man durch Messungen auf einer Fläche, Rückschlüsse auf ihre räumliche Form machen kann. Er kommt dann zu seinem wesentlichen Ergebnis, dem *Theorema egregium,* das besagt, dass die Gaußsche Krümmung einer Fläche nur von den inneren Größen g_{ij} und ihren Ableitungen abhängt. Dieses Ergebnis soll im Folgenden hergeleitet werden.

Sei die Fläche definiert als Funktion der beiden Koordinaten q_1 und q_2 gegeben als $\boldsymbol{x}(q_1, q_2) \in \mathbb{R}^3$. In einem Punkt P der Fläche wird die Tangentialebene beispielsweise aufgespannt durch die beiden Tangentialvektoren $\boldsymbol{x}_1 \stackrel{\text{def}}{=} \dfrac{\partial \boldsymbol{x}}{\partial q_1}$ und $\boldsymbol{x}_2 \stackrel{\text{def}}{=} \dfrac{\partial \boldsymbol{x}}{\partial q_2}$. Wenn die beiden Tangentialvektoren $\boldsymbol{x}_1$ und $\boldsymbol{x}_2$ linear unabhängig sind, kann jeder Vektor in der Tangentialebene durch eine Linarkombination dieser beiden Vektoren dargestellt werden, z. B. durch

$$v^1\boldsymbol{x}_1 + v^2\boldsymbol{x}_2.$$

Für das Skalarprodukt von zwei Vektoren aus der Tangentialebene erhält man dann

$$\underline{\underline{(\boldsymbol{v}\cdot\boldsymbol{w})}} \stackrel{\text{def}}{=} (v^1\boldsymbol{x}_1^{\mathsf{T}} + v^2\boldsymbol{x}_2^{\mathsf{T}})(w^1\boldsymbol{x}_1 + w^2\boldsymbol{x}_2)$$

$$= \boldsymbol{v}^{\mathsf{T}} \begin{pmatrix} \boldsymbol{x}_1^{\mathsf{T}} \\ \\ \boldsymbol{x}_2^{\mathsf{T}} \end{pmatrix} [\boldsymbol{x}_1, \boldsymbol{x}_2]\boldsymbol{w} = \boldsymbol{v}^{\mathsf{T}} \begin{pmatrix} \boldsymbol{x}_1^{\mathsf{T}}\boldsymbol{x}_1 & \boldsymbol{x}_1^{\mathsf{T}}\boldsymbol{x}_2 \\ \boldsymbol{x}_2^{\mathsf{T}}\boldsymbol{x}_1 & \boldsymbol{x}_2^{\mathsf{T}}\boldsymbol{x}_2 \end{pmatrix} \boldsymbol{w} = \underline{\underline{\boldsymbol{v}^{\mathsf{T}}\boldsymbol{G}\boldsymbol{w}}}.$$

Da $\boldsymbol{x}_1^{\mathsf{T}}\boldsymbol{x}_2 = \boldsymbol{x}_2^{\mathsf{T}}\boldsymbol{x}_1$ ist, ist $\boldsymbol{G}^{\mathsf{T}} = \boldsymbol{G}$, d. h., symmetrisch. Außerdem ist

$$\|\boldsymbol{v}\| = \sqrt{(\boldsymbol{v}\cdot\boldsymbol{v})} = \sqrt{\boldsymbol{v}^{\mathsf{T}}\boldsymbol{G}\boldsymbol{v}}.$$

$\boldsymbol{v} \wedge \boldsymbol{w}$ sei das orientierte Parallelogramm, das durch die Vektoren $\boldsymbol{v}$ und $\boldsymbol{w}$ *in dieser Reihenfolge* definiert ist. $\boldsymbol{w} \wedge \boldsymbol{v} = -\boldsymbol{v} \wedge \boldsymbol{w}$ ist dann das Parallelogramm mit der entgegengesetzten Orientierung, d. h., es ist Fläche$(\boldsymbol{w} \wedge \boldsymbol{v}) = -$Fläche$(\boldsymbol{v} \wedge \boldsymbol{w})$. Für die Determinante der Matrix $\boldsymbol{G}$ erhält man

$$\underline{\underline{g}} \stackrel{\text{def}}{=} \det \boldsymbol{G} = \|\boldsymbol{x}_1\|^2 \cdot \|\boldsymbol{x}_2\|^2 - (\boldsymbol{x}_1 \cdot \boldsymbol{x}_2)^2 = \|\boldsymbol{x}_1\|^2 \cdot \|\boldsymbol{x}_2\|^2$$

$$-\|\boldsymbol{x}_1\|^2 \cdot \|\boldsymbol{x}_2\|^2 \cos^2\Theta =$$

$$\|\boldsymbol{x}_1\|^2 \cdot \|\boldsymbol{x}_2\|^2(1 - \cos^2\Theta) = \underline{\underline{\|\boldsymbol{x}_1\|^2 \cdot \|\boldsymbol{x}_2\|^2 \sin^2\Theta}}.$$

Andererseits ist

$$\|\boldsymbol{x}_1 \times \boldsymbol{x}_2\| = \|\boldsymbol{x}_1\| \cdot \|\boldsymbol{x}_2\| \cdot \sin\Theta,$$

also ist

$$\underline{\underline{\|\boldsymbol{x}_1 \times \boldsymbol{x}_2\| = \sqrt{g} = \text{Fläche}\,(\boldsymbol{x}_1 \wedge \boldsymbol{x}_2).}} \tag{5.6}$$

Für das Vektorprodukt von zwei Vektoren $\boldsymbol{v}$ und $\boldsymbol{w}$ aus der Tangentialebene erhält man

$$\begin{aligned}
&(v^1\boldsymbol{x}_1 + v^2\boldsymbol{x}_2) \times (w^1\boldsymbol{x}_1 + w^2\boldsymbol{x}_2)\\
&\quad = v^1 w^1 \underbrace{(\boldsymbol{x}_1 \times \boldsymbol{x}_1)}_{0} + v^1 w^2 (\boldsymbol{x}_1 \times \boldsymbol{x}_2) + v^2 w^1 \underbrace{(\boldsymbol{x}_2 \times \boldsymbol{x}_1)}_{-(\boldsymbol{x}_1 \times \boldsymbol{x}_2)} + v^2 w^2 \underbrace{(\boldsymbol{x}_2 \times \boldsymbol{x}_2)}_{0}\\
&\quad = \underbrace{(v^1 w^2 - v^2 w^1)}_{\stackrel{\text{def}}{=} \det \boldsymbol{R}} (\boldsymbol{x}_1 \times \boldsymbol{x}_2),
\end{aligned}$$

oder

$$\text{Fläche}\,(\boldsymbol{v} \wedge \boldsymbol{w}) = \det \boldsymbol{R}\, \text{Fläche}\,(\boldsymbol{x}_1 \wedge \boldsymbol{x}_2),$$

also

$$\underline{\underline{\text{Fläche}\,(\boldsymbol{v} \wedge \boldsymbol{w}) = \det \boldsymbol{R}\, \sqrt{g}.}} \tag{5.7}$$

Der Flächeninhalt eines durch zwei Vektoren in der Tangentialfläche aufgespannten Parallelogramms wird also bestimmt durch die Vektorkomponenten und die die Fläche definierende Matrix $\boldsymbol{G}$.

5.2.2 Krümmung und Normalvektoren

Bei Flächen kann man für die Definition der Krümmung in einem Punkt nicht den Tangentenvektor direkt verwenden, denn es gibt unendlich viele in der Tangentialebene. Jedoch hat jede glatte Fläche im $\mathbf{R}^3$ in jedem Punkt eine eindeutige Normalenrichtung und die ist eindimensional, also kann sie durch einen Einheitsvektor, den Normalvektor, beschrieben werden.

Als *Normalvektor* bezeichnet man den auf der Tangentialebene in $\boldsymbol{x}(q)$ senkrecht stehenden normierten Vektor

$$\boldsymbol{n}(q) \stackrel{\text{def}}{=} \frac{\boldsymbol{x}_1 \times \boldsymbol{x}_2}{\|\boldsymbol{x}_1 \times \boldsymbol{x}_2\|}.$$

Ist die Fläche gekrümmt, so ändert sich der Normalvektor bei einer Verschiebung gemäß

$$\boldsymbol{n}_i(\boldsymbol{q}) \stackrel{\text{def}}{=} \frac{\partial \boldsymbol{n}(\boldsymbol{q})}{\partial q^i}.$$

Diese Änderungsvektoren $\boldsymbol{n}_i$ liegen in der Tangentialebene, denn es ist

$$\frac{\partial(\boldsymbol{n} \cdot \boldsymbol{n})}{\partial q^i} = 0 = \left(\frac{\partial \boldsymbol{n}}{\partial q^i} \cdot \boldsymbol{n}\right) + \left(\boldsymbol{n} \cdot \frac{\partial \boldsymbol{n}}{\partial q^i}\right) = 2(\boldsymbol{n}_i \cdot \boldsymbol{n}).$$

Je größer die von den Änderungsvektoren $\boldsymbol{n}_1$ und $\boldsymbol{n}_2$, die beide in der Tangentialebene liegen, die aufgespannte Fläche ist, umso größer ist die Krümmung der Fläche in dem betrachteten Punkt. Wenn Ω ein Gebiet der Tangentialfläche ist, das den betrachteten Punkt enthält, dann ist die folgende Krümmungsdefinition naheliegend:

$$\kappa(\boldsymbol{q}) \overset{\text{def}}{=} \lim_{\Omega \to \boldsymbol{q}} \frac{\text{Fläche von } \boldsymbol{n}(\Omega)}{\text{Fläche von } \Omega} = \lim_{\Omega \to \boldsymbol{q}} \frac{\iint_\Omega \|\boldsymbol{n}_1(\tilde{\boldsymbol{q}}) \times \boldsymbol{n}_2(\tilde{\boldsymbol{q}})\| \mathrm{d}\tilde{q}^1 \mathrm{d}\tilde{q}^2}{\iint_\Omega \|\boldsymbol{x}_1(\tilde{\boldsymbol{q}}) \times \boldsymbol{x}_2(\tilde{\boldsymbol{q}})\| \mathrm{d}\tilde{q}^1 \mathrm{d}\tilde{q}^2}$$
$$= \frac{\|\boldsymbol{n}_1(\boldsymbol{q}) \times \boldsymbol{n}_2(\boldsymbol{q})\|}{\|\boldsymbol{x}_1(\boldsymbol{q}) \times \boldsymbol{x}_2(\boldsymbol{q})\|} = \frac{\text{Fläche von } \boldsymbol{n}_1(\boldsymbol{q}) \wedge \boldsymbol{n}_2(\boldsymbol{q})}{\text{Fläche von } \boldsymbol{x}_1(\boldsymbol{q}) \wedge \boldsymbol{x}_2(\boldsymbol{q})}. \tag{5.8}$$

Da sowohl $\boldsymbol{n}_1$ als auch $\boldsymbol{n}_2$ in der Tangentialebene liegen, sind sie als Linearkombinationen der Vektoren $\boldsymbol{x}_1$ und $\boldsymbol{x}_2$ darstellbar:

$$\boldsymbol{n}_1 = -b_1^1 \boldsymbol{x}_1 - b_1^2 \boldsymbol{x}_2 \text{ und } \boldsymbol{n}_2 = -b_2^1 \boldsymbol{x}_1 - b_2^2 \boldsymbol{x}_2. \tag{5.9}$$

Faßt man die Koeffizienten $-b_i^j$ in der Matrix $\overline{\boldsymbol{B}}$ zusammen, so entspricht diese der Matrix $\boldsymbol{R}$ in (5.7) und mit (5.6) erhält man dann für die *Gauss–Krümmung* (5.8)

$$\underline{\underline{\kappa(\boldsymbol{q}) = \det \overline{\boldsymbol{B}}.}} \tag{5.10}$$

Um das *Theorema egregium* von Gauß zu bestätigen, muß jetzt gezeigt werden, dass $\overline{\boldsymbol{B}}$ nur von den inneren Größen g_{ij} und ihren Ableitungen abhängt!

5.3 *Theorema egregium* und die inneren Größen g_{ij}

Zunächst untersuchen wir die Änderungen der Tangentenvektoren $\boldsymbol{x}_k$ durch ihre Ableitung

$$\boldsymbol{x}_{jk} \overset{\text{def}}{=} \frac{\partial \boldsymbol{x}_k}{\partial q^j} = \frac{\partial^2 \boldsymbol{x}}{\partial q^j \partial q^k}, \tag{5.11}$$

woraus folgt, dass

$$\boldsymbol{x}_{jk} = \boldsymbol{x}_{kj} \tag{5.12}$$

ist. Da die beiden Vektoren $\boldsymbol{x}_1$ und $\boldsymbol{x}_2$ eine Basis für die Tangentenebene bilden und der Vektor $\boldsymbol{n}$ orthonormal zu dieser Ebene ist, kann jeder Vektor im $\mathbb{R}^3$, also auch der Vektor $\boldsymbol{x}_{jk}$, als Linearkombination dieser drei Vektoren dargestellt werden:

$$\underline{\underline{\boldsymbol{x}_{jk} = \Gamma_{jk}^1 \boldsymbol{x}_1 + \Gamma_{jk}^2 \boldsymbol{x}_2 + b_{jk} \boldsymbol{n}.}} \tag{5.13}$$

Die Vektoren $\boldsymbol{x}_{jk}$ kann man zu einer 4×2-Matrix wie folgt zusammenfassen

$$\frac{\partial^2 \boldsymbol{x}}{\partial \boldsymbol{q} \partial \boldsymbol{q}^\top} = \begin{pmatrix} \boldsymbol{x}_{11} & \boldsymbol{x}_{12} \\ \boldsymbol{x}_{21} & \boldsymbol{x}_{22} \end{pmatrix} = \boldsymbol{\Gamma}_1 \otimes \boldsymbol{x}_1 + \boldsymbol{\Gamma}_2 \otimes \boldsymbol{x}_2 + \boldsymbol{B} \otimes \boldsymbol{n}, \tag{5.14}$$

wobei

$$\boldsymbol{\Gamma}_i \stackrel{\text{def}}{=} \begin{pmatrix} \Gamma^i_{11} & \Gamma^i_{12} \\ \Gamma^i_{21} & \Gamma^i_{22} \end{pmatrix}$$

und

$$\boldsymbol{B} \stackrel{\text{def}}{=} \begin{pmatrix} b_{11} & b_{12} \\ b_{21} & b_{22} \end{pmatrix}.$$

Multipliziert man (5.14) von links mit der Matrix $(\boldsymbol{I}_2 \otimes \boldsymbol{n}^{\mathsf{T}})$, erhält man unter Berücksichtigung von $\boldsymbol{n}^{\mathsf{T}} \boldsymbol{x}_i = 0$ und $(\boldsymbol{I}_2 \otimes \boldsymbol{n}^{\mathsf{T}})(\boldsymbol{B} \otimes \boldsymbol{n}) = \boldsymbol{B} \otimes (\boldsymbol{n}^{\mathsf{T}} \boldsymbol{n}) = \boldsymbol{B} \otimes 1 = \boldsymbol{B}$ schließlich

$$\underline{\underline{\boldsymbol{B} = (\boldsymbol{I}_2 \otimes \boldsymbol{n}^{\mathsf{T}}) \frac{\partial^2 \boldsymbol{x}}{\partial \boldsymbol{q} \partial \boldsymbol{q}^{\mathsf{T}}} = \begin{pmatrix} \boldsymbol{n}^{\mathsf{T}} \boldsymbol{x}_{11} & \boldsymbol{n}^{\mathsf{T}} \boldsymbol{x}_{12} \\ \boldsymbol{n}^{\mathsf{T}} \boldsymbol{x}_{21} & \boldsymbol{n}^{\mathsf{T}} \boldsymbol{x}_{22} \end{pmatrix}}}, \tag{5.15}$$

d. h., die 2×2-Matrix $\boldsymbol{B}$ ist symmetrisch. Diese Matrix nennt man auch die *zweite Fundamentalform* der Fläche. Als *erste quadratische Fundamentalform* wird der Zusammenhang

$$\underline{\underline{\boldsymbol{G} = \frac{\partial \boldsymbol{x}^{\mathsf{T}}}{\partial \boldsymbol{q}} \cdot \frac{\partial \boldsymbol{x}}{\partial \boldsymbol{q}^{\mathsf{T}}}}} \tag{5.16}$$

oder genauer die rechte Seite der Gleichung für das Linienelement $\mathrm{d}s$ der Fläche

$$\mathrm{d}s^2 = \mathrm{d}\boldsymbol{q}^{\mathsf{T}} \boldsymbol{G}\, \mathrm{d}\boldsymbol{q}$$

bezeichnet. Bei Gauß und in der elementaren Geometrie noch heute, werden die Elemente der Matrix $\boldsymbol{G}$ so bezeichnet:

$$\boldsymbol{G} = \begin{pmatrix} E & F \\ F & G \end{pmatrix}.$$

Während $\boldsymbol{G}$ also eine maßgebende Rolle bei der Längenbestimmung einer Kurve in einer Fläche spielt, ist, wie wir später sehen werden, $\boldsymbol{B}$ maßgebend beteiligt an der Bestimmung der Krümmung einer Fläche. Eine weitere Darstellung der Matrix $\boldsymbol{B}$ erhält man aus der Ableitung des Skalarprodukts der zueinander orthogonalen Vektoren $\boldsymbol{n}$ und $\boldsymbol{x}_i$:

$$\boldsymbol{n}^{\mathsf{T}} \frac{\partial \boldsymbol{x}}{\partial \boldsymbol{q}^{\mathsf{T}}} = \boldsymbol{0}^{\mathsf{T}};$$

denn es ist gemäß (4.74)

$$\frac{\partial}{\partial \boldsymbol{q}} \left(\boldsymbol{n}^{\mathsf{T}} \frac{\partial \boldsymbol{x}}{\partial \boldsymbol{q}^{\mathsf{T}}} \right) = \frac{\partial \boldsymbol{n}^{\mathsf{T}}}{\partial \boldsymbol{q}} \cdot \frac{\partial \boldsymbol{x}}{\partial \boldsymbol{q}^{\mathsf{T}}} + (\boldsymbol{I}_2 \otimes \boldsymbol{n}^{\mathsf{T}}) \frac{\partial^2 \boldsymbol{x}}{\partial \boldsymbol{q} \partial \boldsymbol{q}^{\mathsf{T}}} = \boldsymbol{0}_{2 \times 2}.$$

Mit (5.15) erhält man daraus

$$\underline{\underline{\boldsymbol{B} = -\frac{\partial \boldsymbol{n}^\top}{\partial \boldsymbol{q}} \cdot \frac{\partial \boldsymbol{x}}{\partial \boldsymbol{q}^\top}}}, \tag{5.17}$$

d. h., eine weitere interessante Form für die Matrix $\boldsymbol{B}$

$$\underline{\underline{\boldsymbol{B} = -\begin{pmatrix} \boldsymbol{n}_1^\top \boldsymbol{x}_1 & \boldsymbol{n}_1^\top \boldsymbol{x}_2 \\ \boldsymbol{n}_2^\top \boldsymbol{x}_1 & \boldsymbol{n}_2^\top \boldsymbol{x}_2 \end{pmatrix}}}. \tag{5.18}$$

Die beiden Gleichungen (5.9) können zu einer Matrizengleichung zusammengefaßt werden:

$$[\boldsymbol{n}_1|\boldsymbol{n}_2] = \underline{\underline{\frac{\partial \boldsymbol{n}}{\partial \boldsymbol{q}^\top}}} = \frac{\partial \boldsymbol{x}}{\partial \boldsymbol{q}^\top} \begin{pmatrix} -b_1^1 & -b_2^1 \\ -b_1^2 & -b_2^2 \end{pmatrix} = \underline{\underline{\frac{\partial \boldsymbol{x}}{\partial \boldsymbol{q}^\top} \cdot \overline{\boldsymbol{B}}}}. \tag{5.19}$$

Das in (5.18) eingesetzt, liefert mit (5.16)

$$\boldsymbol{B} = -\overline{\boldsymbol{B}}^\top \cdot \frac{\partial \boldsymbol{x}^\top}{\partial \boldsymbol{q}} \cdot \frac{\partial \boldsymbol{x}}{\partial \boldsymbol{q}^\top} = -\overline{\boldsymbol{B}}^\top \boldsymbol{G},$$

bzw. transponiert

$$\underline{\underline{\boldsymbol{B} = -\boldsymbol{G}\overline{\boldsymbol{B}}}}, \tag{5.20}$$

da sowohl $\boldsymbol{B}$ als auch $\boldsymbol{G}$ symmetrische Matrizen sind. Unser Ziel ist nach wie vor zu zeigen, dass die Gaußsche Krümmung nur von den g_{ij} und ihren Ableitungen nach q_k abhängt, d. h., gemäß (5.10)

$$\kappa(\boldsymbol{q}) = \det \overline{\boldsymbol{B}}$$

muß gezeigt werden, dass das für die Matrix $\overline{\boldsymbol{B}}$ gilt. Zunächst untersuchen wir die Matrix $\boldsymbol{G}$. Zu diesem Zweck werden ihre Elemente differenziert:

$$\frac{\partial g_{ij}}{\partial q_k} = \boldsymbol{x}_{ik}^\top \boldsymbol{x}_j + \boldsymbol{x}_{jk}^\top \boldsymbol{x}_i.$$

Mit (5.13) erhält man

$$\begin{aligned} \boldsymbol{x}_j^\top \boldsymbol{x}_{ik} &= \Gamma_{ik}^1 \boldsymbol{x}_j^\top \boldsymbol{x}_1 + \Gamma_{ik}^2 \boldsymbol{x}_j^\top \boldsymbol{x}_2 + b_{ik} \boldsymbol{x}_j^\top \boldsymbol{n} \\ &= \Gamma_{ik}^1 g_{j1} + \Gamma_{ik}^2 g_{j2}. \end{aligned}$$

Definiert man

$$\check{\Gamma}_{ik}^j \stackrel{\text{def}}{=} \Gamma_{ik}^1 g_{j1} + \Gamma_{ik}^2 g_{j2}$$

und fasst alle vier Komponenten zu einer Matrix $\check{\boldsymbol{\Gamma}}_j$ zusammen, erhält man den Zusammenhang

$$\begin{pmatrix} \check{\Gamma}^1_{j1} & \check{\Gamma}^2_{j1} \\ \check{\Gamma}^1_{j2} & \check{\Gamma}^2_{j2} \end{pmatrix} = \begin{pmatrix} \Gamma^1_{j1} & \Gamma^2_{j1} \\ \Gamma^1_{j2} & \Gamma^2_{j2} \end{pmatrix} \begin{pmatrix} g_{11} & g_{12} \\ g_{21} & g_{22} \end{pmatrix} = \boldsymbol{\Gamma}_j \boldsymbol{G}^{\mathsf{T}} \tag{5.21}$$

oder, da $\boldsymbol{G}^{\mathsf{T}} = \boldsymbol{G}$,

$$\check{\boldsymbol{\Gamma}}_j = \boldsymbol{\Gamma}_j \boldsymbol{G}. \tag{5.22}$$

Es ist also

$$\frac{\partial g_{ij}}{\partial q_k} = \check{\Gamma}^j_{ik} + \check{\Gamma}^i_{jk}. \tag{5.23}$$

Durch die folgende Zusammenfassung dreier verschiedener Ableitungen erhält man

$$\frac{\partial g_{ij}}{\partial q_k} + \frac{\partial g_{ik}}{\partial q_j} - \frac{\partial g_{jk}}{\partial q_i} = \check{\Gamma}^j_{ik} + \check{\Gamma}^i_{jk} + \check{\Gamma}^k_{ij} + \check{\Gamma}^i_{jk} - \check{\Gamma}^j_{ik} - \check{\Gamma}^k_{ji}, \tag{5.24}$$

also

$$\underline{\underline{\check{\Gamma}^i_{jk} = \frac{1}{2}\left(\frac{\partial g_{ij}}{\partial q_k} + \frac{\partial g_{ik}}{\partial q_j} - \frac{\partial g_{jk}}{\partial q_i} \right).}} \tag{5.25}$$

Multipliziert man (5.22) von rechts mit

$$\boldsymbol{G}^{-1} \stackrel{\text{def}}{=} \begin{pmatrix} g^{[-1]}_{11} & g^{[-1]}_{12} \\ g^{[-1]}_{21} & g^{[-1]}_{22} \end{pmatrix},$$

erhält man den Zusammenhang

$$\boldsymbol{\Gamma}_j = \check{\boldsymbol{\Gamma}}_j \boldsymbol{G}^{-1}, \tag{5.26}$$

d. h., elementweise

$$\Gamma^\ell_{jk} = \frac{1}{2} \sum_i g^{[-1]}_{i\ell} \check{\Gamma}^i_{jk}, \tag{5.27}$$

also mit (5.25)

$$\Gamma^\ell_{jk} = \frac{1}{2} \sum_i g^{[-1]}_{i\ell} \left(\frac{\partial g_{ij}}{\partial q_k} + \frac{\partial g_{ik}}{\partial q_j} - \frac{\partial g_{jk}}{\partial q_i} \right). \tag{5.28}$$

Damit ist der Zusammenhang der Christoffel-Symbole Γ^{ℓ}_{jk} mit den g_{ij} und ihren Ableitungen geklärt. Jetzt muss noch der direkte Zusammenhang dieser Größen mit der Gaußschen Krümmung κ hergestellt werden. Dies bekommt man schließlich durch nochmalige Differenzierung von $\boldsymbol{x}_{jk}$ nach q^{ℓ}:

$$\begin{aligned}\boldsymbol{x}_{jk\ell} &\stackrel{\text{def}}{=} \frac{\partial \boldsymbol{x}_{jk}}{\partial q^{\ell}} = \sum_i \frac{\partial \Gamma^i_{jk}}{\partial q^{\ell}}\boldsymbol{x}_i + \sum_i \Gamma^i_{j\ell}\boldsymbol{x}_{i\ell} + \frac{\partial b_{jk}}{\partial q^{\ell}}\boldsymbol{n} + b_{jk}\boldsymbol{n}_{\ell}\\ &= \sum_i \left(\frac{\partial \Gamma^i_{jk}}{\partial q^{\ell}} + \Gamma^i_{j\ell}\Gamma^i_{p\ell} - b_{jk}b^i_{\ell}\right)\boldsymbol{x}_i + \left(\frac{\partial b_{jk}}{\partial q^{\ell}} + \sum_p \Gamma^p_{jk}b_{p\ell}\right)\boldsymbol{n}.\end{aligned} \tag{5.29}$$

Vertauscht man in (5.29) k und ℓ, erhält man

$$\boldsymbol{x}_{j\ell k} = \sum_i \left(\frac{\partial \Gamma^i_{j\ell}}{\partial q^{k}} + \Gamma^i_{jk}\Gamma^i_{pk} - b_{j\ell}b^i_{k}\right)\boldsymbol{x}_i + \left(\frac{\partial b_{j\ell}}{\partial q^{k}} + \sum_p \Gamma^p_{j\ell}b_{pk}\right)\boldsymbol{n}. \tag{5.30}$$

Subtrahiert man die beiden dritten Ableitungen, erhält man

$$\boldsymbol{0} = \boldsymbol{x}_{j\ell k} - \boldsymbol{x}_{jk\ell} = \sum_i \left[R^{i\ell}_{jk} - \left(b_{j\ell}b^i_k - b_{jk}b^i_{\ell}\right)\right]\boldsymbol{x}_i + (\cdots)\boldsymbol{n}, \tag{5.31}$$

mit

$$R^{i\ell}_{jk} \stackrel{\text{def}}{=} \frac{\partial \Gamma^i_{j\ell}}{\partial q^{k}} - \frac{\partial \Gamma^i_{jk}}{\partial q^{\ell}} + \sum_p \Gamma^p_{j\ell}\Gamma^i_{p\ell} - \sum_p \Gamma^p_{jk}\Gamma^i_{pk}. \tag{5.32}$$

Da die Vektoren $\boldsymbol{x}_1, \boldsymbol{x}_2$ und $\boldsymbol{n}$ linear unabhängig sind, muß die eckige Klammer in (5.31) gleich null sein, woraus folgt

$$R^{i\ell}_{jk} = b_{j\ell}b^i_k - b_{jk}b^i_{\ell}. \tag{5.33}$$

Definiert man

$$\check{R}^{i\ell}_{jk} = \sum_i g_{ih}R^{i\ell}_{jk}, \tag{5.34}$$

erhält man

$$\check{R}^{i\ell}_{jk} = g_{1h}b_{j\ell}b^1_k - g_{1h}b_{jk}b^1_{\ell} + g_{2h}b_{j\ell}b^2_k - g_{2h}b_{jk}b^2_{\ell} = b_{j\ell}b_{kh} - b_{jk}b_{\ell h}. \tag{5.35}$$

Insbesondere ist

$$\underline{\underline{\check{R}^{12}_{12} = b_{22}b_{11} - b_{21}b_{21} = \det \boldsymbol{B}.}} \tag{5.36}$$

Es ist also

$$\kappa(\boldsymbol{q}) = \det \bar{\boldsymbol{B}} = \frac{\det \boldsymbol{B}}{\det \boldsymbol{G}} = \frac{\check{R}^{12}_{12}}{g},$$

$$\kappa(\boldsymbol{q}) = \frac{\check{R}^{12}_{12}}{g}, \tag{5.37}$$

womit das *Theorema egregium* endgültig bewiesen ist; denn gemäß (5.34) ist $\check{R}^{i\ell}_{jk}$ abhängig von $R^{i\ell}_{jk}$, gemäß (5.32) ist $R^{i\ell}_{jk}$ nur abhängig von den Γ^k_{ij} und ihren Ableitungen und gemäß (5.25) sind die Γ^k_{ij} nur abhängig von den g_{ik} und ihren Ableitungen. In der Form

$$\kappa(\boldsymbol{q}) = \frac{\det \boldsymbol{B}}{\det \boldsymbol{G}}, \tag{5.38}$$

kommt auch hier die überragende Bedeutung der beiden Fundamentalformen zum Ausdruck.

5.3.1 Bemerkungen

1. Die Geometrie *Euklids* beruht auf einer Anzahl von Axiomen, die keines Beweises bedürfen. Eines davon ist das Parallelenaxiom, das besagt, daß man zu jeder Geraden durch einen ihr nicht angehörenden Punkt eine und nur eine andere Gerade ziehen kann, welche mit ihr in einer Ebene liegt und sie nirgens schneidet. In der *hyperbolischen* Geometrie ersetzt man dieses Axiom dadurch, dass man unendlich viele Parallele zuläßt. Ein Beispiel ist die Oberfläche eines Hyperboloids. In der *elliptischen* Geometrie, für die Beispiele die Oberfläche eines Ellipsoids und als Sezialfall die Kugeloberfläche sind, gibt es überhaupt keine Parallelen; denn alle Großkreise, das sind hier die „Geraden", schneiden sich in zwei Punkten. In der euklidischen Geometrie ist der Abstand zweier Punkte mit den kartesischen Koordinaten x_1, x_2, x_3 und $x_1 + \mathrm{d}x_1, x_2 + \mathrm{d}x_2, x_3 + \mathrm{d}x_3$ einfach

$$\mathrm{d}s = \sqrt{\mathrm{d}x_1^2 + \mathrm{d}x_2^2 + \mathrm{d}x_3^2}.$$

In den beiden anderen Geometrien tritt an die Stelle dieser Formel

$$\mathrm{d}s^2 = a_1 \mathrm{d}x_1^2 + a_2 \mathrm{d}x_2^2 + a_3 \mathrm{d}x_3^2,$$

wobei die Koeffizienten a_i bestimmte einfache Funktionen der x_i sind, im hyperbolischen Falle natürlich andere als im elliptischen. Eine zweckmäßige analytische

Darstellung krummer Flächen ist die oben verwendete Gaußsche Parameterdarstellung $\boldsymbol{x} = \boldsymbol{x}(q_1, q_2)$, wofür Gauß als Bogenelement:

$$ds^2 = E dq^{1^2} + 2F dq_1 dq_2 + G dq_2^2$$

ansetzte. Als Beispiel führen wir die Gaußsche Parameterdarstellung der Einheitskugel an, mit $\vartheta = q_1$ und $\varphi = q_2$:

$$x_1 = \sin\vartheta\ \cos\varphi,\ \ x_2 = \sin\vartheta\ \sin\varphi,\ \ x_3 = \cos\varphi.$$

Für das Bogenelement der Einheitskugel erhält man dann

$$ds^2 = d\vartheta^2 + \sin^2\vartheta(d\varphi)^2.$$

Riemann hat die *Gauß*sche Flächentheorie, die für zweidimensionale Flächen im dreidimensionalen Raum gilt, verallgemeinert auf p-dimensionale Hyperflächen in einem n-dimensionalen Raum, d. h., es ist

$$\boldsymbol{x} = \boldsymbol{x}(q_1, \ldots, q_p) \in \mathbb{R}^n$$

ein Punkt der Hyperfläche. Er tat den grundlegend weiteren wichtigen Schritt, eine homogene quadratische Funktion der dq_i mit beliebigen Funktionen der q_i als Koeffizienten,

$$ds^2 = \sum_{ik} g_{ik}\, dq_i\, dq_k = d\boldsymbol{q}^{\mathsf{T}} \boldsymbol{G} d\boldsymbol{q}$$

als Quadrat des Linienelements (Quadratische Form) anzusetzen.

2. Die oben auftretenden $R^{i\ell}_{jk}$ können als Matrizenelemente einer 4×4-Matrix $\boldsymbol{R}$, der *Riemannschen Krümmungsmatrix* aufgefasst werden, die als Blockmatrix so aufgebaut ist:

$$\boldsymbol{R} = \begin{pmatrix} \boldsymbol{R}^{11} & \boldsymbol{R}^{12} \\ \boldsymbol{R}^{21} & \boldsymbol{R}^{22} \end{pmatrix},$$

wobei die 2×2-Untermatrizen die Form haben:

$$\boldsymbol{R}^{i\ell} = \begin{pmatrix} R^{i\ell}_{11} & R^{i\ell}_{12} \\ R^{i\ell}_{21} & R^{i\ell}_{22} \end{pmatrix}.$$

Insbesondere ist $\check{R}^{12}_{12}$ die rechte, obere Ecke der Matrix $\check{\boldsymbol{R}} = \boldsymbol{G}\boldsymbol{R}$.

3. Entwickelt man die Darstellung von $\boldsymbol{x}(\boldsymbol{q} + \Delta\boldsymbol{q})$ in eine Taylor-Reihe, erhält man

$$\boldsymbol{x}(\boldsymbol{q} + \Delta\boldsymbol{q}) = \boldsymbol{x}(\boldsymbol{q}) + \sum_i \boldsymbol{x}_i \Delta q_i + \frac{1}{2}\sum_{i,k} \boldsymbol{x}_{ik}\Delta q_i \Delta q_k + \sigma(3).$$

Subtrahiert man auf beiden Seiten dieser Gleichung $\boldsymbol{x}(\boldsymbol{q})$ und multipliziert das Ergebnis von links mit dem transponierten Normalvektor $\boldsymbol{n}^{\mathsf{T}}$, erhält man

$$\boldsymbol{n}^{\mathsf{T}}[\boldsymbol{x}(\boldsymbol{q}+\triangle\boldsymbol{q})-\boldsymbol{x}(\boldsymbol{q})]=\sum_i \underbrace{\boldsymbol{n}^{\mathsf{T}}\boldsymbol{x}_i}_{0}\triangle q_i+\frac{1}{2}\sum_{i,k}\underbrace{\boldsymbol{n}^{\mathsf{T}}\boldsymbol{x}_{ik}}_{b_{ik}}\triangle q_i\triangle q_k+\sigma(3)$$
$$=\boldsymbol{n}^{\mathsf{T}}\triangle\boldsymbol{x}(\boldsymbol{q})\stackrel{\text{def}}{=}\triangle\ell.$$

Es ist also

$$\mathrm{d}\ell\approx\frac{1}{2}\sum_{i,k}b_{ik}\mathrm{d}q_i\mathrm{d}q_k.$$

Die Koeffizienten der zweiten Fundamentalform, also die Elemente der Matrix $\boldsymbol{B}$, werden bei Gauß mit L, M und N bezeichnet. Dann ist der Abstand $\mathrm{d}\ell$ des Punktes $\boldsymbol{x}(q_1+\mathrm{d}q_1,q_2+\mathrm{d}q_2)$ von der Tangentialfläche an die Fläche im Punkt $\boldsymbol{x}(q_1,q_2)$

$$\mathrm{d}\ell\approx\frac{1}{2}\left(L\mathrm{d}q_1^2+2M\mathrm{d}q_1\mathrm{d}q_2+N\mathrm{d}q_2^2\right).$$

Als *Normalkrümmung* κ einer Fläche in einem gegebenen Punkt P und in einer gegebenen Richtung $\boldsymbol{q}$ definiert man dann

$$\kappa\stackrel{\text{def}}{=}\frac{L\mathrm{d}q_1^2+2M\mathrm{d}q_1\mathrm{d}q_2+N\mathrm{d}q_2^2}{E\mathrm{d}q_1^2+2F\mathrm{d}q_1\mathrm{d}q_2+G\mathrm{d}q_2^2}. \tag{5.39}$$

Die so definierte Normalkrümmung ist also im Allgemeinen von der gewählten Richtung $\mathrm{d}\boldsymbol{q}$ abhängig. Diejenigen Richtungen, in denen die Normalkrümmungen im gegebenen Punkt einen Extremwert annimmt, heißen *Hauptrichtungen* der Flächen in diesem Punkt. Solange man reale Flächen untersucht, ist die quadratische Differentialform $E\mathrm{d}q_1^2+2F\mathrm{d}q_1\mathrm{d}q_2+G\mathrm{d}q_2^2$ positiv definit, d. h., sie ist für $\mathrm{d}\boldsymbol{q}\neq\boldsymbol{0}$ immer positiv. Damit hängt das Vorzeichen der Krümmung nur von der quadratischen Differentialform $L\mathrm{d}q_1^2+2M\mathrm{d}q_1\mathrm{d}q_2+N\mathrm{d}q_2^2$ im Zähler von (5.39) ab. Es gibt drei Fälle:

1. $LN-M^2>0$, d. h., $\boldsymbol{B}$ ist postiv definit, und der Zähler behält das gleiche Vorzeichen, in welche Richtung man auch blickt. Ein solcher Punkt heißt *elliptischer Punkt*. Ein Beispiel ist jeder Punkt auf einem Ellipsoid; natürlich auch auf einer Kugel.
2. $LN-M^2=0$, d. h., $\boldsymbol{B}$ ist semidefinit. Die Fläche verhält sich an diesem Punkt wie an einem elliptischen Punkt, außer in einer Richtung, wo $\kappa=0$ ist. Dieser Punkt heißt *parabolisch*. Ein Beispiel ist jeder Punkt auf einem Zylinder.
3. $LN-M^2<0$, d. h., $\boldsymbol{B}$ ist indefinit; der Zähler behält nicht das gleiche Vorzeichen für alle Richtungen. Ein solcher Punkt heißt *hyperbolisch*, oder *Sattelpunkt*. Beispiel ist ein Punkt auf einem hyperbolischen Paraboloid.

Dividiert man Zähler und Nenner in (5.39) durch $\mathrm{d}q_2$ und führt $\mathrm{d}q_1/\mathrm{d}q_2 \overset{\text{def}}{=} \lambda$ ein, erhält man

$$\kappa(\lambda) = \frac{L + 2M\lambda + N\lambda^2}{E + 2F\lambda + G\lambda^2} \tag{5.40}$$

und davon den Extremwerte aus

$$\frac{\mathrm{d}\kappa}{\mathrm{d}\lambda} = 0$$

zu

$$(E + 2F\lambda + G\lambda^2)(M + N\lambda) - (L + 2M\lambda + N\lambda^2)(F + G\lambda) = 0. \tag{5.41}$$

Daraus fogt in diesem Fall für κ

$$\kappa = \frac{L + 2M\lambda + N\lambda^2}{E + 2F\lambda + G\lambda^2} = \frac{M + N\lambda}{F + G\lambda}. \tag{5.42}$$

Da weiter

$$E + 2F\lambda + G\lambda^2 = (E + F\lambda) + \lambda(F + G\lambda)$$

und

$$L + 2M\lambda + N\lambda^2 = (L + M\lambda) + \lambda(M + N\lambda)$$

gilt, kann (5.40) noch in die einfachere Form

$$\kappa = \frac{L + M\lambda}{E + F\lambda} \tag{5.43}$$

umgeformt werden. Daraus folgen für κ die beiden Gleichungen

$$(\kappa E - L) + (\kappa F - M)\lambda = 0,$$

$$(\kappa F - M) + (\kappa G - N)\lambda = 0,$$

die gleichzeitig dann und nur dann erfüllt sind, wenn

$$\det \begin{pmatrix} \kappa E - L & \kappa F - M \\ \kappa F - M & \kappa G - N \end{pmatrix} = 0 \tag{5.44}$$

gilt. Hierfür kann man auch

$$\det(\kappa \boldsymbol{G} - \boldsymbol{B}) = 0 \tag{5.45}$$

schreiben. Das ist die Lösbarkeitsbedingung für die Eigenwertgleichung

$$\kappa \boldsymbol{G} - \boldsymbol{B} = \boldsymbol{0},$$

die man umformen kann in

$$\kappa \boldsymbol{I} - \boldsymbol{G}^{-1}\boldsymbol{B} = \boldsymbol{0}. \tag{5.46}$$

Das ergibt eine quadratische Gleichung für κ. Die beiden Lösungen werden *Hauptkrümmungen* genannt und mit κ_1 und κ_2 bezeichnet. Die Gaußsche *Krümmung* κ einer Fläche in einem gegebenen Punkt ist das Produkt der Hauptkrümmungen κ_1 und κ_2 der Fläche in diesem Punkt. Nach dem Vietaschen Wurzelsatz ist das Produkt der Lösungen aber gleich der Determinanten der Matrix $\boldsymbol{G}^{-1}\boldsymbol{B}$, also ist:

$$\kappa = \kappa_1\kappa_2 = \det(\boldsymbol{G}^{-1}\boldsymbol{B}) = \det \boldsymbol{B} / \det \boldsymbol{G} = \frac{LN - M^2}{EG - F^2}.$$

6 Geodätische Abweichung

Geodätische sind die Linien allgemeiner Mannigfaltigkeiten, auf denen sich z. B. freie Teilchen bewegen. In einem flachen Raum ist die relative Geschwindigkeit jedes Paares von Teilchen konstant, so dass ihre relative Beschleunigung stets gleich null ist. Im allgemeinen ist auf Grund der Raumkrümmung die relative Beschleunigung ungleich null.

Die Krümmung einer Fläche kann wie folgt veranschaulicht werden [MI73]. Angenommen, zwei Ameisen befinden sich auf einem Apfel und verlassen eine Startlinie zur gleichen Zeit mit der gleichen Geschwindigkeit und folgen Geodätischen, die anfänglich senkrecht zur Startlinie sind. Anfänglich sind ihre Wege parallel, doch auf Grund der Oberflächenkrümmung des Apfels werden sie sich von Anfang an einander nähern. Ihr Abstand $\boldsymbol{\xi}$ voneinander bleibt nicht konstant, d. h. allgemein: Die relative Beschleunigung der Ameisen, die sich auf Geodätischen und mit konstanten Geschwindigkeiten bewegen, ist nicht gleich null, wenn die Fläche über die sie sich bewegen, gekrümmt ist. Die Krümmung kann also indirekt durch die sogenannte *geodätische Abweichung* $\boldsymbol{\xi}$ wahrgenommen werden.

Die beiden benachbarten Geodätischen $\boldsymbol{x}(u)$ und $\check{\boldsymbol{x}}(u)$ haben den Abstand

$$\boldsymbol{\xi}(u) \stackrel{\text{def}}{=} \check{\boldsymbol{x}}(u) - \boldsymbol{x}(u). \tag{6.1}$$

Ihre mathematischen Beschreibungen als Geodätische sind

$$\ddot{\check{\boldsymbol{x}}} + (\boldsymbol{I}_4 \otimes \dot{\check{\boldsymbol{x}}}^\mathsf{T})\check{\boldsymbol{\Gamma}}\dot{\check{\boldsymbol{x}}} = \boldsymbol{0}, \tag{6.2}$$

$$\ddot{\boldsymbol{x}} + (\boldsymbol{I}_4 \otimes \dot{\boldsymbol{x}}^\mathsf{T})\boldsymbol{\Gamma}\dot{\boldsymbol{x}} = \boldsymbol{0}. \tag{6.3}$$

Die Christoffel-Matrix $\check{\boldsymbol{\Gamma}}$ wird angenähert durch

$$\check{\boldsymbol{\Gamma}} \approx \boldsymbol{\Gamma} + \frac{\partial \boldsymbol{\Gamma}}{\partial \boldsymbol{x}^\mathsf{T}}(\boldsymbol{\xi} \otimes \boldsymbol{I}_4). \tag{6.4}$$

G. Ludyk, *Relativitätstheorie nur mit Matrizen*,
https://doi.org/10.1007/978-3-662-60658-2_6

Subtrahiert man (6.3) von (6.2) und berücksichtigt (6.1) und (6.4), erhält man

$$\ddot{\boldsymbol{\xi}} + (\boldsymbol{I}_4 \otimes \dot{\check{\boldsymbol{x}}}^{\mathsf{T}})\boldsymbol{\Gamma}\dot{\check{\boldsymbol{x}}} - (\boldsymbol{I}_4 \otimes \dot{\boldsymbol{x}}^{\mathsf{T}})\boldsymbol{\Gamma}\dot{\boldsymbol{x}} + (\boldsymbol{I}_4 \otimes \dot{\check{\boldsymbol{x}}}^{\mathsf{T}})\frac{\partial \boldsymbol{\Gamma}}{\partial \boldsymbol{x}^{\mathsf{T}}}(\boldsymbol{\xi} \otimes \boldsymbol{I}_4)\dot{\check{\boldsymbol{x}}} = \boldsymbol{0}. \tag{6.5}$$

Mit $\dot{\check{\boldsymbol{x}}} = \dot{\boldsymbol{\xi}} + \dot{\boldsymbol{x}}$ und Vernachlässigung von quadratischen und höheren Potenzen von $\boldsymbol{\xi}$ und $\dot{\boldsymbol{\xi}}$ erhält man aus (6.5)

$$\ddot{\boldsymbol{\xi}} + (\boldsymbol{I}_4 \otimes \dot{\boldsymbol{\xi}}^{\mathsf{T}})\boldsymbol{\Gamma}\dot{\boldsymbol{x}} + (\boldsymbol{I}_4 \otimes \dot{\boldsymbol{x}}^{\mathsf{T}})\boldsymbol{\Gamma}\dot{\boldsymbol{\xi}} + (\boldsymbol{I}_4 \otimes \dot{\boldsymbol{x}}^{\mathsf{T}})\frac{\partial \boldsymbol{\Gamma}}{\partial \boldsymbol{x}^{\mathsf{T}}}(\boldsymbol{\xi} \otimes \boldsymbol{I}_4)\dot{\boldsymbol{x}} = \boldsymbol{0}. \tag{6.6}$$

Es ist

$$\frac{\mathrm{D}\boldsymbol{\xi}}{\mathrm{d}u} = \dot{\boldsymbol{\xi}} + (\boldsymbol{I}_4 \otimes \boldsymbol{\xi}^{\mathsf{T}})\boldsymbol{\Gamma}\dot{\boldsymbol{x}} \tag{6.7}$$

und

$$\begin{aligned}\frac{\mathrm{D}^2\boldsymbol{\xi}}{\mathrm{d}u^2} &= \frac{\mathrm{D}}{\mathrm{d}u}\left(\dot{\boldsymbol{\xi}} + (\boldsymbol{I}_4 \otimes \boldsymbol{\xi}^{\mathsf{T}})\boldsymbol{\Gamma}\dot{\boldsymbol{x}}\right)\\ &= \ddot{\boldsymbol{\xi}} + \frac{\mathrm{d}}{\mathrm{d}u}\{(\boldsymbol{I}_4 \otimes \boldsymbol{\xi}^{\mathsf{T}})\boldsymbol{\Gamma}\dot{\boldsymbol{x}}\} + (\boldsymbol{I}_4 \otimes [\dot{\boldsymbol{\xi}} + (\boldsymbol{I}_4 \otimes \boldsymbol{\xi}^{\mathsf{T}})\boldsymbol{\Gamma}\dot{\boldsymbol{x}}]^{\mathsf{T}})\boldsymbol{\Gamma}\dot{\boldsymbol{x}}\\ &= \ddot{\boldsymbol{\xi}} + \frac{\mathrm{d}}{\mathrm{d}u}\{(\boldsymbol{I}_4 \otimes \boldsymbol{\xi}^{\mathsf{T}})\boldsymbol{\Gamma}\dot{\boldsymbol{x}}\} + (\boldsymbol{I}_4 \otimes \dot{\boldsymbol{\xi}}^{\mathsf{T}})\boldsymbol{\Gamma}\dot{\boldsymbol{x}} + (\boldsymbol{I}_4 \otimes [(\boldsymbol{I}_4 \otimes \boldsymbol{\xi}^{\mathsf{T}})\boldsymbol{\Gamma}\dot{\boldsymbol{x}}]^{\mathsf{T}})\boldsymbol{\Gamma}\dot{\boldsymbol{x}}.\end{aligned} \tag{6.8}$$

Für den zweiten Summanden erhält man mit (6.3)

$$\begin{aligned}\frac{\mathrm{d}}{\mathrm{d}u}\{(\boldsymbol{I}_4 \otimes \boldsymbol{\xi}^{\mathsf{T}})\boldsymbol{\Gamma}\dot{\boldsymbol{x}}\} &= (\boldsymbol{I}_4 \otimes \dot{\boldsymbol{\xi}}^{\mathsf{T}})\boldsymbol{\Gamma}\dot{\boldsymbol{x}} + (\boldsymbol{I}_4 \otimes \boldsymbol{\xi}^{\mathsf{T}})\frac{\partial \boldsymbol{\Gamma}}{\partial \boldsymbol{x}^{\mathsf{T}}}(\dot{\boldsymbol{x}} \otimes \boldsymbol{I}_4)\dot{\boldsymbol{x}} + (\boldsymbol{I}_4 \otimes \boldsymbol{\xi}^{\mathsf{T}})\boldsymbol{\Gamma}\ddot{\boldsymbol{x}}\\ &= (\boldsymbol{I}_4 \otimes \dot{\boldsymbol{\xi}}^{\mathsf{T}})\boldsymbol{\Gamma}\dot{\boldsymbol{x}} + (\boldsymbol{I}_4 \otimes \boldsymbol{\xi}^{\mathsf{T}})\frac{\partial \boldsymbol{\Gamma}}{\partial \boldsymbol{x}^{\mathsf{T}}}(\dot{\boldsymbol{x}} \otimes \boldsymbol{I}_4)\dot{\boldsymbol{x}} - (\boldsymbol{I}_4 \otimes \boldsymbol{\xi}^{\mathsf{T}})\boldsymbol{\Gamma}(\boldsymbol{I}_4 \otimes \dot{\boldsymbol{x}}^{\mathsf{T}})\boldsymbol{\Gamma}\dot{\boldsymbol{x}}.\end{aligned} \tag{6.9}$$

(6.9) in (6.8) eingesetzt, liefert

$$\begin{aligned}\frac{\mathrm{D}^2\boldsymbol{\xi}}{\mathrm{d}u^2} &= \ddot{\boldsymbol{\xi}} + (\boldsymbol{I}_4 \otimes \dot{\boldsymbol{\xi}}^{\mathsf{T}})\boldsymbol{\Gamma}\dot{\boldsymbol{x}} + (\boldsymbol{I}_4 \otimes \boldsymbol{\xi}^{\mathsf{T}})\frac{\partial \boldsymbol{\Gamma}}{\partial \boldsymbol{x}^{\mathsf{T}}}(\dot{\boldsymbol{x}} \otimes \boldsymbol{I}_4)\dot{\boldsymbol{x}} - (\boldsymbol{I}_4 \otimes \boldsymbol{\xi}^{\mathsf{T}})\boldsymbol{\Gamma}(\boldsymbol{I}_4 \otimes \dot{\boldsymbol{x}}^{\mathsf{T}})\boldsymbol{\Gamma}\dot{\boldsymbol{x}}\\ &\quad + (\boldsymbol{I}_4 \otimes \dot{\boldsymbol{\xi}}^{\mathsf{T}})\boldsymbol{\Gamma}\dot{\boldsymbol{x}} + (\boldsymbol{I}_4 \otimes [(\boldsymbol{I}_4 \otimes \boldsymbol{\xi}^{\mathsf{T}})\boldsymbol{\Gamma}\dot{\boldsymbol{x}}]^{\mathsf{T}})\boldsymbol{\Gamma}\dot{\boldsymbol{x}}.\end{aligned} \tag{6.10}$$

Bemerkung: Da die Untermatrizen $\boldsymbol{\Gamma}_i$ symmetrisch sind, ist allgemein

$$(\boldsymbol{I}_4 \otimes \boldsymbol{a}^{\mathsf{T}})\boldsymbol{\Gamma}\boldsymbol{b} = (\boldsymbol{I}_4 \otimes \boldsymbol{b}^{\mathsf{T}})\boldsymbol{\Gamma}\boldsymbol{a}. \tag{6.11}$$

Außerdem ist

$$(\boldsymbol{I}_4 \otimes \boldsymbol{a}^{\mathsf{T}})\boldsymbol{\Gamma}\boldsymbol{b} = \overline{\boldsymbol{\Gamma}}(\boldsymbol{I}_4 \otimes \boldsymbol{a})\boldsymbol{b} = \overline{\boldsymbol{\Gamma}}(\boldsymbol{b} \otimes \boldsymbol{a})$$

und

$$(\boldsymbol{I}_4 \otimes \boldsymbol{b}^{\mathsf{T}})\boldsymbol{\Gamma}\boldsymbol{a} = \overline{\boldsymbol{\Gamma}}(\boldsymbol{I}_4 \otimes \boldsymbol{b})\boldsymbol{a} = \overline{\boldsymbol{\Gamma}}(\boldsymbol{a} \otimes \boldsymbol{b}),$$

also ist wegen (6.11)

$$\overline{\boldsymbol{\Gamma}}(\boldsymbol{b} \otimes \boldsymbol{a}) = \overline{\boldsymbol{\Gamma}}(\boldsymbol{a} \otimes \boldsymbol{b}). \tag{6.12}$$

Mit (6.11) erhält man aus (6.10)

$$\begin{aligned}\ddot{\boldsymbol{\xi}} + (\boldsymbol{I}_4 \otimes \dot{\boldsymbol{\xi}}^{\mathsf{T}})\boldsymbol{\Gamma}\dot{\boldsymbol{x}} + (\boldsymbol{I}_4 \otimes \dot{\boldsymbol{x}}^{\mathsf{T}})\boldsymbol{\Gamma}\dot{\boldsymbol{\xi}} = \frac{\mathrm{D}^2\boldsymbol{\xi}}{\mathrm{d}u^2} &- (\boldsymbol{I}_4 \otimes \boldsymbol{\xi}^{\mathsf{T}})\frac{\partial \boldsymbol{\Gamma}}{\partial \boldsymbol{x}^{\mathsf{T}}}(\dot{\boldsymbol{x}} \otimes \boldsymbol{I}_4)\dot{\boldsymbol{x}} \\ &+ (\boldsymbol{I}_4 \otimes \boldsymbol{\xi}^{\mathsf{T}})\boldsymbol{\Gamma}(\boldsymbol{I}_4 \otimes \dot{\boldsymbol{x}}^{\mathsf{T}})\boldsymbol{\Gamma}\dot{\boldsymbol{x}} \\ &- (\boldsymbol{I}_4 \otimes [(\boldsymbol{I}_4 \otimes \boldsymbol{\xi}^{\mathsf{T}})\boldsymbol{\Gamma}\dot{\boldsymbol{x}}]^{\mathsf{T}})\boldsymbol{\Gamma}\dot{\boldsymbol{x}}.\end{aligned} \tag{6.13}$$

Für $(\boldsymbol{I}_4 \otimes \boldsymbol{\xi}^{\mathsf{T}})\boldsymbol{\Gamma}(\boldsymbol{I}_4 \otimes \dot{\boldsymbol{x}}^{\mathsf{T}})\boldsymbol{\Gamma}\dot{\boldsymbol{x}}$ kann man

$$(\boldsymbol{I}_4 \otimes \boldsymbol{\xi}^{\mathsf{T}})\boldsymbol{\Gamma}(\boldsymbol{I}_4 \otimes \dot{\boldsymbol{x}}^{\mathsf{T}})\boldsymbol{\Gamma}\dot{\boldsymbol{x}} = \underline{\underline{(\boldsymbol{I}_4 \otimes \boldsymbol{\xi}^{\mathsf{T}})\boldsymbol{\Gamma}\overline{\boldsymbol{\Gamma}}(\boldsymbol{I}_4 \otimes \dot{\boldsymbol{x}})\dot{\boldsymbol{x}}}} \tag{6.14}$$

schreiben, und den Ausdruck $(\boldsymbol{I}_4 \otimes [(\boldsymbol{I}_4 \otimes \boldsymbol{\xi}^{\mathsf{T}})\boldsymbol{\Gamma}\dot{\boldsymbol{x}}]^{\mathsf{T}})\boldsymbol{\Gamma}\dot{\boldsymbol{x}}$ kann man umformen in

$$\begin{aligned}(\boldsymbol{I}_4 \otimes [(\boldsymbol{I}_4 \otimes \boldsymbol{\xi}^{\mathsf{T}})\boldsymbol{\Gamma}\dot{\boldsymbol{x}}]^{\mathsf{T}})\boldsymbol{\Gamma}\dot{\boldsymbol{x}} &= \overline{\boldsymbol{\Gamma}}(\boldsymbol{I}_4 \otimes (\boldsymbol{I}_4 \otimes \boldsymbol{\xi}^{\mathsf{T}})\boldsymbol{\Gamma}\dot{\boldsymbol{x}})\dot{\boldsymbol{x}} \\ &= \overline{\boldsymbol{\Gamma}}(\boldsymbol{I}_{16} \otimes \boldsymbol{\xi}^{\mathsf{T}})(\boldsymbol{I}_4 \otimes \boldsymbol{\Gamma}\dot{\boldsymbol{x}})\dot{\boldsymbol{x}} \\ &= \underline{\underline{(\boldsymbol{I}_4 \otimes \boldsymbol{\xi}^{\mathsf{T}})(\overline{\boldsymbol{\Gamma}} \otimes \boldsymbol{I}_4)(\boldsymbol{I}_4 \otimes \boldsymbol{\Gamma})(\boldsymbol{I}_4 \otimes \dot{\boldsymbol{x}})\dot{\boldsymbol{x}}}}.\end{aligned} \tag{6.15}$$

Mit (6.14) (in etwas modifizierter Form) und (6.15) erhält man für (6.13)

$$\begin{aligned}\ddot{\boldsymbol{\xi}} + (\boldsymbol{I}_4 \otimes \dot{\boldsymbol{\xi}}^{\mathsf{T}})\boldsymbol{\Gamma}\dot{\boldsymbol{x}} + (\boldsymbol{I}_4 \otimes \dot{\boldsymbol{x}}^{\mathsf{T}})\boldsymbol{\Gamma}\dot{\boldsymbol{\xi}} = \frac{\mathrm{D}^2\boldsymbol{\xi}}{\mathrm{d}u^2} &- (\boldsymbol{I}_4 \otimes \boldsymbol{\xi}^{\mathsf{T}})\frac{\partial \boldsymbol{\Gamma}}{\partial \boldsymbol{x}^{\mathsf{T}}}(\dot{\boldsymbol{x}} \otimes \boldsymbol{I}_4)\dot{\boldsymbol{x}} \\ &+ (\boldsymbol{I}_4 \otimes \boldsymbol{\xi}^{\mathsf{T}})\left[\boldsymbol{\Gamma}\overline{\boldsymbol{\Gamma}} - (\overline{\boldsymbol{\Gamma}} \otimes \boldsymbol{I}_4)(\boldsymbol{I}_4 \otimes \boldsymbol{\Gamma})\right](\dot{\boldsymbol{x}} \otimes \dot{\boldsymbol{x}}).\end{aligned} \tag{6.16}$$

(6.16) in (6.6) eingesetzt liefert

$$\begin{aligned}\frac{\mathrm{D}^2\boldsymbol{\xi}}{\mathrm{d}u^2} = &-(\boldsymbol{I}_4 \otimes \dot{\boldsymbol{x}}^{\mathsf{T}})\frac{\partial \boldsymbol{\Gamma}}{\partial \boldsymbol{x}^{\mathsf{T}}}(\boldsymbol{\xi} \otimes \boldsymbol{I}_4)\dot{\boldsymbol{x}} + (\boldsymbol{I}_4 \otimes \boldsymbol{\xi}^{\mathsf{T}})\frac{\partial \boldsymbol{\Gamma}}{\partial \boldsymbol{x}^{\mathsf{T}}}(\dot{\boldsymbol{x}} \otimes \boldsymbol{I}_4)\dot{\boldsymbol{x}} \\ &+ (\boldsymbol{I}_4 \otimes \boldsymbol{\xi}^{\mathsf{T}})\left[\boldsymbol{\Gamma}\overline{\boldsymbol{\Gamma}} - (\overline{\boldsymbol{\Gamma}} \otimes \boldsymbol{I}_4)(\boldsymbol{I}_4 \otimes \boldsymbol{\Gamma})\right](\dot{\boldsymbol{x}} \otimes \dot{\boldsymbol{x}}).\end{aligned} \tag{6.17}$$

Da die 16×16–Matrix $\frac{\partial \boldsymbol{\Gamma}}{\partial \boldsymbol{x}^{\mathsf{T}}}$ symmetrisch ist, kann der erste Summand auf der rechten Gleichungsseite wie folgt umgeformt werden

$$
\begin{aligned}
(\boldsymbol{I}_4 \otimes \dot{\boldsymbol{x}}^{\mathsf{T}}) \frac{\partial \boldsymbol{\Gamma}}{\partial \boldsymbol{x}^{\mathsf{T}}} (\boldsymbol{\xi} \otimes \boldsymbol{I}_4) \dot{\boldsymbol{x}} &= (\boldsymbol{I}_4 \otimes \dot{\boldsymbol{x}}^{\mathsf{T}}) \frac{\partial \boldsymbol{\Gamma}}{\partial \boldsymbol{x}^{\mathsf{T}}} \boldsymbol{U}_{4\times 4} (\boldsymbol{I}_4 \otimes \boldsymbol{\xi}) \dot{\boldsymbol{x}} \\
&= (\boldsymbol{I}_4 \otimes \boldsymbol{\xi}^{\mathsf{T}}) \frac{\partial \boldsymbol{\Gamma}}{\partial \boldsymbol{x}^{\mathsf{T}}} \boldsymbol{U}_{4\times 4} (\boldsymbol{I}_4 \otimes \dot{\boldsymbol{x}}) \dot{\boldsymbol{x}}.
\end{aligned}
$$

Wenn man das in (6.17) einsetzt, erhält man

$$
\begin{aligned}
\frac{\mathrm{D}^2 \boldsymbol{\xi}}{\mathrm{d}u^2} &= (\boldsymbol{I}_4 \otimes \boldsymbol{\xi}^{\mathsf{T}}) \left[\frac{\partial \boldsymbol{\Gamma}}{\partial \boldsymbol{x}^{\mathsf{T}}} - \frac{\partial \boldsymbol{\Gamma}}{\partial \boldsymbol{x}^{\mathsf{T}}} \boldsymbol{U}_{4\times 4} \right] (\dot{\boldsymbol{x}} \otimes \boldsymbol{I}_4) \dot{\boldsymbol{x}} \\
&+ (\boldsymbol{I}_4 \otimes \boldsymbol{\xi}^{\mathsf{T}}) \left[\boldsymbol{\Gamma} \overline{\boldsymbol{\Gamma}} - (\overline{\boldsymbol{\Gamma}} \otimes \boldsymbol{I}_4)(\boldsymbol{I}_4 \otimes \boldsymbol{\Gamma}) \right] (\dot{\boldsymbol{x}} \otimes \dot{\boldsymbol{x}}), \qquad (6.18)
\end{aligned}
$$

und schließlich

$$
\frac{\mathrm{D}^2 \boldsymbol{\xi}}{\mathrm{d}u^2} = (\boldsymbol{I}_4 \otimes \boldsymbol{\xi}^{\mathsf{T}}) \underbrace{\left[\frac{\partial \boldsymbol{\Gamma}}{\partial \boldsymbol{x}^{\mathsf{T}}} (\boldsymbol{I}_{16} - \boldsymbol{U}_{4\times 4}) + (\boldsymbol{\Gamma} \overline{\boldsymbol{\Gamma}} - (\overline{\boldsymbol{\Gamma}} \otimes \boldsymbol{I}_4)(\boldsymbol{I}_4 \otimes \boldsymbol{\Gamma})) \right]}_{-\boldsymbol{R}} (\dot{\boldsymbol{x}} \otimes \dot{\boldsymbol{x}}). \qquad (6.19)
$$

Mit einer etwas modifizierten Riemannschen Krümmungsmatrix $\boldsymbol{R}$ erhält man schließlich für das dynamische Verhalten der geodätischen Abweichung

$$
\frac{\mathrm{D}^2 \boldsymbol{\xi}}{\mathrm{d}u^2} + (\boldsymbol{I}_4 \otimes \boldsymbol{\xi}^{\mathsf{T}}) \boldsymbol{R} (\dot{\boldsymbol{x}} \otimes \dot{\boldsymbol{x}}) = \boldsymbol{0}. \qquad (6.20)
$$

In einer flachen Mannigfaltigkeit, also einem gravitationfreien Raum, ist $\boldsymbol{R} \equiv \boldsymbol{0}$ und in kartesischen Koordinaten ist $\mathrm{D}/\mathrm{d}u = \mathrm{d}/\mathrm{d}u$, so dass sich (6.20) auf die Gleichung $\mathrm{d}^2 \boldsymbol{\xi} / \mathrm{d}u^2 = \boldsymbol{0}$ reduziert, deren Lösung der lineare Zusammenhang $\boldsymbol{\xi}(u) = \dot{\boldsymbol{\xi}}_0 \cdot u + \boldsymbol{\xi}_0$ ist. Ist $\boldsymbol{R} \neq \boldsymbol{0}$, ist Gravitation vorhanden und die Lösung von (6.20) nichtlinear, gekrümmt.

7 Eine andererere Ricci-Matrix

Die Ricci-Matrix $\boldsymbol{R}_{Ric}$ besteht jetzt aus der Summe der Untermatrizen in der Hauptdiagonalen von $\boldsymbol{R}$

$$\boldsymbol{R}_{Ric} \stackrel{\text{def}}{=} \sum_{\nu=0}^{3} \boldsymbol{R}^{\nu\nu}. \tag{7.1}$$

Entsprechend wird definiert

$$\check{\boldsymbol{R}}_{Ric} \stackrel{\text{def}}{=} \sum_{\nu=0}^{3} \check{\boldsymbol{R}}^{\nu\nu}. \tag{7.2}$$

Aus (7.2) kann man sofort ablesen, daß die Ricci-Matrix $\check{\boldsymbol{R}}_{Ric}$ *symmetrisch* ist; denn es ist $\check{R}^{\gamma\gamma}_{\alpha\beta} = \check{R}^{\gamma\gamma}_{\beta\alpha}$. Es ist außerdem

$$\boldsymbol{R} = (\boldsymbol{G}^{-1} \otimes \boldsymbol{I}_4)\check{\boldsymbol{R}},$$

also

$$\boldsymbol{R}^{\gamma\delta} = (\boldsymbol{g}_{\gamma}^{-T} \otimes \boldsymbol{I}_4)\check{\boldsymbol{R}}^{\delta} = \sum_{\nu=0}^{3} g_{\gamma\nu}^{[-1]} \check{\boldsymbol{R}}^{\nu\delta}, \tag{7.3}$$

wobei $\boldsymbol{g}_{\gamma}^{-T}$ die γ-te Zeile von $\boldsymbol{G}^{-1}$ ist und $\check{\boldsymbol{R}}^{\delta}$ die Matrix ist, die aus den Untermatrizen in der δ-ten Blockspalte von $\check{\boldsymbol{R}}$ besteht, d. h., es gilt für die Matrizenelemente

$$R^{\gamma\delta}_{\alpha\beta} = \sum_{\nu=0}^{3} g_{\gamma\nu}^{[-1]} \check{R}^{\nu\delta}_{\alpha\beta}. \tag{7.4}$$

G. Ludyk, *Relativitätstheorie nur mit Matrizen*,
https://doi.org/10.1007/978-3-662-60658-2_7

Mit Hilfe von (7.3) erhält man für die Ricci–Matrix

$$\boldsymbol{R}_{Ric} = \sum_{\gamma} \boldsymbol{R}^{\gamma\gamma} = \sum_{\gamma}\sum_{\nu} g_{\gamma\nu}^{[-1]} \check{\boldsymbol{R}}^{\nu\nu}, \tag{7.5}$$

d. h., für die Komponenten

$$R_{Ric,\alpha\beta} = \sum_{\gamma}\sum_{\nu} g_{\gamma\nu}^{[-1]} \check{R}_{\alpha\beta}^{\nu\gamma}, \tag{7.6}$$

oder mit (2.174)

$$R_{Ric,\alpha\beta} = \sum_{\gamma}\sum_{\nu} g_{\gamma\nu}^{[-1]} \check{R}_{\nu\gamma}^{\alpha\beta}. \tag{7.7}$$

Der *Krümmungsskalar* R wird aus der Ricci-Matrix durch Spurbildung so gewonnen

$$R \stackrel{\text{def}}{=} \sum_{\alpha} R_{Ric,\alpha\alpha} = \sum_{\alpha}\sum_{\gamma}\sum_{\nu} g_{\gamma\nu}^{[-1]} \check{R}_{\nu\gamma}^{\alpha\alpha} = \sum_{\gamma}\sum_{\nu} g_{\gamma\nu}^{[-1]} \check{R}_{Ric,\nu\gamma}. \tag{7.8}$$

Umgekehrt erhält man entsprechend

$$\check{R}_{\alpha\beta}^{\gamma\delta} = \sum_{\nu=0}^{3} g_{\gamma\nu} R_{\alpha\beta}^{\nu\delta}. \tag{7.9}$$

Aus (2.166) folgt direkt

$$\underline{\underline{R_{Ric,\alpha\beta} = \sum_{\gamma=0}^{3} \left(\frac{\partial}{\partial x_\beta} \Gamma_{\alpha\gamma}^{\gamma} - \frac{\partial}{\partial x_\gamma} \Gamma_{\alpha\beta}^{\gamma} + \sum_{\nu=0}^{3} \Gamma_{\beta\nu}^{\gamma} \Gamma_{\gamma\alpha}^{\nu} - \sum_{\nu=0}^{3} \Gamma_{\gamma\nu}^{\gamma} \Gamma_{\alpha\beta}^{\nu} \right)}} \tag{7.10}$$

und aus (2.169)

$$\underline{\underline{\check{R}_{Ric,\alpha\beta} = \sum_{\gamma=0}^{3} \left(\frac{\partial}{\partial x_\beta} \check{\Gamma}_{\alpha\gamma}^{\gamma} - \frac{\partial}{\partial x_\gamma} \check{\Gamma}_{\alpha\beta}^{\gamma} + \sum_{\nu=0}^{3} \Gamma_{\alpha\beta}^{\nu} \check{\Gamma}_{\gamma\gamma}^{\nu} - \sum_{\nu=0}^{3} \Gamma_{\alpha\gamma}^{\nu} \check{\Gamma}_{\gamma\beta}^{\nu} \right)}}. \tag{7.11}$$

Symmetrie der Ricci-Matrix $\boldsymbol{R}_{Ric}$

Auch wenn $\boldsymbol{R}$ selbst nicht symmetrisch ist, so ist doch die aus ihr gewonnene Ricci-Matrix $\boldsymbol{R}_{Ric}$ symmetrisch, was im Folgenden bewiesen werden soll. Die Symmetrie wird anhand der Komponentengleichung (7.10) der Ricci–Matrix gezeigt. Dass der zweite und vierte Summand symmetrisch in α und β sind, sieht man sofort.

Dem Anteil $\sum_{\gamma=0}^{3} \frac{\partial}{\partial x_\beta} \Gamma_{\alpha\gamma}^{\gamma}$ sieht man nicht direkt an, dass er symmetrisch in α und β ist. Dies kan man mit Hilfe des Laplaceschen Entwicklungssatzes für Determinanten – Die Summe der Produkte aller Elemente einer Zeile (oder Spalte) mit ihren Adjunkten ist gleich dem Wert Determinanten – aber wie folgt zeigen. Für die Entwicklung der Determinante von $\boldsymbol{G}$ nach der γ–ten Zeile gilt

$$g \overset{\text{def}}{=} \det(\boldsymbol{G}) = g_{\gamma 1} A_{\gamma 1} + \cdots + g_{\gamma\beta} A_{\gamma\beta} + \cdots + g_{\gamma n} A_{\gamma n},$$

wobei $A_{\gamma\beta}$ das Element in der γ-ten Zeile und β-ten Spalte der Adjungierten von $\boldsymbol{G}$ ist. Ist $g_{\beta\gamma}^{[-1]}$ das $(\gamma\beta)$-Element der Inversen von $\boldsymbol{G}$, dann ist $g_{\beta\gamma}^{[-1]} = \frac{1}{g} A_{\gamma\beta}$, also $A_{\gamma\beta} = g\, g_{\beta\gamma}^{[-1]}$. Damit erhält man für

$$\frac{\partial g}{\partial g_{\gamma\beta}} = A_{\gamma\beta} = g\, g_{\beta\gamma}^{[-1]},$$

oder

$$\delta g = g\, g_{\beta\gamma}^{[-1]} \delta g_{\gamma\beta},$$

bzw.

$$\frac{\partial g}{\partial x_\alpha} = g\, g_{\beta\gamma}^{[-1]} \frac{\partial g_{\gamma\beta}}{\partial x_\alpha},$$

d. h.,

$$\frac{1}{g} \frac{\partial g}{\partial x_\alpha} = g_{\beta\gamma}^{[-1]} \frac{\partial g_{\gamma\beta}}{\partial x_\alpha}. \tag{7.12}$$

Andererseits ist

$$\sum_{\gamma=0}^{3} \Gamma_{\alpha\gamma}^{\gamma} = \sum_{\gamma=0}^{3} \sum_{\beta=0}^{3} \frac{g_{\beta\gamma}^{[-1]}}{2} \left(\frac{\partial g_{\gamma\beta}}{\partial x_\alpha} + \frac{\partial g_{\alpha\beta}}{\partial x_\gamma} - \frac{\partial g_{\alpha\gamma}}{\partial x_\beta} \right),$$

d. h., die beiden letzten Summanden heben sich heraus und es bleibt

$$\sum_{\gamma=0}^{3} \Gamma_{\alpha\gamma}^{\gamma} = \sum_{\gamma=0}^{3} \sum_{\beta=0}^{3} \frac{1}{2} g_{\beta\gamma}^{[-1]} \frac{\partial g_{\gamma\beta}}{\partial x_\alpha}.$$

Daraus folgt dann mit (7.12)

$$\underline{\underline{\sum_{\gamma=0}^{3} \frac{\partial}{\partial x_\beta} \Gamma_{\alpha\gamma}^{\gamma} = \sum_{\gamma=0}^{3} \sum_{\beta=0}^{3} \frac{1}{\sqrt{|g|}} \frac{\partial^2 \sqrt{|g|}}{\partial x_\alpha \partial x_\beta}.}} \tag{7.13}$$

Dieser Form sieht man aber sofort die Symmetrie in α und β an.

Jetzt muss noch gezeigt werden, dass der dritte Summand in (7.10) symmetrisch ist. Er setzt sich so zusammen

$$\sum_{\gamma=0}^{3} \sum_{\nu=0}^{3} \Gamma_{\beta\nu}^{\gamma} \Gamma_{\gamma\alpha}^{\nu}.$$

Daraus kann man ablesen, dass dieser Anteil symmetrisch ist, denn es ist

$$\sum_{\gamma,\nu=0}^{3} \Gamma^{\gamma}_{\beta\nu}\Gamma^{\nu}_{\gamma\alpha} = \sum_{\gamma,\nu=0}^{3} \Gamma^{\gamma}_{\nu\beta}\Gamma^{\nu}_{\alpha\gamma} = \sum_{\nu,\gamma=0}^{3} \Gamma^{\nu}_{\gamma\beta}\Gamma^{\gamma}_{\alpha\nu}.$$

Damit wurde gezeigt, daß die Ricci-Matrix $\boldsymbol{R}_{Ric}$ symmetrisch ist.

Divergenz der Ricci-Matrix $\boldsymbol{R}_{Ric}$
Multipliziert man die Bianchi-Identität (2.200) in der Form

$$\frac{\partial}{\partial x_\kappa} R^{\nu\delta}_{\alpha\beta} + \frac{\partial}{\partial x_\beta} R^{\nu\kappa}_{\alpha\delta} + \frac{\partial}{\partial x_\delta} R^{\nu\beta}_{\alpha\kappa} = 0.$$

mit $g_{\gamma\nu}$ und summiert über ν, erhält man in $\mathcal{P}$, da dort $\frac{\partial \boldsymbol{G}}{\partial \boldsymbol{x}} = \boldsymbol{0}$ ist,

$$\frac{\partial}{\partial x_\kappa} \sum_{\nu=0}^{3} g_{\gamma\nu} R^{\nu\delta}_{\alpha\beta} + \frac{\partial}{\partial x_\beta} \sum_{\nu=0}^{3} g_{\gamma\nu} R^{\nu\kappa}_{\alpha\delta} + \frac{\partial}{\partial x_\delta} \sum_{\nu=0}^{3} g_{\gamma\nu} R^{\nu\beta}_{\alpha\kappa} = 0.$$

Mit (7.9) wird daraus

$$\frac{\partial}{\partial x_\kappa} \check{R}^{\gamma\delta}_{\alpha\beta} + \frac{\partial}{\partial x_\beta} \check{R}^{\gamma\kappa}_{\alpha\delta} + \frac{\partial}{\partial x_\delta} \check{R}^{\gamma\beta}_{\alpha\kappa} = 0. \tag{7.14}$$

Für den zweiten Summanden kann man nach (2.173) auch

$$-\frac{\partial}{\partial x_\beta} \check{R}^{\gamma\delta}_{\alpha\kappa}$$

schreiben. Setzt man jetzt $\gamma = \delta$ und summiert über γ, erhält man

$$\frac{\partial}{\partial x_\kappa} \check{R}_{Ric,\alpha\beta} - \frac{\partial}{\partial x_\beta} \check{R}_{Ric,\alpha\kappa} + \sum_{\gamma=0}^{3} \frac{\partial}{\partial x_\gamma} \check{R}^{\gamma\beta}_{\alpha\kappa} = 0. \tag{7.15}$$

Im dritten Summanden kann man nach (2.172) $\check{R}^{\gamma\beta}_{\alpha\kappa}$ durch $-\check{R}^{\alpha\beta}_{\gamma\kappa}$ ersetzen. Setzt man dann noch $\alpha = \beta$ und summiert über α, erhält man für (7.15) mit der Spur $\check{R} \stackrel{\text{def}}{=} \sum_{\alpha=0}^{3} \check{R}_{Ric,\alpha\alpha}$ der Riccati-Matrix $\check{\boldsymbol{R}}_{Ric}$

$$\frac{\partial}{\partial x_\kappa} \check{R} - \sum_{\alpha=0}^{3} \frac{\partial}{\partial x_\alpha} \check{R}_{Ric,\alpha\kappa} - \sum_{\gamma=0}^{3} \frac{\partial}{\partial x_\gamma} \check{R}_{Ric,\gamma\kappa} = 0. \tag{7.16}$$

Ersetzt man in der letzten Summe den Summationsindex γ durch α, so kann man schließlich zusammenfassen

$$\frac{\partial}{\partial x_\kappa}\check{R} - 2\sum_{\alpha=0}^{3}\frac{\partial}{\partial x_\alpha}\check{R}_{Ric,\alpha\kappa} = 0. \tag{7.17}$$

Zu dem gleichen Ergebnis wäre man auch gekommen, wenn man von der Gleichung ausgegangen wäre:

$$\frac{\partial}{\partial x_\kappa}\check{R}^{\gamma\delta}_{\alpha\beta} - 2\frac{\partial}{\partial x_\beta}\check{R}^{\gamma\delta}_{\alpha\kappa} = 0. \tag{7.18}$$

Denn setzt man $\delta = \gamma$ und summiert über γ, erhält man zunächst

$$\frac{\partial}{\partial x_\kappa}\check{R}_{Ric,\alpha\beta} - 2\frac{\partial}{\partial x_\beta}\check{R}_{Ric,\alpha\kappa} = 0.$$

Setzt man jetzt $\alpha = \beta$ und summiert über α, erhält man wieder (7.17).
Zu einem anderen Ergebnis kommt man, wenn man ausgehend von (7.18) (mit ν statt γ) zunächst diese Gleichung mit $g^{[-1]}_{\gamma\nu}$ multipliziert,

$$\frac{\partial}{\partial x_\kappa}g^{[-1]}_{\gamma\nu}\check{R}^{\nu\delta}_{\alpha\beta} - 2\frac{\partial}{\partial x_\beta}g^{[-1]}_{\gamma\nu}\check{R}^{\nu\delta}_{\alpha\kappa} = 0,$$

und dann wieder $\gamma = \delta$ setzt und über γ und ν summiert und (7.6) beachtet:

$$\begin{aligned}\sum_\gamma\sum_\nu\frac{\partial}{\partial x_\kappa}g^{[-1]}_{\gamma\nu}\check{R}^{\nu\gamma}_{\alpha\beta} - 2\sum_\gamma\sum_\nu\frac{\partial}{\partial x_\beta}g^{[-1]}_{\gamma\nu}\check{R}^{\nu\gamma}_{\alpha\kappa} \\ = \frac{\partial}{\partial x_\kappa}R_{Ric,\alpha\beta} - 2\frac{\partial}{\partial x_\beta}R_{Ric,\alpha\kappa} = 0.\end{aligned}$$

Setzt man jetzt noch $\alpha = \beta$ und summiert über α, erhält man schließlich den wichtigen Zusammenhang

$$\frac{\partial}{\partial x_\kappa}R - 2\sum_\alpha\frac{\partial}{\partial x_\alpha}R_{Ric,\alpha\kappa} = 0. \tag{7.19}$$

Das sind vier Gleichungen für die vier Raumzeitkoordinaten $x_0, \ldots, x_3$. Endgültig kann man das Gesamtergebnis auch so darstellen

$$\vec{\nabla}^\top\left(\boldsymbol{R}_{Ric} - \frac{1}{2}R\boldsymbol{I}_4\right) = \boldsymbol{0}^\top. \tag{7.20}$$

Literatur

[BR78] Brewer, J. W. (1978). Kronecker products and matrix calculus in system theory. *IEEE Transactions on Circuits and Systems*, *25*, 772–781.

[CA00] Callahan, J. J. (2000). *The geometry of spacetime*. New York: Springer.

[EI63] Einstein, A. (1963). *Grundzüge der Relativitätstheorie*. Berlin: Vieweg.

[FL98] Fliessbach, T. (1998). *Allgemeine Relativitätstheorie*. Switzerland: Spektrum.

[Fö04] Föppl, A. (1904). Über einen Kreiselversuch zur Messung der Umdrehungsgeschwindigkeit der Erde. *Sitzungsberichte Bayerische Akademie der Wissenschaften*, *34*, 5–28.

[FO95] Foster, J., & Nightingale, J. D. (1995). *A short course in general relativity*. New York: Springer.

[GO96] Goenner, H. (1996). *Einführung in die spezielle und allgemeine Relativitätstheorie*. Heidelberg: Spektrum.

[GA98] Gass, R. G., Esposito, F. P., Wijewardhansa, L. C. R., & Witten, L. (1998). *Detecting event horizons and stationary surfaces*. arXiv:gr-qc/9808055 vl.

[LA63] Landau, L. D., & Lifschitz, E. M. (1963). *Lehrbuch der Theoretischen Physik II, Klassische Feldtheorie*. Berlin: Akademie.

[LA61] von Laue, M. (1961). *Die Relativitätstheorie. Erster Band: Die spezielle Relativitätstheorie* (7. Aufl.). Braunschweig: Vieweg.

[LU78] Ludwig, G. (1978). *Einführung in die Grundlagen der Theoretischen Physik*. Braunschweig: Vieweg.

[MI73] Misner, C. W., Thorne, K. S., & Wheeler, J. A. (1973). *Gravitation*. San Francisco: Freeman.

[MO02] Mould, R. A. (2002). *Basic relativity*. New York: Springer.

[OL02] Oloff, R. (2002). *Geometrie der Raumzeit*. Wiesbaden: Vieweg.

[SE95] Sexl, R. U., & Urbantke, H. K. (1995). *Gravitation und Kosmologie*. Heidelberg: Spektrum.

[SE92] Sexl, R. U., & Urbantke, H. K. (1992). *Relativität, Gruppen, Teilchen*. Wien: Springer.

[SZ85] Szabo, I. (1985). *Höhere Technische Mechanik* (5. Aufl.). Berlin: Springer.

[TA00] Taylor, E. F., & Wheeler, J. A. (2000). *Black holes*. Addison Wesley.

[SC03] Scheck, F. (2003). *Theoretische Physik 1: Mechanik*. Berlin: Springer.

[WE72] Weinberg, S. (1972). *Gravitation and cosmology*. New York: Wiley.

[WA98] Wild, W. J. (1998). A Matrix formulation of Einstein's vacuum field equations. gr-qc/9812095, 31 Dec 1998.

G. Ludyk, *Relativitätstheorie nur mit Matrizen*,
https://doi.org/10.1007/978-3-662-60658-2

Stichwortverzeichnis

G. Ludyk, *Relativitätstheorie nur mit Matrizen*,
https://doi.org/10.1007/978-3-662-60658-2

Printed in the United States
By Bookmasters